特种设备作业人员考核培训教材

电梯作业人员

山东特检科技有限公司　组编

主　　编　　杨树国　　秦应鹏

副主编　　张旭升　　袁　涛　　李记叶　　刘剑锋　　刘海滨

参　　编　　国树东　　侯振宁　　黄灵峰　　王　明　　李长江

　　　　　　杨淼淼　　陈晓伟　　高向革　　侯兆泷　　马鑫磊

　　　　　　黄一声　　郑朝晖

机械工业出版社

本书按照《特种设备作业人员考核规则》中的"电梯作业人员考试大纲"的要求，结合国家有关法律、法规、安全技术规范、标准的内容要求进行编写。主要内容包括：电梯概述、常用电梯的基本结构及相关知识、电梯作业安全技术、电梯的作业工艺、电梯作业人员法律法规与规范、电梯事故案例分析、电梯应急救援预案及救援方法等知识，并附有模拟试题及参考答案供参考使用。

本书既可作为电梯作业人员的考核培训教材，又可作为从事电梯相关工作的专业技术人员的参考用书。

图书在版编目（CIP）数据

电梯作业人员/杨树国，秦应鹏主编.. —北京：机械工业出版社，2023.6

特种设备作业人员考核培训教材

ISBN 978-7-111-73462-8

Ⅰ.①电…　Ⅱ.①杨…②秦…　Ⅲ.①电梯-操作-技术培训-教材　Ⅳ.①TU857

中国国家版本馆 CIP 数据核字（2023）第 124904 号

机械工业出版社（北京市百万庄大街 22 号　邮政编码 100037）

策划编辑：王振国　　　　　　责任编辑：王振国
责任校对：张亚楠　李　婷　　封面设计：马若濛
责任印制：常天培

北京机工印刷厂有限公司印刷

2023 年 11 月第 1 版第 1 次印刷

184mm×260mm · 13.5 印张 · 332 千字

标准书号：ISBN 978-7-111-73462-8

定价：39.90 元

电话服务　　　　　　　　　网络服务

客服电话：010-88361066　　机 工 官 网：www.cmpbook.com
　　　　　010-88379833　　机 工 官 博：weibo.com/cmp1952
　　　　　010-68326294　　金 书 网：www.golden-book.com

封底无防伪标均为盗版　机工教育服务网：www.cmpedu.com

特种设备作业人员考核培训教材编审委员会

前　言

电梯被广泛用于高层建筑、商场、超市、医院、宾馆、地铁等公共场合，是当今生活中不可缺少的运输工具，电梯的使用减少了人们上下楼的强度，节省了行进路上的时间，给人们的生活带来了便利。

电梯作为八大类特种设备之一，是机电一体化的设备，有其固有的风险性。为加强电梯安全使用和规范化管理，减少和防止电梯伤害事故，我们编写了这本电梯作业人员培训学习用的教材。

本书按照《特种设备作业人员考核规则》中的"电梯作业人员考试大纲"要求进行编写，并结合国家有关法律、法规、安全技术规范、标准的内容要求；针对电梯实际运行需要，系统介绍了电梯作业人员应该掌握的电梯基础知识、安全操作规程、安全管理制度及有关安全知识；介绍了最常用的曳引与强制驱动电梯、自动扶梯与自动人行道，书后还备有模拟试题及参考答案供学习者参考使用。因此，本书是电梯作业人员考取特种设备作业人员证的必备教材。

本书主编：杨树国、秦应鹏；副主编：张旭升、袁涛、李记叶、刘剑锋、刘海滨；参编：国树东、侯振宁、黄灵峰、王明、李长江、杨淼淼、陈晓伟、高向革、侯兆泷、马鑫磊、黄一声、郑朝晖；统稿人员：李记叶、王明、黄灵峰。本书编写人员来自泰安市特种设备检验研究院、山东金特装备科技发展有限公司等单位，具有丰富的工作经验。

泰安市特种设备检验研究院院长武军同志对本书编写给予了大力支持，在此表示衷心的感谢！

本书由山东金特装备科技发展有限公司组织审稿，审稿人员包括汪朝杰、桑森、黄元凤、陈全和郭敏德。

本书成稿过程中虽修改再三，力求做到准确适用，但囿于编者的水平和经验，难免有疏漏错讹之处。在此，恳请使用者和专家惠赐宝贵意见，以便继续修订完善。

编　者

目 录

第一章
电梯概述

电梯的用途、起源及发展趋势

一、电梯的用途

电梯是高层建筑中不可缺少的交通工具，例如高层住宅电梯、地铁及商场中的自动扶梯、超市中的自动人行道等都属于电梯。现行《特种设备目录》中电梯的定义如下：电梯是指动力驱动，利用沿刚性导轨运行的箱体或者沿固定线路运行的梯级（踏步），进行升降或者平行运送人、货物的机电设备，包括载人（货）电梯、自动扶梯、自动人行道等。非公共场所安装且仅供单一家庭使用的电梯除外。

曳引驱动电梯是垂直运输的交通工具，它是服务于规定楼层的固定式升降设备。它具有一个轿厢，运行在至少两列垂直的或倾斜角小于15°的刚性导轨之间，轿厢的尺寸与结构型式便于乘客出入或装卸货物。其外形如图1-1所示。

自动扶梯可连续工作，连续运输的客流量较大；它是由一台特种结构形式的链式输送机和两台特殊结构形式的胶带输送机组合而成的，用以在建筑物的不同楼层间运载人员上下的一种连续输送机械。梯级是自动扶梯上运载乘客的平台，如图1-2所示。

图1-1　曳引驱动电梯的外形

图1-2　自动扶梯的梯级

自动人行道也是一种运载人员的连续输送机械，如图1-3所示。它与自动扶梯的不同之处在于，其运动路面不是阶梯形式的梯路，而是平的路面。

曳引驱动电梯、自动扶梯及自动人行道广泛运用于现代建筑中的办公楼、住宅、宾馆、医院、大型图书馆、仓库及城市标志性建筑等。随着建筑业的发展，电梯将发挥越来越大的作用，给人民生活带来更多的便利。

二、电梯的起源

电梯是现代多层及高层建筑中不可缺少的垂直运输设备。我国古代的周朝时期出现的提水用的辘轳，是一种由木制的支架、卷筒、曲柄和绳索组成的简单卷扬机，这就是电梯的雏形，如图 1-4 所示。

图 1-3　自动人行道

1852 年，美国人伊莱沙·格雷夫斯·奥的斯发明了一种安全钳，在吊索断裂时，它能将轿厢锁在导轨上，防止其下坠，这就是最早的电梯防坠落保护装置。

现代电梯兴盛的根本在于采用电力作为动力的来源。1880 年，德国最早出现了用电力拖动的升降机，尽管这台电梯从现今的角度来看是很粗糙和简单的，但它是电梯发展史上的一个里程碑。

虽然曳引式的驱动结构早在 1853 年已在英国出现，但当时卷筒式驱动的缺点还未被人们充分认识，因而早期的电梯以卷筒型式居多。随着技术的发展，卷筒式驱动的缺点日益明显。1889 年，奥的斯电梯公司在纽约试制成功了第一台电力驱动的蜗轮蜗杆电梯，其基本结构至今仍被广泛使用，为今天的长行程电梯奠定了基础。从此，在电梯的驱动方式上，曳引驱动占主导地位。曳引驱动电梯的结构原理如图 1-5 所示。

图 1-4　辘轳

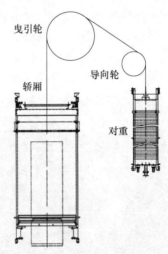

图 1-5　曳引驱动电梯的结构原理

曳引驱动不仅使驱动机构的体积大大减小，而且还使电梯曳引机在结构设计时有效地提高了通用性和安全性。

三、电梯的发展趋势

随着科学技术的不断发展，电梯也会产生各种新的变化、新的功能，其近期的主要发展趋势有以下几点：

1）电梯控制系统将广泛采用先进的大容量微机，并采用多微机并行处理的技术提高电梯的控制性能。在多台电梯协调运行的高层建筑中，每台电梯的控制系统都将具备操纵控制整个梯群的运行调度的能力。在电梯信号传输中将采用串行通信和光导纤维构成的数据处理系统，这种技术可大大减少布线量，并可避免外界电磁干扰，提高了信号传输的可靠性。

在采用高性能微机后，电梯的服务应答方式将全面智能化。在电梯运行时，微机将通过对日常信号和客流量的分析，对各层站客流变化的规律做出定量总结，从而能预测和自动调整梯群运行的调度程序，使乘客的等待时间下降到最低程度，同时提高了电梯的运行效率。

2）交流调速拖动控制理论和技术水平的发展将继续扩大交流电动机在电梯拖动中的应用范围，电梯交流拖动将继续向高效率、高速度、高精度方向发展。

直线电动机直接拖动的电梯将逐步进入世界市场。这种拖动技术不需要在建筑顶层设置机房，节省建筑面积；直接拖动可减少传动能耗；减少活动零部件的磨损，提高机械部件的工作可靠性；改革了摩擦曳引结构，使钢丝绳的磨损大大减少，钢丝绳的寿命和安全系数得到很大提高。

3）绿色环保将成为未来的技术发展方向，节能、无污染、低噪声、良好的电磁兼容性能，以及高可靠性、长寿命、低维保要求的电梯新产品将不断涌现。

4）新型液压电梯不断出现。采用有对重、推拉缸结构的液压电梯，将一改高能耗的老面孔。以电控调速代替调速阀将大大减少液压元件的数量，提高运行效率，节能降噪。

5）电梯的安全保障功能进一步强化。随着自动化程度的不断提高，电梯控制系统将具有故障自诊断、故障预警、冗余避错、遥控监测等功能。电梯系统内若产生故障，最安全的对策是暂时制停轿厢，在无其他危险因素时，应立即撤出乘客，为此电梯将配备慢速自动救援系统。在防止灾害方面，电梯将具有火灾和地震紧急返回、断电紧急依靠功能。特定场合的电梯还须有防盗、保密应召系统。在乘客通话呼救系统上，将从目前的内部呼救系统逐步过渡为通过公共通信系统呼救或发出指令，从而提高保障能力。

6）在电梯轿厢中创造艺术氛围，给人以耳目一新、心旷神怡的享受，已经成为各国工业装潢探索的课题。电梯轿厢内部装潢将发展为多种艺术形态，其主要特点是着重改善轿厢空间狭小的压抑感，致力于与所在大楼的工作环境产生互补和谐调作用，使乘客在乘用电梯时调节一下神经，让疲劳的肌体得到放松，促进人们的身心健康。

7）自动扶梯和自动人行道的发展趋势：结构紧凑，减少空间占用，减轻设备自重，减少阻力，节约能耗；外貌美观，运转平稳，噪声减少。

第二节 电梯的分类

一、按《特种设备目录》分类

2014年国家质检总局修订了《特种设备目录》，修订后的《特种设备目录》将电梯分为曳引与强制驱动电梯、液压驱动电梯、自动扶梯与自动人行道、其他类型电梯四个类别，每个类别又分成不同的品种，电梯的分类见表1-1。

表 1-1　电梯的分类

代码	种类	类别	品种
3000	电梯		
3100		曳引与强制驱动电梯	
3110			曳引驱动乘客电梯
3120			曳引驱动载货电梯
3130			强制驱动载货电梯
3200		液压驱动电梯	
3210			液压乘客电梯
3220			液压载货电梯
3300		自动扶梯与自动人行道	
3310			自动扶梯
3320			自动人行道
3400		其他类型电梯	
3410			防爆电梯
3420			消防员电梯
3430			杂物电梯

二、按用途分类

1）乘客电梯：为运送乘客而设计的电梯，主要用于宾馆、饭店、大型商厦等客流量大的场合。

2）载货电梯：为运送货物而设计的，通常有人伴随的电梯，主要用于车间、仓库等场合。

3）住宅电梯：供住宅楼使用的电梯。

4）杂物电梯：供图书馆、饭店、办公楼运送图书、食品、文件等，不允许人员进入的电梯。

5）病床电梯：为运送病床（包括病人）及相关医疗设备而设计的电梯。

6）特种电梯：为特殊环境、特殊条件、特殊要求而设计的电梯，例如船用电梯、汽车电梯、防爆电梯、观光电梯等。

三、按驱动方式分类

1）交流电梯：依靠交流电动机驱动的电梯。

2）直流电梯：依靠直流电动机驱动的电梯。

3）液压电梯：依靠液压驱动的电梯。

4）齿轮齿条式电梯：利用齿轮齿条传动的电梯。

四、按控制方式分类

1）轿内手柄开关控制的电梯。
2）轿内按钮控制的电梯。
3）轿内、轿外按钮控制的电梯。
4）轿外按钮控制的电梯。
5）信号控制的电梯。
6）集选控制的电梯。
7）并联控制的电梯。
8）梯群控制的电梯。

五、按运行速度分类

1）低速电梯：速度 $v \leqslant 1.0 \text{m/s}$ 的电梯。
2）快速电梯：$1.0 \text{m/s} < v < 2.5 \text{m/s}$ 的电梯。
3）高速电梯：$2.5 \text{m/s} \leqslant v < 6.0 \text{m/s}$ 的电梯。
4）超高速电梯：速度 $v \geqslant 6.0 \text{m/s}$ 的电梯。

第三节　电梯的主要参数和型号

一、电梯的主要参数

电梯的主要参数包括额定载重量、额定速度、层站门数量等。

1. 额定载重量

电梯的额定载重量主要有 400kg、630kg、800kg、825kg、1000kg、1050kg、1250kg、1600kg、2000kg 等。

2. 额定速度

电梯常见的额定速度为 0.63m/s、1.0m/s、1.5m/s、1.6m/s、2.0m/s、2.5m/s、4.0m/s 等。

3. 层站门数量

应注明电梯服务的建筑物的总层数、停靠的站数和电梯的门数。

二、电梯的型号

所谓电梯的型号，即采用一组字母和数字，以简单明了的方式，将电梯基本规格的主要内容表示出来。我国城乡建设环境保护部颁布的 JJ 45—1986《电梯、液压梯产品型号编制方法》中，对电梯型号的编制方法作了如下规定：

电梯、液压梯产品的型号由类、组、型，主参数和控制方式等三部分代号组成。第二、三部分之间用短线分开。

第一部分是类、组、型和改型代号。类、组、型代号用具有代表意义的大写汉语拼音字母表示。产品的改型代号按顺序用小写汉语拼音字母表示，置于类、组、型代号的右下方，如无可以省略不写。类别代号见表1-2。

表1-2 类别代号

类别	代表汉字	拼音	采用代号
电梯、液压电梯	梯	TI	T

产品代号见表1-3。

表1-3 产品代号

品种	代表汉字	拼音	采用代号
乘客电梯	客	KE	K
载货电梯	货	HUO	H
客货（两用）电梯	两	LIANG	L
病床电梯	病	BING	B
住宅电梯	住	ZHU	Z
杂物电梯	物	WU	W
船用电梯	船	CHUAN	C
观光电梯	观	GUAN	G
汽车电梯	汽	QI	Q

拖动方式代号见表1-4。

表1-4 拖动方式代号

拖动方式	代表汉字	拼音	采用代号
交流	交	JIAO	J
直流	直	ZHI	Z
液压	液	YE	Y
齿轮齿条	齿	CHI	C

第二部分是主参数代号，其左上方为电梯的额定载重量（单位为kg），右下方为额定速度（单位为m/s），中间用斜线分开，均用阿拉伯数字表示。

第三部分是控制方式代号，用具有代表意义的大写汉语拼音字母表示。控制方式代号见表1-5。

表1-5 控制方式代号

控制方式	代表汉字	采用代号
手柄开关操纵，自动门	手、自	SZ
手柄开关操纵，手动门	手、手	SS
按钮控制，自动门	按、自	AZ
按钮控制，手动门	按、手	AS

（续）

控制方式	代表汉字	采用代号
信号控制	信号	XH
集选控制	集选	JX
并联控制	并联	BL
梯群控制	群控	QK
集选，微机控制	集选、微	JXW

电梯产品型号代号顺序如图 1-6 所示。

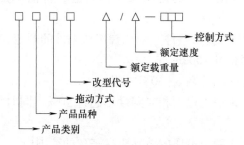

图 1-6 电梯产品型号代号顺序

电梯产品型号示例：

① TKJ1000/2.5-JX 表示：交流乘客电梯，额定载重量为 1000kg，额定速度为 2.5m/s，集选控制。

② TKZ1000/1.6-JX 表示：直流乘客电梯，额定载重量为 1000kg，额定速度为 1.6m/s，集选控制。

③ THY1000/0.63-AZ 表示：液压载货电梯，额定载重量为 1000kg，额定速度为 0.63m/s，按钮控制，自动门。

三、对电梯的基本要求

对电梯的基本要求是安全可靠、方便舒适。电梯的安全性与可靠性是系统工程，由设计、制造、安装、维护保养各个环节和元器件的可靠性等来保证。舒适性主要是人的主观感觉，故一般称为舒适感，主要与电梯的速度变化和振动有关。

1. 电梯的速度曲线

电梯运行中的速度变化可以用速度曲线表示。电梯运行的速度曲线如图 1-7 所示。

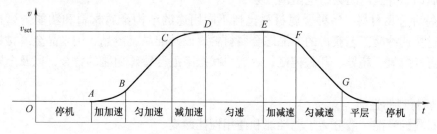

图 1-7 电梯运行的速度曲线

7

其中，t_{AD}为启动加速段，t_{DE}为匀速运行段，t_{EG}为减速制停段。t_{AD}和t_{EG}越长，则加速度越小，一般来讲舒适感就越好，同时电梯的运行效率就越低。但从实验得知，与人的舒适感关系最大的不是加减速度，而是加减速度的变化率，即"加加速度"，也就是t_{AD}和t_{EG}两头的弧形部分的曲率。如果将加速度变化率限制在$1.3\mathrm{m/s^3}$以下，即使最大加速度达到$2\sim2.5\mathrm{m/s^2}$，也不会使人感到过分不适。

2. 电梯的工作条件

电梯的工作条件是指一般电梯正常运行的环境条件。如果实际的工作环境与标准的工作条件不符，电梯不能正常运行，或故障率增加并缩短使用寿命。因此，在特殊环境中使用的电梯在订货时就应提出特殊的使用条件，制造厂将依据提出的特殊使用条件进行设计制造。

GB/T 10058—2009《电梯技术条件》对电梯工作条件的规定如下：

1）安装地点的海拔不超过1000m。

2）机房内的空气温度应保持在5~40℃之间。

3）运行地点最湿月的月平均最大相对湿度不超过90%，同时该月的月平均最低温度不超过25℃。

4）电源输入电压相对于额定电压的波动应在±7%的范围内。

5）环境空气中不应含有腐蚀性和易燃性气体及导电尘埃。

第四节 电梯机械基础

一、金属材料

金属材料是指金属元素或以金属元素为主构成的具有金属特性的材料的统称，包括纯金属、合金、金属间化合物和特种金属材料等。

1. 金属材料的种类

金属材料通常分为黑色金属、有色金属和特种金属材料。

（1）黑色金属　黑色金属又称为钢铁材料，包括工业纯铁、铸铁、碳钢，以及各种用途的结构钢、不锈钢、耐热钢、高温合金、精密合金等。广义的黑色金属还包括铬、锰及其合金。

（2）有色金属　有色金属是指除铁、铬、锰、钒、钛以外的所有金属及其合金，通常分为轻金属、重金属、贵金属、半金属、稀有金属和稀土金属等。有色金属的强度和硬度一般比纯金属高，并且电阻大，电阻湿度系数小。

（3）特种金属材料　特种金属材料包括不同用途的结构金属材料和功能金属材料。其中，有通过快速冷凝工艺获得的非晶态金属材料，以及准晶、微晶、纳米晶金属材料等，还有具有隐身、抗氢、超导、开关记忆、耐磨、减振阻尼等特殊功能的合金，以及金属基复合材料等。

2. 金属材料的性能

金属材料的性能一般分为工艺性能和使用性能两类。

所谓金属材料的工艺性能是指机械零件在加工制造过程中，金属材料在所定的冷、热加工条件下表现出来的性能。金属材料工艺性能的好坏，决定了它在制造过程中加工成型的适应能力。由于加工条件的不同，要求的工艺性能也就不同，如可焊性、可锻性、热处理性能、切削加工性等。

所谓金属材料的使用性能是指机械零件在使用条件下，金属材料表现出来的性能，包括力学性能、物理性能、化学性能等。金属材料使用性能的好坏，决定了它的使用范围与使用寿命。金属材料在载荷作用下抵抗破坏的性能称为力学性能。金属材料的力学性能是零件设计和选材时的主要依据。外加载荷性质不同，对金属材料力学性能的要求也将不同。常用的力学性能包括强度、塑性、硬度、冲击韧性、多次冲击抗力和疲劳极限等。

3. 材料力学

力作用在材料上会使材料的形状发生变化（即变形），材料变形的程度与力的大小、作用点和方向有关。制成杆件的材料变形的基本形式有拉（压）变形、弯曲变形、剪切变形、扭转变形和组合变形。

（1）强度　通常用来衡量材料在受力状态下抵抗变形和断裂的能力。

（2）许用应力　为保证物件能够安全正常地工作，对每一种材料必须规定它所能容许承受的最大应力，称为许用应力。

（3）安全系数　任何材料在使用时既要确保不会发生损坏造成事故，又要最大限度地利用材料的力学性质，材料的强度性质与材料允许使用的力学性质数值的比值（大于1），称为材料的安全系数。

（4）疲劳破坏　在交变载荷作用下，构件中的交变应力在远低于材料拉伸强度极限情况下有可能使构件发生破坏。

二、机械传动与润滑

1. 电梯中常用的机械传动

机械传动是利用机械方式传递动力和运动的传动。传动系统是指将动力机产生的机械能传送到执行机构上去的中间装置，如带传动、蜗轮蜗杆传动、链传动、液压气压传动等。曳引驱动电梯多采用蜗轮蜗杆传动和曳引传动，液压电梯采用液压传动，自动扶梯与自动人行道采用链条传动。

（1）带传动　带传动依靠带与带轮之间的摩擦来实现，分为平带传动和 V 带传动。当前在用电梯已经基本不采用该方式进行传动了。

（2）曳引传动　曳引传动是指将原动机旋转运动转变为直线运动的传动方式。原动机的动力输出轮称为曳引轮，曳引轮上开设绳槽，利用钢丝绳与绳槽的摩擦力来传递动力。曳引轮的结构如图1-8所示。

（3）蜗轮蜗杆传动　主动轮与从动轮的轴成90°，二者在彼此既不平行又不相交的情况下可以用蜗轮蜗杆传动，蜗杆是主动的，蜗轮是从动的，该系统广泛用于防止倒转的装置上。其最大特点是传动比大，噪声小，占空间少，有自锁作用，

图1-8　曳引轮的结构

一般运用于减速装置上。蜗轮蜗杆传动如图 1-9 所示。

（4）链传动　在两轴相距较远，而又要保持传动比正确时，采用链传动，其一般用于自动扶梯。在链传动中，多个换向链轮同轴时，各链轮均应能单独旋转。链传动如图 1-10 所示。

图 1-9　蜗轮蜗杆传动

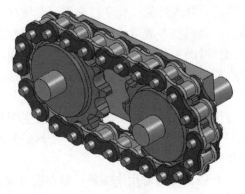

图 1-10　链传动

2. 润滑

润滑是指在相对运动的两个接触表面之间加入润滑剂，从而使两面间的摩擦变为润滑剂分子之间的内摩擦，达到减少摩擦、降低磨损、延长机械设备使用寿命的目的。

润滑油所有的成品油都是由基础油和添加剂组成的，基础油有矿物油和合成型两大类。

润滑脂是一种可塑润滑剂，由液体润滑剂、稠化剂和添加剂组成。稠化剂在基础油中分散并形成骨架，液体润滑剂被吸附和固定在骨架之中，从而形成具有塑性的半固体润滑脂。润滑脂应在室内保管，储存温度一般以 10~25℃为宜，并避免阳光直射，否则会增加油的分离，故润滑脂常在容器内加盖保存。润滑脂在保存和使用中常有分油现象，产生某些变色现象，但不会妨碍使用。使用润滑脂之前，必须用清洁抹布擦净盖子。做好防护的润滑脂一般可储存 2~4 年。电梯用润滑脂如图 1-11 所示。

图 1-11　电梯用润滑脂

三、液压传动

液压传动是指用液体作为工作介质来传递能量和进行控制的传动方式。液压传动和气压传动称为流体传动，是工农业生产中广泛应用的一门技术。

1. 液压传动的优点

1）体积小，重量轻，惯性小，在突然过载或停车时，不会发生大的冲击。

2）能在给定的范围内平稳地自动调节牵引速度，并可实现无级调速，且调速范围最大可达 1：2000。

3）换向容易。在不改变原动机旋转方向的情况下，可以较方便地实现工作机械旋转和直线往复运转的转换。

4）液压泵与液压马达之间用油管连接，在空间布置上彼此不受严格限制。

5）由于采用油液作为工作介质，元件相对运行表面间能自行润滑，磨损小，使用寿命长。

6）操纵控制简便，自动化程度高。

7）容易实现过载保护。

8）液压元件实现了标准化、系列化、通用化，便于设计、制造和使用。

2. 液压传动的缺点

1）使用液压传动对维护的要求高，工作油要始终保持清洁。

2）对液压元件制造精度要求高，工艺复杂，成本较高。

3）液压元件维修较复杂，且需要有较高的技术水平。

4）液压传动对油温变化较敏感，这会影响它的工作稳定性。因此，液压传动不宜在很高或很低的温度下工作，一般工作温度在−15~60℃范围内较合适。

5）液压传动在能量转化的过程中，特别是在节流调速系统中，其压力大，流量损失大，使系统效率降低。

3. 液压传动的基本原理

液压系统利用液压泵将原动机的机械能转换为液体的压力能，通过液体压力能的变化来传递能量，经过各种控制阀和管路的传递，借助液压执行元件（液压缸或液压马达）把液体压力能转换为机械能，从而驱动工作机构实现直线往复运动和回转运动。其中的液体称为工作介质，一般为矿物油，它的作用和机械传动中的带、链条和齿轮等传动元件类似。在液压传动中，液压缸就是一个最简单而又比较完整的液压传动系统。

液压系统主要由动力元件（液压泵）、执行元件（液压缸或液压马达）、控制元件（各种阀）、辅助元件和工作介质等五部分组成。

液压系统中的动力元件是一个能量转换装置，它的功能是通过液压泵来实现的。液压系统中的压力是由外界负荷决定的。动力元件的作用是利用液体把原动机的机械能转换成液体的压力能，是液压传动中的动力部分。动力元件有齿轮泵、叶片泵、柱塞泵和电梯用液压泵等，如图 1-12~图 1-15 所示。

图 1-12 齿轮泵

图 1-13 叶片泵

图 1-14　柱塞泵

图 1-15　电梯用液压泵

执行元件（液压缸和液压马达）将液体的液压能转换成机械能。其中，液压缸做直线运动，液压马达做旋转运动。液压缸有活塞式液压缸、摆动式液压缸、柱塞式液压缸、组合式液压缸等。液压马达有齿轮式液压马达、叶片式液压马达、柱塞式液压马达等。图 1-16 所示为液压缸。

图 1-16　液压缸

控制元件包括压力控制阀、流量控制阀和方向控制阀等。它的作用是根据需要无级调节液压马达的速度，并对液压系统中工作液体的压力、流量和流向进行调节控制。压力控制阀有溢流阀、减压阀、顺序阀、压力继电器等。溢流阀如图 1-17 所示。

流量控制阀有节流阀、调速阀、分流阀等。方向控制阀有单向阀、换向阀。节流阀如图 1-18 所示。

图 1-17　溢流阀

图 1-18　节流阀

借助控制元件，便可对液压执行元件的起动和停止、运动方向和运动速度、动作顺序和克服负载的能力等进行调节与控制，使各类液压机械都能按要求协调地工作。

辅助元件是指除上述三类以外的其他元件，包括压力表（见图1-19）、过滤器（见图1-20）、球阀、软管总成及油箱等。

图 1-19 压力表

图 1-20 过滤器

工作介质是指各类液压传动中的液压油或执行系统。它经过液压泵和液动机实现能量转换。液压传动系统使用的液体主要是液压油，液压油除用来传递能量外，还有润滑、冷却和密封作用。

液压系统的基本回路有调压回路、卸荷回路和平衡回路等。

液压系统的流量控制方式有容积调速、节流调速和复合调速控制。

液压管路是液压油的通道，应能承受满负荷压力2~3倍的压力。电梯液压管路的安全系数应不小于1.7。

第五节

电梯电气基础

一、电工学基础

1. 基本概念

（1）电流　导体能够导电，是因为导体中有能够自由移动的电荷，电荷定向流动称为电流，用I表示，电流的计量单位是安培，符号为A。

（2）电阻　电阻表示导体对电流阻碍作用的大小。电阻越大，则导体对电流的阻碍作用越大。电阻用R表示，电阻的单位是欧姆，符号为Ω。电阻的大小与材料以及材料的长度、横截面积有关。一般导体的电阻随温度变化，大部分金属的电阻都随着工作温度的升高而增加。常用的电阻如图1-21所示。

（3）电压　同一系统中，两点电位值之差的绝对值称为电压，用U表示，电压的计量单位是伏特，符号为V。

（4）安全电压　在一定的电压作用下，通过人体电流的大小就与人体电阻有关系。人体电阻因人而异，与人的体质、皮肤的潮湿程度、触电电压的高低、年龄、性别以及工种职业有关系，通常为 $1000\sim2000\Omega$；当角质外层破坏时，则降到 $800\sim1000\Omega$。安全电压是在一定条件下，在一定时间内，不危及生命安全的电压。安全电压等级分为 42V、36V、24V、12V 和 6V。我国规定的安全电压和绝对安全电压分别为 36V 和 12V。

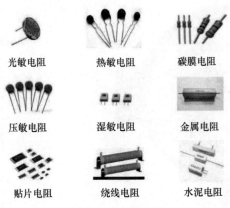

光敏电阻	热敏电阻	碳膜电阻
压敏电阻	湿敏电阻	金属电阻
贴片电阻	绕线电阻	水泥电阻

图 1-21　常用的电阻

（5）欧姆定律　线性电阻两端电压 U 和通过其中的电流 I 满足欧姆定律，即 $U=RI$。欧姆定律中的电压 U 与电流 I 的关系称为伏安特性，如图 1-22 所示。

由伏安特性曲线可知：在电压恒定的电路中，当电阻值增大时电流减小。

2. 电路知识

电路是导电通路的通称，用于电能的传输和分配，以及电信号的传导。电路的组成一般可分为三部分：电源、负载和连接导线。简单电路如图 1-23 所示。

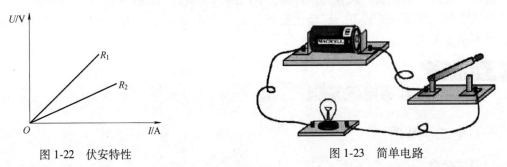

图 1-22　伏安特性　　　　　　　　　　　图 1-23　简单电路

在串联电路中，串联电阻上流过的电流相等；在串联电路中，阻值越大的电阻，其上的电压越大。

将 $R_1>R_2>R_3$ 的三只电阻串联，接在电压为 U 的电源上，获得最大功率的电阻是 R_1，其次是 R_2，最小的是 R_3。

两只电阻的额定电压相同，额定功率不同，并联在电路中后，额定功率大的电阻发热量较大。

在直流电路中，电感相当于短路，电容相当于断路。

3. 交流电与直流电

交流电的方向随时间的变化而变化，用符号 AC 表示。电梯所使用的电源绝大部分都是

380V 的正弦交流电和 220V 的单相交流电。

直流电的方向不随时间的变化而变化，用符号 DC 表示。直流电源在电梯中已经很少使用，在电梯的控制电路中会使用直流电，通常由开关电源或整流电路转换而来。

恒定电流是指电流的大小和方向都不随时间的变化而变化。

整流电路可把交流电转换成直流电，常用的整流电路有半波整流电路和全波整流电路两种。

磁力线是互不相交的闭合回路曲线，磁力线越密，磁场越强。磁体中磁场最强的两端称为磁极。交流电通入线圈将会产生电磁感应现象，产生感应电流。磁力线如图 1-24 所示。

一般的低压设备和线路，其绝缘电阻应不低于 0.5MΩ。如果同一导管中的各导线或电缆的各芯线接入不同的电压电路，则导线或电缆应按其中的最高电压确定绝缘等级。

我国电网的频率是 50Hz，三相交流电是峰值相等、频率相同、相位彼此相差 120° 的三个交流电。交流电电流的大小和方向都随着时间作周期性变化，交流电的周期 T 与频率 f 互为倒数。

线电压与三相负载的连接方式无关，而线电流与三相负载的连接方式有关。电源星形联结时，线电压是相电压的 $\sqrt{3}$ 倍，线电流与相电流相等；电源三角形联结时，线电压与相电压相等，线电流是相电流的 $\sqrt{3}$ 倍。

三相桥式整流电路是由 6 只二极管或晶闸管组成的，如图 1-25 所示。

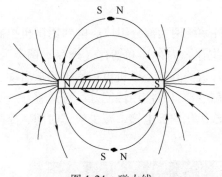

图 1-24 磁力线

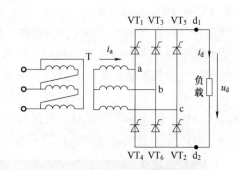

图 1-25 三相桥式整流电路

电感元件的电流相位滞后其电压 90°；电容元件的电压相位滞后流过电流 90°。

4. 电子学基础

金属导体的导电能力高于半导体，半导体的导电能力高于绝缘体。

二极管有一个 PN 结，具有正向导通、反向截止的特性。二极管及其符号如图 1-26 所示。

图 1-26 二极管及其符号

晶体管由硅或锗材料制成，有 NPN 型和 PNP 型两种。其基本结构和符号如图 1-27 所示。

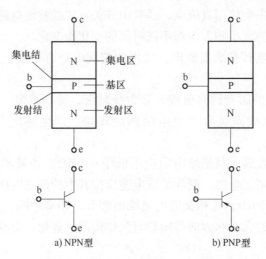

图 1-27　晶体管的基本结构和符号

其中，图 1-27a 所示为 NPN 型，图 1-27b 所示为 PNP 型，b 表示基极，c 表示集电极，e 表示发射极。晶体管的功能是实现电流信号的放大。处于放大作用时，发射结正向导通，集电结反向截止。其电位关系如下：对于 NPN 型，$U_c > U_b > U_e$；对于 PNP 型，$U_c < U_b < U_e$。

5. PC 和 PLC 控制基础

微型计算机简称微机（PC），由硬件系统和软件系统两大部分组成。电梯用微机控制系统包括 CPU、存储器和输入输出接口。存储器分为主存（内存）和辅存（外存）两类。

电梯用的微机控制方式有双微机、单板机和单片机等方式。微机可控制电梯从启动、加速、匀速、减速到制动的运行全过程。使用微机控制电梯具有使用性能好、舒适感好、平层精度高等特性；用于梯群控制时，其优点是可实现最优化调配电梯、减少候梯时间、提高运行效率。电梯控制主板示例如图 1-28 所示。

图 1-28　电梯控制主板示例

PLC 的中文名称为可编程控制器，是一种可实现多种功能的电子系统，专为在工业环境下应用而设计。PLC 可靠性高、抗干扰能力强，功能完善、通用性强，编程简单、使用方便。常用的 PLC 主要有西门子、三菱、欧姆龙等品牌。西门子 S7-200 PLC 如图 1-29 所示。

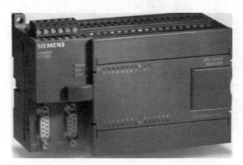

图 1-29　西门子 S7-200 PLC

二、电梯常用器件

1. 刀开关

刀开关是低压配电装置中结构最简单且应用最广泛的电器，它的作用主要是隔离电源。刀开关如图 1-30 所示。

2. 隔离开关

隔离开关的主要作用是断开无负荷的电路，使电路有明显的断开点。在操作时一定要注意，隔离开关不能带载操作。隔离开关形式多样，其中之一如图 1-31 所示。

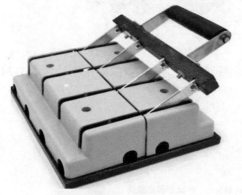

图 1-30　刀开关

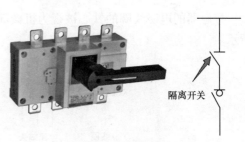

图 1-31　隔离开关

3. 继电器

一种当预先设置的条件满足时控制回路接通或断开的电子器件称为继电器。它主要用于反映控制信号接通与分断控制电路。

中间继电器是用来增加控制信号的数量或将信号放大的电气部件。

热继电器的作用是过载保护，其主要技术参数是整定电流。热继电器及其电气符号如图 1-32 所示。

4. 接触器

接触器是一种自动的电磁式开关。它通过电磁力和弹簧反力使触头闭合和分断。接触器的常开触头是未通电时处于断开的触头。接触器是切换主电路的。接触器的线圈通常用 KM 表示。接触器如图 1-33 所示。

图 1-32　热继电器及其电气符号

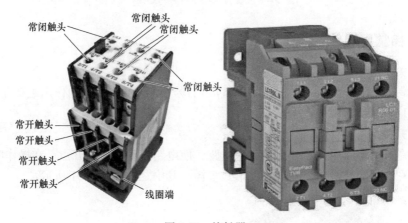

图 1-33　接触器

接触器的电磁线圈的铁心被视为机械部件，而线圈则不是。接触器的电气符号如图 1-34 所示。

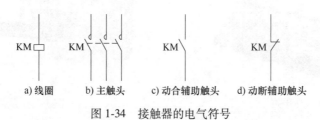

a) 线圈　　　b) 主触头　　　c) 动合辅助触头　　　d) 动断辅助触头

图 1-34　接触器的电气符号

5. 随行电缆

随行电缆是用于连接电梯的轿厢与机房或井道信号的电缆。轿厢运行时均有一条或几条电缆随之运行。电梯随行电缆如图 1-35 所示。

6. 编码器

编码器用于检测曳引机实际速度及轿厢的相对位置，并将信号反馈给驱动控制系统和逻辑控制系统。编码器主要有两种类型：一是模拟反馈型，最常用的是测速发电机；二是数字反馈型，如光电编码器。

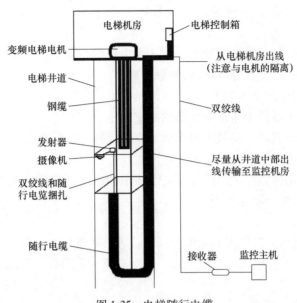

图 1-35　电梯随行电缆

三、电梯常用检测仪表及仪器工具

1. 钳形电流表

钳形电流表是一种用于测量正在运行的电气线路的电流大小的仪表，可在不断电的情况下测量电流。钳形电流表实质上是由一只电流互感器、钳头和一只整流式磁电系有反作用力的仪表所组成，使用十分方便。其外形如图 1-36 所示。

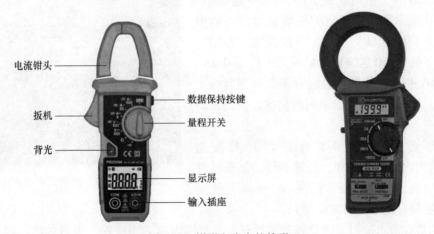

图 1-36　钳形电流表的外形

钳形电流表的使用方法如下：

1）测量前要机械调零。测量前应先估计被测电流的大小，选择合适的量程；若无法估计，则应先用较大量程测量，然后根据被测电流的大小再逐步换成合适的量程。

2）测量时应将被测载流导线放在钳口内的中心位置，以免增大误差。测量较小电流时，为了使读数较准确，在条件许可时，可将被测导线多绕几圈，再放进钳口进行测量，匝数要以钳口中央的匝数为准，实际电流值等于仪表的读数除以放进钳口中的导线圈数。

3）测量完毕一定要把仪表的量程开关置于最大量程位置上，以防下次使用时因疏忽大意未选择量程就进行测量，造成损坏仪表的意外事故。

钳形电流表的使用注意事项如下：

1）被测线路的电压要低于钳形电流表的额定电压。

2）测高压线路的电流时，要戴绝缘手套，穿绝缘鞋，站在绝缘垫上。

3）钳口要闭合紧密。

4）切忌在测量时切换量程，以防钳形电流表中的电流互感器二次侧瞬时开路，产生较大的感应电动势击穿绝缘、损坏仪表。

2. 万用表

万用表是一种多电量、多量程测量的便携式仪表，是电气工人最常用的电工仪表。万用表一般能测直流电流、直流电压、交流电压、交流电流、电阻等。万用表有模拟式和数字式两种。

（1）模拟式万用表 模拟式万用表如图 1-37 所示。

模拟式万用表的使用方法如下：

1）测量直流电压时，将量程开关拨至"DCV"范围内的适当量程，将红表笔和黑表笔一端分别插入"+""−"输入插口，另一端分别并接于被测电压的正负端，指针在第二条刻度线读数。量程开关拨至 0.25V、2.5V、250V 三个档位时，指针读数应看表盘第二条刻度线下的 0~250 这组数，然后用指针指示数乘以相应的倍数就等于被测电压；量程开关拨至 50V 档时，指针读数应看第二条刻度线下的 0~50 这组数；量程开关拨至 0.1V、10V、1000V 档时，指针读数应看第二条刻度线下的 0~10 这组数，分别乘以不同的倍率，得到被测电压。

2）测量交流电压时，将量程开关拨至"ACV"范围内的适当量程，表笔的红、黑长杆并接于被测电路的两端，指针仍在第二条刻度线读数。其方法与直流电压的测量类同。

图 1-37 模拟式万用表

3）测量直流电流时，将量程开关拨至电流范围内的适当量程，表笔的红、黑长杆串接到被测电流电路中，使电流从红表笔流入、黑表笔流出，指针也在第二条刻度线读数。直流电流的量程为 2.5mA、25mA、250mA、2.5A 时，指针读数看第二条刻度线下的 0~250 这组数，然后乘以相应的倍率就等于被测电流；直流电流的量程为 50μA 时，指针读数只看到第二条刻度线下的 0~50 这组数，然后乘以相应的倍率就等于被测电流。

4）测量电阻时，将量程开关拨至电阻范围内的适当量程，先将红、黑表笔短接，指针即向满刻度方向偏转，调节欧姆调零旋钮，使指针对准 0Ω，然后将表笔分开接入被测电阻。

待指针偏转后，读出指针在"Ω"刻度的读数，再乘上该档的倍率，就是被测电阻值。

5）测量电容、电感时，将量程开关拨至交流 10V 档，被测电容（或电感）一端串接一支表笔，另一端串接于 10V 交流电源的一端，余下的一支表笔接于 10V 交流电源的另一端，指针即偏转指示出相应的电容（电感）值。

模拟式万用表的使用注意事项如下：

1）在测量未知的电流或电压时，应先将量程开关拨至最高量程，然后逐渐减少至适当量程，以免损坏仪表。

2）测量高压或大电流时，应严格遵守操作规程，不准带电转动开关、旋钮，注意人身安全。

3）使用电阻档测量电阻时，当两表笔短接而指针不能调至零位时，说明电池电压不足，应更换新电池。每次换档后都应将两表笔短接，重新调零。

4）严禁在被测电阻带电的情况下进行电阻测量，以免损坏仪表。

5）使用完毕后，应将量程开关置于交流电压最高档。

6）平时不使用时，应将表中电池取出。

（2）数字万用表 数字万用表如图 1-38 所示。

1）直流电压的测量：将量程开关有白色标记的一端拨至直流电压范围内的适当量程，黑表笔插入"COM"插口（以下各种测量都相同），红表笔插入"V Hz Ω"插口，表笔接触测量点后，显示屏上便出现测量值。

2）交流电压的测量：将量程开关拨至交流电压范围内的适当量程，表笔接法同上，其测量方法与测直流电压相同。

3）电流的测量：交流电流与直流电流的测量方法相同，量程选择也相同。量程开关拨至"μA"档时，红表笔应插入"mA μA"插口，黑表笔插入"COM"插口，接通表内电源，把仪表串入被测电路，即可显示读数，显示值以 μA 为单位。量程开关拨至"$\frac{A}{mA}$"档时，红表笔应插入"A"插口，黑表笔插入"COM"插口，接通表内电源，把仪表串入被测电路，即可显示读数，显示值以 A 为单位。

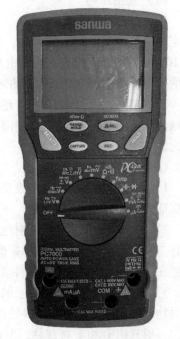

图 1-38 数字万用表

4）电阻的测量：将量程开关拨至"Ω"档，红表笔插入"V Hz Ω"插口，黑表笔插入"COM"插口，接通表内电源，把仪表并入被测电路，即可显示读数，显示值以 Ω 为单位。

5）线路通断的检查：将量程开关拨至蜂鸣器档，红、黑表笔分别插入"V Hz Ω"和"COM"插口。若被测线路电阻低于 20Ω，蜂鸣器发出叫声，表示线路接通；反之，表示线路不通或接触不良。

数字万用表的使用注意事项如下：

1）测量前，应校对量程开关位置及两表笔所接的插孔，无误后再进行测量。严禁在测量高压或大电流时拨动开关，以防产生电弧，烧毁开关触头。

2）对无法估计的待测量，应选择最高量程进行测量，然后根据显示结果选择合适的量程。

3）严禁带电测电阻。

4）不要将数字万用表放在高温或潮湿的环境中。

5）测量时应注意欠电压指示符号（品牌型号不同，指示符号不同），若显示该符号应立即更换电池。每次测量结束都应关闭电源，以延长电池使用寿命。

6）当测量电流无显示时，应首先检查熔丝管是否接入插座，熔丝是否熔断。

3. 绝缘电阻测试仪

绝缘电阻测试仪又称绝缘电阻表，它由一个手摇发电机、表头和三个接线柱（即线路端 L、接地端 E、屏蔽端 G）组成。它是一种专门用来测量绝缘电阻的便携式仪表，在电气安装、检修和试验中应用十分广泛。绝缘电阻表如图 1-39 所示。

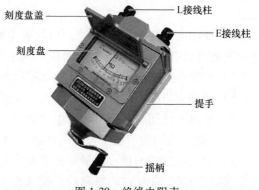

刻度盘盖——L接线柱
刻度盘——E接线柱
——提手
——摇柄

图 1-39　绝缘电阻表

（1）选用原则

1）额定电压等级的选择。一般情况下，额定电压在 500V 以下的设备，应选用 500V 或 1000V 的绝缘电阻表；额定电压在 500V 以上的设备，选用 1000~2500V 的绝缘电阻表。

2）电阻量程范围的选择。绝缘电阻表刻度盘的刻度线上有两个小黑点，小黑点之间的区域为准确测量区域。所以，在用绝缘电阻表时应使被测设备的绝缘电阻值在准确测量区域内。

（2）使用方法

1）测量前应先切断被测设备的电源，并将设备的导电部分与大地接通进行充分放电，以保证安全。

2）校正仪表。测量前应对绝缘电阻表进行一次开路与短路试验，检查绝缘电阻表是否良好。将两连接线开路，摇动摇柄，指针应指在"∞"处，再把两连接线短接一下，指针应指在"0"处。符合上述条件者即良好，否则不能使用。

3）正确接线。绝缘电阻表的 L 接线柱接在被测物与大地绝缘的导体部分，E 接线柱接被测物的外壳或大地，G 接线柱接在被测物的屏蔽环上或下需测量的部分。测量绝缘电阻时，一般只用 L 和 E 接线柱，但在测量电缆对地的绝缘电阻或被测设备的漏电流较严重时，就要使用 G 接线柱，并将 G 接线柱接屏蔽层或外壳。

4）摇动摇柄应由慢渐快，若发现指针指零，说明被测绝缘物可能发生了短路，这时应停止摇动摇柄，以防表内线圈发热损坏。

5）拆线放电。读数完毕，一边慢摇一边拆线，然后将被测设备放电。放电方法是将测量时使用的地线从绝缘电阻表上取下来，将其与被测设备短接一下即可。

绝缘电阻表的接线如图 1-40 所示。

（3）注意事项

1）接线柱与被测设备间连接的导线不能用双股绝缘线或绞线，应用单股线分开单独连

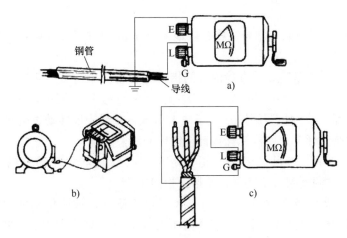

图 1-40 绝缘电阻表的接线

接，避免因绞线绝缘不良而引起误差。

2）为获得正确的测量结果，被测设备的表面应用干净的布或棉纱擦拭干净。

3）测量具有大电容的设备的绝缘电阻时，读数后不能停止摇动绝缘电阻表的摇柄，否则已被充电的电容将对绝缘电阻表放电，有可能烧坏绝缘电阻表。应在读数后一方面降低摇柄转速，一方面拆去接地端线头，在绝缘电阻表的摇柄停止转动和被测物充分放电以前，不能用手触及被测设备的导电部分。

4）测量设备的绝缘电阻时，应记下测量时的温度、湿度、被测物的有关情况等，以便于对测量结果进行分析。

5）禁止在雷电时或高压设备附近测量绝缘电阻，只能在设备既不带电也没有感应电的情况下测量。摇测过程中，被测设备上不能有人工作。

6）绝缘电阻表测量的是通电导体与地之间的电阻，如果电路中含有电子装置，测量时应将相线与零线连接起来。

4. 接地电阻测试仪

接地电阻测试仪也称为接地电阻表，是用于测量接地电阻的仪器。

接地电阻测试仪的使用方法如下：

1）熟读接地电阻测试仪的使用说明书，全面了解其结构、性能及使用方法。

2）备齐测量时所必需的工具及全部仪器附件，并将仪器和接地探针擦拭干净，特别是接地探针，一定要将其表面影响导电能力的污垢及锈渍清理干净。

3）将接地干线与接地体的连接点或接地干线上所有接地支线的连接点断开，使接地体脱离任何连接关系成为独立体。

4）将两个接地探针沿接地体辐射方向分别插入距接地体 20m、40m 的地下，插入深度为 400mm。

5）将接地电阻测试仪平放于接地体附近，并进行接线，接线方法如下：

① 用最短的专用导线将接地体与接地电阻测试仪的接线端 E1（三端钮的测试仪）或与 C2 短接后的公共端（四端钮的测试仪）相连。

② 用最长的专用导线将距接地体 40m 的测量探针（电流探针）与测试仪的接线端 C1

相连。

③ 用余下的长度居中的专用导线将距接地体20m的测量探针（电位探针）与测试仪的接线端P1相连。

6）将测试仪水平放置后，检查检流计的指针是否指向中心线，否则调节零位调整器使测试仪指针指向中心。

7）将倍率标度（或称粗调旋钮）置于最大倍数，并慢慢地转动发电机转柄（指针开始偏移），同时旋动测量标度盘使检流计指针指向中心线。

8）当检流计的指针接近平衡时（指针近于中心线）加快摇动转柄，使其转速达到120r/min以上，同时调整测量标度盘，使指针指向中心线。

9）若测量标度盘的读数过小（小于1）不易读准确时，说明倍率标度倍数过大，此时应将倍率标度置于较小的倍数，重新调整测量标度盘，使指针指向中心线并读出准确读数。

10）计算测量结果，即 R=倍率标度读数×测量标度盘读数。

接地电阻测试仪的接线如图1-41所示。

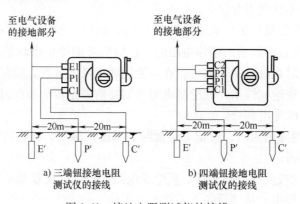

图1-41　接地电阻测试仪的接线

5. 塞尺

塞尺的用途是测量或检验两平行面的间隙，它的规格有100mm、150mm、200mm、300mm、500mm和1000mm六种。100mm塞尺如图1-42所示。

塞尺由厚薄不同的塞尺片组成，最薄的为0.02mm，最厚的为1.0mm。塞尺的使用有以下要求：塞尺片不应有弯曲、油污现象；使用前必须将塞尺片擦干净，并使其平直；每次用完须擦拭防锈油再存放。

测量间隙时按各塞尺片的标示值计算结果。例如，测量电梯的制动间隙时，使用了3片塞尺片，0.03mm的一片，0.4mm的一片，0.02mm的一片，三片加在一起为0.45mm，则这部电梯的制动间隙为0.45mm。

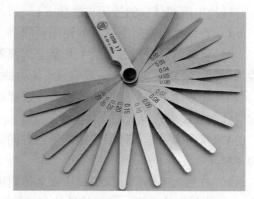

图1-42　100mm塞尺

6. 电梯轨道卡尺

电梯轨道安装后，要进行校正，常使用导轨粗校卡板和精校卡尺校正导轨。

导轨卡尺是电梯导轨安装调整的一种专用检测工具，是用来调整轿厢、对重轨道偏差的专用测量工具。

在轨道校正调整之前，须悬挂中心线（以安装电梯样板定位线为准）、轿厢中心线、对重中心线，并对准。铅垂线从顶部样板下垂到底坑样板架以此定位。先用粗校卡板分别自下而上地调整两列导轨的三个工作区与导轨中心铅垂线之间的偏差，经粗调整和粗校后，再用精校卡尺进行精校，检查和测量两列导轨间的距离、垂直度和偏扭。

导轨卡尺一般都在现场由安装技术人员组装（根据两导轨距离而定）。卡尺两端用的卡板指示器，对指针与侧面、顶面卡口的精度要求较高，两指针应在一条中心线上。在测量两根导轨侧面时，可以直接读出两根导轨的偏扭情况。两指针与导轨侧工作面应贴实，指针尖应指向零位，这说明两根导轨都没有偏扭和误差，符合要求。

观察两根导轨的距离和垂直精度，卡尺一端与导轨顶面靠严，另一端与导轨保持 1mm 的间距。按照这个值调整轨道，精校卡尺的横纵中心线要与轿厢中心线、对重中心线相对应，也就是轿厢和对重两副导轨的中心线要对应。

四、电动机与变压器基础

1. 电动机基础

电动机铭牌上标注的功率，是指电动机输出的额定功率。

电动机的输出转矩和转速之间的关系称为电动机的机械特性，转子串接外接电阻时得到的机械特性曲线称为调速特性曲线。三相异步电动机如图 1-43 所示。

永磁同步电动机的转子是永磁的。永磁同步电动机如图 1-44 所示。

图 1-43 三相异步电动机

图 1-44 永磁同步电动机

直流电动机的电刷通常由石墨制成，用于连接电动机和发电机的转子，它将电流传递给定子。直流电动机的结构如图 1-45 所示。

交流异步电动机的转速公式为

$$n = \frac{60f}{p}(1-s)$$

式中，n 为交流异步电动机的转速；f 为频率；p 为极对数；s 为转差率。

由此公式可见，极对数 p 越大，电动机转速越慢；频率 f 越大，电动机转速越快。

交流变频调速通常采用交-直-交或者交-交的方式。调速时为了保持电动机转矩不变，在调整频率时也要对定子的电压作相应的调整，这种方法叫变频变压调速（VVVF）。

要改变电动机旋转方向，只需将三相电源的任意两相对调即可实现。

三相异步电动机的定子绕组有星形联结和三角形联结两种接法，如图 1-46 所示。

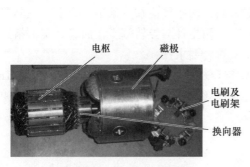

图 1-45　直流电动机结构

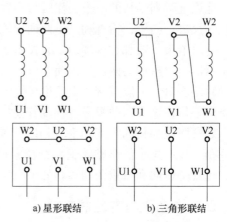

图 1-46　星形联结和三角形联结

将三相对称负载在同一电源上作星形联结时，负载取用的功率是作三角形联结的 1/3；星形-三角形（星-三角）减压起动时，电动机定子中的起动电流可以降到正常运行时电流的 1/3。

星形联结的电动机采用 220V 电源，三角形联结的电动机采用 380V 电源。

在轴负载不变的情况下，电动机转速随转子串联电阻的减少而升高；反之，则转速降低。

三相异步电动机有回馈制动、反接制动和能耗制动三种制动方式。它们的共同点是电动机的转矩 T 与转速 n 的方向相反，以实现制动。此时，电动机由轴上吸收机械能，并转换成电能。

回馈制动是在外加转矩的作用下，转子转速超过同步转速，电磁转矩改变方向成为制动转矩。回馈制动与反接制动和能耗制动不同，回馈制动不能制动到停止状态。回馈制动的电气原理如图 1-47 所示。

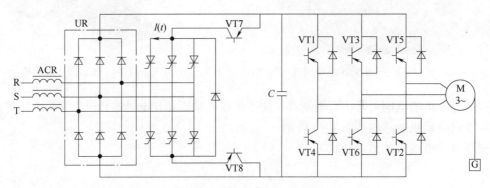

图 1-47　回馈制动的电气原理

反接制动是电动机定子三根电源线中的任意两相对调而使电动机输出转矩反向产生制

动，或者在转子电路上串接较大附加电阻使转速反向而产生制动。反接制动的电气原理如图 1-48 所示。

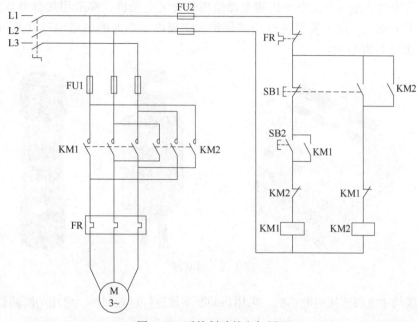

图 1-48 反接制动的电气原理

能耗制动是电动机在正常运行中为了迅速停机，在电动机定子绕组中接入直流电源，即在定子绕组中通过直流电形成磁场，转子由于惯性继续旋转切割磁场，而在转子中形成感应电动势和电流，产生的转矩方向与电动机的转速方向相反，产生制动作用，最终使电动机停止。能耗制动的电气原理如图 1-49 所示。

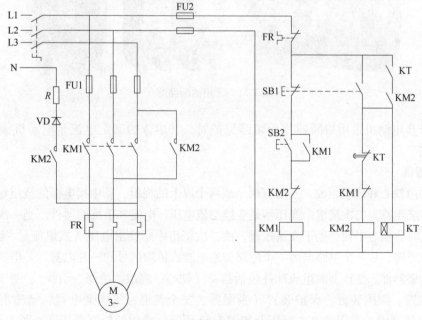

图 1-49 能耗制动的电气原理

2. 电动机保护

直接与电源连接的电动机应进行短路保护。

对于直流发电机组的交流电动机和电梯使用的交流电动机，都采用热继电器进行保护；对于电梯曳引电动机，用熔断器进行短路保护。实现以上功能的装备叫过载及短路保护装置。熔断器如图 1-50 所示。

图 1-50　熔断器

对于直接与主电源连接的电动机，采用自动断路器进行过载保护。常用的断路器如图 1-51 所示。

图 1-51　常用的断路器

三相异步电动机采用熔断器作为短路保护时，其熔体的额定电流是电动机额定电流的 1.5~2.5 倍。

3. 变压器

变压器由铁心和绕组组成，一般有两个或两个以上的绕组，其中接电源的绕组称为一次绕组，其余的绕组称为二次绕组。变压器是变换交流电压、电流和阻抗的器件。当一次绕组中通有交流电流时，铁心中便产生了交流磁通，使二次绕组中感应出电压（或电流）。变压器是利用电磁感应原理，从一个电路向另一个电路传递电能或传输信号的一种电器，是电能传递或信号传输的重要器件。变压器的组成部件包括器身（铁心、绕组、绝缘、引线）、变压器油、油箱和冷却装置、调压装置、保护装置（吸湿器、安全气道、气体继电器、储油柜及测温装置等）和出线套管。常用的电力变压器如图 1-52 所示。常用的控制变压器如图 1-53 所示。

图 1-52 常用的电力变压器

图 1-53 常用的控制变压器

变压器能够改变交流电的电压。变压器只能在设计的负荷下运行，不能超负荷运行。

运行中的电流互感器二次侧不允许开路，运行中的电压互感器二次侧不允许短路。电流互感器及其接线如图 1-54 所示。电压互感器及其接线如图 1-55 所示。

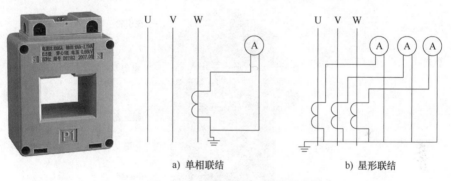

a) 单相联结   b) 星形联结

图 1-54 电流互感器及其接线

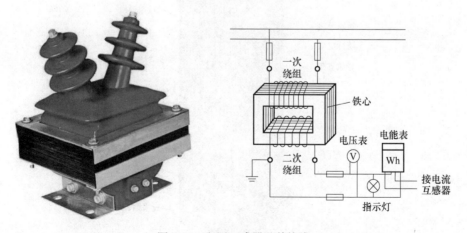

图 1-55 电压互感器及其接线

第二章
常用电梯的基本结构及相关知识

曳引驱动电梯

曳引驱动电梯是机、电、电子技术一体化的产品。其机构部分好比是人的躯体，电气部分相当于人的神经，微机控制部分相当于人的大脑。各部分密切协调，使电梯可靠运行。

就曳引驱动电梯的构造而言，可将电梯的基本构造分为机房、井道、轿厢和层站四大部分。曳引驱动电梯的基本结构示意图如图 2-1 所示。

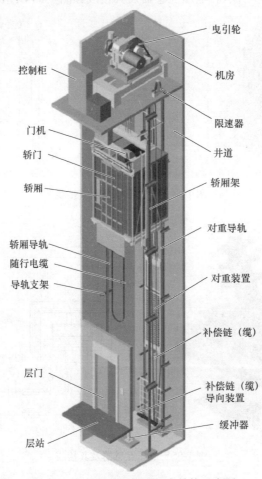

图 2-1　曳引驱动电梯的基本结构示意图

一、曳引驱动电梯的土建结构

（一）机房

1. 机房概述

电梯的机房一般都设置在井道上方，也有设置在井道内和井道底部的（底坑）。机房部分装有曳引机、限速器、控制柜、通风照明装置等。机房是电梯运行的指挥系统。

机房内地板装饰面至天花板之间的最小垂直距离称为机房高度，机房内平行于轿厢宽度方向测量的水平距离称为机房宽度。

2. 机房的土建要求

机房地面高度不一且相差大于500mm时，应设置楼梯或台阶，并设置护栏。

为了防止物体通过位于井道上方的开口（包括通过电缆用的开孔）坠落，必须采用圈框，并且圈框应凸出地面至少50mm。

电梯机房地面应采用防滑材料，如混凝土、波纹钢板等。电梯机房要用经久耐用和不易产生灰尘的材料建造。

机房应有适当的通风，同时必须考虑到井道通过机房通风，从建筑物其他处抽出的陈腐空气不得直接排入机房内。

机房应有足够的空间，以保护维护保养人员的安全，并保证操作方便。机房供活动区域的净高度不应小于1.8m，工作区域的净高度不应小于2.0m。因需要对运动部件进行维修和检查，在必要的地点以及需要人工紧急操作的地方，水平净空面积应不小于0.5m×0.6m。通往机房的需要人工紧急操作的地方、控制屏和控制柜前的净宽度不应小于0.5m或取控制柜宽度的较大者；在没有运动部件的地方，此值可减少到0.40m。双面维护的控制柜成排安装时，其宽度不超过5m，中间宜留有通道，通道的宽度应不大于600mm。

楼板和机房地板上的开孔尺寸，在满足使用前提下应减少到最小。

电梯驱动主机旋转部件的上方应有不小于300mm的垂直净空距离。

机房地面有任何最小深度大于500mm、宽度小于0.5m的凹坑或任何槽坑时，均应盖住。

滑轮间应有足够的尺寸，以便维修人员能安全和容易地接近所有设备。滑轮间房顶以下的高度最小不应小于1.50m。机房或滑轮间应专用，不应设置非电梯用的线槽、电缆或装置。

机房应设有永久性的电气照明，地面上的照度不应小于200lx。

提供人员进入机房和滑轮间的安全通道，应优先考虑全部使用楼梯。通道门的宽度不应小于0.60m，高度不应小于1.80m，且机房门不得向内开启。

3. 机房设施安装的基本要求

机房内靠近入口（或多个入口）处的适当高度应设有一个开关，控制机房照明。

机房内线管、线槽的敷设应平直、整齐、牢固。机房内线路软管端头固定间距最大不大于0.1m。机房内线路软管固定间距不应大于1m。

在机房内应易于检查轿厢是否在开锁区，例如可借助曳引绳或限速器绳上的标记。

在机房和滑轮间内，必须采用防护罩壳以防止直接触电。控制柜是用于按预先设定的程序控制与之相连的设备的一个或一套设备。

分离机房的电气照明是永久性的，且应是固定的。

电梯通风应保护电动机、设备以及电缆等，使它们尽可能不受灰尘、有害气体和湿气的损害。

（二）井道

井道部分装有轿厢及其导轨、对重及其导轨、支撑导轨的导轨支架、线槽、线管、分线盒、曳引钢丝绳、补偿绳或补偿链、平层感应装置、随行电缆、端站保护装置、限速器张紧装置、缓冲器、底坑检修装置等。

电梯井道的土建工程必须符合建筑工程质量要求。电梯井道不应设置在人们能到达的空间上面。井道内不得装设与电梯无关的设备、电缆等，允许装设采暖设备，要求采暖设备为非蒸汽或高压水取暖，且控制和调节设备不能装在井道内。

只有在充分考虑环境或位置条件后，才允许电梯在部分封闭井道中安装。井道不需要全封闭时，在人员可正常接触电梯处，围壁的高度应足以防止人员遭受电梯运动部件危害，还应足以防止人员直接或用手持物体触及井道中电梯设备而干扰电梯的安全运行。如果在井道中工作的人员存在被困危险，而又无法通过轿厢或井道逃脱，应在存在该危险处设置报警装置。

井道应适当通风，井道不能用于非电梯用房的通风。井道顶部的通风口面积至少为井道截面积的1%。

多台并列成排电梯的共用井道的顶层高度应按速度最快电梯的要求确定。在装有多台电梯的井道中，不同电梯的运动部件之间应设置隔障。

从底层端站地坎上表面至顶层端站地坎上表面之间的垂直距离，称为电梯的提升高度。

候梯厅深度是指沿轿厢深度方向测得的候梯厅墙与对面墙之间的距离。

每一停层位置都装有一块隔磁板。

对于采用部分封闭的井道，如果井道附近有足够的电气照明，井道内可不设照明。井道应设置永久性的电气照明装置，即使在所有的门关闭时，在轿厢顶面上和底坑地面以上1m处的照度均不应小于50lx。

（三）底坑

多台并列成排电梯的共用井道的底坑深度应按速度最快电梯的要求确定。

如果没有其他通道，为了便于检修人员安全地进入底坑，可在底坑内设置一个从层门进入底坑的永久性装置。

底坑主要安装有电梯安全保护部件，包括缓冲器、张紧轮、底坑保护开关等。底坑如图2-2所示。

图2-2　底坑

二、曳引驱动电梯的系统结构

曳引驱动电梯一般由其所依据的建筑物和不同功能的八个系统组成，这八个系统分别为曳引系统、导向系统、轿厢系统、门系统、重量平衡系统、电力拖动系统、电气控制系统和安全保护系统。电梯八个系统的功能及主要构件与装置见表2-1。

表 2-1　电梯八个系统的功能及主要构件与装置

系统名称	功能	主要构件与装置
曳引系统	输出与传递动力，驱动电梯运行	曳引机、曳引钢丝绳、导向轮、反绳轮等
导向系统	限制轿厢和对重的活动自由度，使轿厢和对重只能沿着导轨作上下运动	轿厢导轨、对重导轨及其导轨支架
轿厢系统	用以运送乘客和（或）货物的组件	轿厢架和轿厢体
门系统	乘客或货物的进出口，运行时层轿门必须封闭，到站时才能打开	轿门、层门、门机、联动机构、门锁等
重量平衡系统	相对平衡轿厢重量以及补偿高层电梯中曳引绳长度的影响	对重和重量补偿装置
电力拖动系统	提供动力，对电梯实行速度控制	曳引电动机、供电系统、速度反馈装置、电动机调速装置
电气控制系统	对电梯的运行实行操纵和控制	操纵装置、位置显示装置、控制屏（柜）、平层装置、选层器等
安全保护系统	保证电梯安全使用，防止一切危及人身安全的事故发生	限速器、安全钳、缓冲器和端站保护装置、超速保护装置、供电系统断错相保护装置、超越上下极限工作位置的保护装置、层门锁与轿门电气联锁装置等

（一）曳引系统

每部电梯至少应有一台专用的电梯驱动主机。曳引机又称主机，是驱动电梯的轿厢与对重装置作上、下运动的动力装置。它安装在机房或井道内，由电动机、制动器、减速箱、机架、导向轮和盘车手轮等组成。曳引机可分为有齿轮曳引机和无齿轮曳引机，有齿轮曳引机已经被逐步淘汰。

电梯在运行时通过曳引轮与曳引绳（钢丝绳）之间的摩擦力来牵引轿厢和对重运行。曳引驱动具有很大的优越性：首先是安全可靠。当电梯运行失控发生冲顶、蹾底时，只要一边的曳引绳松弛，另一边的轿厢或对重就不能继续向上提升，不会发生撞击井道顶板或拉断曳引绳的事故。而且曳引绳至少有两根，由断绳造成坠落的可能性大大减小。其次是允许提升的高度大。曳引绳长度不受限制，可以方便地实现大高度的提升。而且在提升高度改变时，驱动装置不需要改变。电梯曳引驱动的传动关系如图2-3所示。

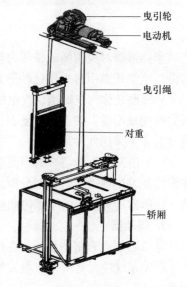

图 2-3　电梯曳引驱动的传动关系

1. 曳引机

曳引机是拖动电梯的主要动力设备，根据梯型不同，分别采用直流曳引机和交流曳引机。在电梯的驱动主机上靠近盘车手轮处，应明显标出轿厢运行方向。如果盘车手轮是不可拆卸的，则可标在手轮上。曳引机如图2-4所示。

图2-4　曳引机

曳引轮是曳引机的工作部分，安装在曳引机的主轴上，轮缘上设有绳槽，利用曳引绳与绳槽的摩擦力传递动力。由曳引轮产生的回转运动，通过曳引绳使悬挂在曳引轮上的轿厢和对重作直线运动。

曳引轮与曳引绳的使用寿命有着很密切的关系。曳引绳的使用寿命与其曲率半径有关，从安全角度讲在电梯上规定 $D/R>40$，其中 D 为曳引轮的计算直径，R 为曳引绳的直径。

曳引轮槽的形状与曳引绳的使用寿命及曳引力的大小有着密切的关系。在电梯中使用的曳引轮槽的形状有半圆形、V形、U形，如图2-5所示。

图2-5　曳引轮槽的形状

半圆形槽对曳引绳的挤压力较小，有利于延长曳引绳的使用寿命，但无压力增益，又易打滑。全绕式曳引时采用这种形式。

V形槽又称为楔形槽，在电梯中使用以增加摩擦传动能力。槽形角通常为25°～40°，正压力有明显增益，使曳引绳受到很大的挤压应力，影响曳引绳的使用寿命。现在大多数电梯的曳引轮不采用此种形式。

U形槽又称为带切口的半圆形槽，由于在半圆形槽的底部切制了一条楔形槽，使曳引绳在沟槽处发生弹性变形，部分楔入沟槽中，使当量摩擦系数增加，一般为半圆形槽的1.5～2倍。U形槽具有稳定的摩擦传动能力，对曳引绳的挤压应力小，在电梯中广泛应用。

2. 制动器

电梯必须设有制动系统，在出现动力电源失电、控制电路电源失电情况时能自动动作。

制动系统应具有一个机电式制动器（摩擦型）。此外，还可装设其他制动装置（如电气制动）。

　　制动器是电梯曳引机中重要的安全保护装置，最常用的是电磁制动器，它能防止电梯溜车，使电梯准确制动停靠。电磁制动器一般由磁力器、制动臂组件、制动瓦组件、制动杆组件、曳引机制动轮等组成，如图 2-6 所示。

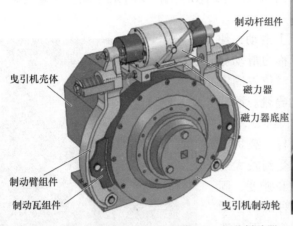

制动杆组件
磁力器
磁力器底座
曳引机壳体
制动臂组件
制动瓦组件
曳引机制动轮

图 2-6　电磁制动器

　　当轿厢载有 125%额定载荷并以额定速度向下运行时，操作制动器应能使曳引机停止运转。在上述情况下，轿厢的减速度不应超过安全钳动作或轿厢撞击缓冲器所产生的减速度。

　　所有参与向制动轮或制动盘施加制动力的制动器机械部件应分两组装设，如果一组部件不起作用，另一组应仍有足够的制动力使载有额定载荷以额定速度下行的轿厢减速下行。

　　电磁线圈的铁心被视为机械部件，而线圈则不是。

　　正常运行时，制动器应在持续通电下保持松开状态。

　　要切断制动器电流，至少应用两个独立的电气装置来实现这一动作，不论这些装置与用来切断电梯驱动主机电流的电气装置是否为一体。

　　当电梯停止时，如果其中一个接触器的主触头未打开，最迟到下一次运行方向改变时，应防止电梯再运行。

　　如果向上移动装有额定载重量的轿厢所需的操作力不大于 400N，电梯驱动主机应装设手动紧急操作装置，以便能借用平滑且无辐条的盘车手轮将轿厢移动到一个层站。

　　对于可拆卸的盘车手轮，应放置在机房内容易接近的地方。对于同一机房内有多台电梯的情况，如盘车手轮有可能与相配的电梯驱动主机搞混时，应在手轮上做适当标记。另外，设有一个电气安全装置，最迟应在盘车手轮装上电梯驱动主机时动作，使电梯不能电动启动。

　　如果向上移动装有额定载重量的轿厢所需的操作力大于 400N，机房内应设置一个符合要求的能使电气安全装置紧急电动运行的电气操作装置。

　　装有手动紧急操作装置的电梯驱动主机，应能用手松开制动器并需要以一持续力保持其松开状态。制动闸瓦或衬垫的压力应用有导向的压缩弹簧或重铊施加。禁止使用带式制动器。制动衬应是不易燃的。

（二）导向系统

　　为了保证轿厢和对重在井道内以规定的轨迹上下运动，电梯必须设置导向机构，此机构主要由导靴、导轨和导轨支架组成。

1. 导靴

设置在轿厢和对重装置上，利用导靴内的靴衬（或滚轮）在导轨面上滑动（或滚动），使轿厢和对重沿导轨上下运动的装置称为导靴。

导靴设置在轿厢架和对重架的四个角端，两个在上端，两个在下端。导靴主要有以下两种结构类型：

（1）滑动导靴　其靴衬在导轨上滑动，使轿厢和对重沿导轨运行的导向装置称为滑动导靴。滑动导靴按其靴头与靴座的相对位置固定与否分为固定滑动导靴与弹性滑动导靴。滑动导靴如图 2-7 所示。

固定滑动导靴一般用于载货电梯。载货电梯装卸货物时易产生偏载，使导靴受到较大的侧压力，故要求导靴有足够的刚性和强度，固定式滑动导靴能够满足此要求。这种滑动导靴一般由靴衬和靴座两部分组成，靴座一般铸造或焊接而成。靴衬常用摩擦系数低、耐磨性好、滑动性能好的尼龙或聚酯塑料制成。

图 2-7　滑动导靴

由于固定滑动导靴的靴头是固定的，导靴与导轨表面存在间隙，随着运行磨损这种间隙还将增大，易使轿厢在运行中产生晃动，影响运行平稳性。

弹性滑动导靴均有可浮动的靴头，其靴衬在弹簧或橡胶垫的作用下可紧贴导轨表面，使轿厢在运行中保持与导轨的相对位置，又可吸收轿厢运行中的水平振动能量，使轿厢晃动减少。

固定滑动导靴一般用于运行速度 1m/s 以下的电梯，弹性滑动导靴一般适用于运行速度 1.75m/s 以上（包含 1.75m/s）的电梯。

（2）滚轮导靴　导轮是用滚动的轮子代替导靴在导轨表面滑动导向。以三个滚轮代替滑动导靴的三个工作面，其滚轮沿导轨表面滚动的导向装置称为滚轮导靴。滚轮导靴以滚动代替滑动，使导靴运行摩擦阻力大大减少，在调速运行时磨损量相应降低。滚轮的弹性支承有良好的吸振性能，可改善乘用舒适感。滚轮导靴在干燥的导轨表面工作，导轨表面无油可减小火灾的危险。滚轮导靴如图 2-8 所示。

2. 导轨

在轿厢和对重装置升降运行中起导向作用的组件称为导轨。导轨是一种表面经过机械加工的 T 形的钢轨和空心导轨。轿厢、对重（或平衡重）各自至少由两根刚性的钢质导轨竖直地安装在井道中，用于电梯轿厢或对重的运动导向。电梯用导轨如图 2-9 所示。

导轨的主要作用是引导轿厢或对重运动的方向，限制轿厢或对重在水平方向的移动。在安全钳动作时，导轨作为被夹持的支承构件，支撑轿厢和对重。在轿厢因偏载而产生倾斜时，导轨限制其倾斜的量。

导轨定位方式应能以自动或简单调节方法来补偿建筑物正常下沉或混凝土收缩所造成的影响。应防止导轨附件的旋转，以防止导轨松脱。导轨固定不允许采用焊接方式。

图 2-8　滚轮导靴

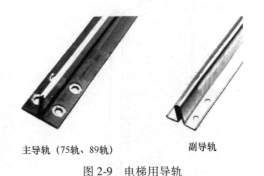

主导轨（75轨、89轨）　　　　副导轨

图 2-9　电梯用导轨

3. 导轨支架

导轨支架固定在井道壁或横梁上，用来支撑和固定导轨。导轨支架随电梯的品种、规格尺寸以及建筑的不同而变化。导轨支架有以下 4 种连接方式：

1）直接埋入式：支架通过撑脚直接埋入预留孔中，其埋入深度一般不小于 120mm。

2）焊接式：支架直接焊接在井道壁上的预埋铁上。

3）对穿螺栓式：在井道壁厚度小于 120mm 时，用螺栓穿透井道壁固定支架。

4）膨胀螺栓固定式：在井道壁为混凝土结构或有足够多的混凝土横梁时，可采用电锤打孔后用膨胀螺栓固定支架。这种固定方式的工艺方法对固定效果影响很大。

（三）重量平衡系统

重量平衡系统由轿厢、对重、连接轿厢和对重的钢丝绳（即曳引绳）、补偿链组成。

1. 对重

对重是曳引驱动电梯正常运行必不可少的装置，位于井道内，通过曳引钢丝绳经曳引轮与轿厢连接。在电梯运行过程中，对重装置通过对重导靴在对重导轨上滑行，起平衡轿厢重量的作用，减少曳引电动机输出功率和改善电梯曳引性能。

对重装置由对重架、对重块、对重导靴和对重固定装置组成，如图 2-10 所示。

为了使对重装置能对轿厢起最佳的平衡作用，必须正确计算对重装置的总质量。对重装置的总质量与电梯轿厢本身的净质量和轿厢的额定载重量有关，其关系式如下：

$$W_{对} = G_{净} + QK_P$$

式中，$W_{对}$ 为对重装置的总质量（kg）；$G_{净}$ 为轿厢的净质量（kg）；Q 为电梯的额定载重量（kg）；K_P 为平衡系数，一般取 0.4~0.5。

缓冲器撞板设置在对重架下部，撞板下可设置多节撞块。当曳引绳在使用中因伸长导致对重缓冲距小于规范要求时，可拆去撞块以补偿对重缓冲距的减小量。在电梯顶层高度和底坑深度有足够裕量时，连接撞块可由数节组成，这样可给维修人员带来很大方便。

2. 钢丝绳

钢丝绳的端部连接装置是电梯上一组重要的承力构件。电梯钢丝绳与其端接装置的接合处（绳头组合）的机械强度，至少应能承受钢丝绳最小破断拉力的 80%。电梯用钢丝绳如图 2-11 所示。

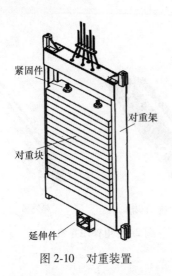

紧固件

对重架

对重块

延伸件

图 2-10　对重装置

图 2-11　电梯用钢丝绳

电梯用钢丝绳是连接轿厢与对重装置的机件，承载着轿厢重量、对重装置重量、额定载重量等。为确保人身和电梯设备安全，采用符合 GB/T 8903—2018《电梯用钢丝绳》和YB/T 5198—2015《电梯钢丝绳用钢丝》规定的电梯专用钢丝绳，这种钢丝绳分为 6X19S-FC 和 8X19S-FC 两种，均采用天然或合成纤维作绳芯。电梯专用钢丝绳应符合如下要求：

1）曳引钢丝绳的公称直径不小于 8mm，限速器钢丝绳的公称直径不小于 6mm。

2）钢丝绳的抗拉强度，对于单强度钢丝绳，宜为 1570MPa 或 1770MPa；对于双强度钢丝绳，宜为 1570MPa 和 1770MPa。

3）钢丝绳不应少于两根，每根钢丝绳应是独立的。

4）曳引轮、滑轮或卷筒的节圆直径与悬挂绳的公称直径之比不应小于 40。

悬挂绳的安全系数不应小于下列值：对于用 3 根或 3 根以上钢丝绳的曳引驱动电梯为12；对于有 2 根钢丝绳的曳引驱动电梯为 16；对于强制驱动电梯为 12。

曳引钢丝绳还应满足以下三个条件：轿厢装载至 125% 额定载重量的情况下应保持平层状态不打滑；必须保护在任何紧急制动的情况下，不管是空载还是满载，其减速度不能超过缓冲器作用时的减速度；当对重压在缓冲器上而曳引机按电梯上行方向旋转时，应不可能提升空载轿厢。

每根绳端的连接装置应该是独立的，且至少有一端的连接装置可调节钢丝绳的张力。

常用的钢丝绳端部连接装置有以下几种：

（1）锥套型　连接锥套经铸造或锻造成型。根据吊杆与锥套的连接方式，端部连接锥套又可分为铰接式、整体式和螺纹连接式。锥套型端接如图 2-12 所示。

钢丝绳与锥套的连接是在电梯安装现场完成的，最常用的是巴氏合金浇铸法。将钢丝绳端部绳股拆开并清洗干净，然后将钢丝绳折弯倒插入锥套，将熔融的巴氏合金灌入锥套，冷却固化即可。但这种方法操作不当很难达到预计强度。

（2）自锁楔型　自锁楔型绳套由套筒和楔块组成。钢丝绳绕过楔块后穿入套筒，依靠楔块与套筒内孔斜面的配合，在钢丝绳拉力作用下自锁固定。为防止楔块松脱，楔块下端设有开口销，绳端用绳夹固定。这种绳端连接方法具有拆装方便的优点，但抗冲击性能较差。自锁楔型端接如图 2-13 所示。

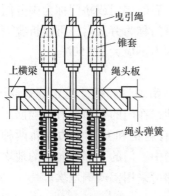

图 2-12　锥套型端接

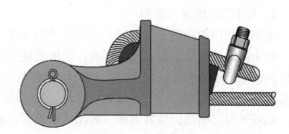

图 2-13　自锁楔型端接

（3）绳夹　使用钢丝绳通用绳夹紧固绳端是一种简单方便的方法。钢丝绳绕过鸡心环套形成连接环，绳端部至少用三个绳夹固定。由于绳夹夹绳时对钢丝绳产生很大的应力，所以这种连接方式连接强度较低，一般仅在杂物电梯上使用。绳夹端接如图 2-14 所示。

图 2-14　绳夹端接

电梯钢丝绳端部连接装置的型式还有捻接、套管固定等方法。钢丝绳张力调节一般采用螺纹调节。为减少各绳伸长差异对张力造成过大影响，一般在绳端连接处加装压缩弹簧或橡胶垫以均衡各绳张力，同时起缓冲减振作用。曳引钢丝绳的张力差应小于 5%。

钢丝绳外层钢丝磨损达到其直径的 40% 时，钢丝绳应报废。钢丝绳纤维芯损坏或钢芯断裂造成绳径显著减少也应报废。钢丝绳直径相对于公称直径减少 7% 以上时，即使未发生断丝，钢丝绳也应报废。

使用补偿绳时，若电梯额定速度增加到大于 3.5m/s，必须增设一个防跳装置。至少应在悬挂钢丝绳或链条的一端设一个调节装置来平衡各绳或链的张力。如果用弹簧来平衡各绳或链的张力，则弹簧应在压缩状态下工作。

（四）门系统

1. 电梯门的分类

电梯门从安装位置来分可以分为两种，装在井道入口层站处的为层门，装在轿厢入口处的为轿门。层门和轿门按照结构型式可分为中分门、旁开门、垂直滑动门、铰链门等。中分门主要用在乘客电梯上，旁开门在载货电梯和病床电梯上用得较普遍，垂直滑动门主要用于杂物电梯和大型汽车电梯上。铰链门在国内较少采用，在国外住宅电梯中采用较多。

层门或轿门门扇由门口中间分别向左、右以相同速度开启的层门或轿门称为中分门。层门或轿门的门扇以两种不同的速度向同一侧开启的层门或轿门称为旁开门。可以折叠，关闭后成栅栏形状的层门或轿门称为栅栏门。阻止折叠门开启的力不应大于150N。

2. 电梯门的组成和结构

电梯的层门和轿门一般由门、导轨、导轨支架、滑轮、滑块、门框、地坎等部件组成。门一般由薄钢板制成。为了使门具有一定的机械强度和刚性，在门的背面配有加强筋。为减少门运动中产生的噪声，门板背面涂有防振材料。门导轨有扁钢和C形折边导轨两种。门通过滑轮与导轨相连，门的下部装有滑块，插入地坎的滑槽中。门的下部导向用的地坎由铸铁、铝或铜型材制成，载货电梯一般用铸铁地坎，乘客电梯可采用铝或铜地坎。

3. 层门的基本要求

进入轿厢的井道开口处应设置层门，门应是无孔的。门关闭后，门扇之间及门扇与立柱、门楣和地坎之间的间隙应尽可能小。

对于乘客电梯，此运动间隙不得大于6mm。对于载货电梯，此间隙不得大于8mm。由于磨损，间隙值允许达到10mm。如果有凹进部分，上述间隙从凹底处测量。

在水平滑动门和折叠门主动门扇的开启方向，以150N的人力（不用工具）施加在一个最不利的点上时，门的上述间隙可以大于6mm，但对于旁开门其不得大于30mm，对于中分门其总和不得大于45mm。

层门入口的净高度不应小于2m。层门入口净宽度比轿厢入口净宽度在任一侧的超出部分均不应大于50mm。

4. 层门地坎

每个层站入口均应设置具有足够强度的地坎，以承受通过其进入轿厢的载荷。在各层站地坎前面宜有稍许坡度，其水平度不大于2/1000，各层站地坎应高出装饰后地面2~5mm，以防洗刷、洒水时，水流进井道。

5. 层门的导向

层门的设计应防止正常运行中脱轨、机械卡阻或行程终端时错位。由于磨损、锈蚀或火灾原因可能造成导向装置失效时，应设有应急的导向装置使层门保持在原有位置上。

水平滑动层门的顶部和底部都应设有导向装置。垂直滑动层门两边都应设有导向装置。

6. 层门的运行保护

层门及其周围的设计应尽可能减少由于人员、衣服或其他物件被夹住而造成损坏或伤害的危险。

为了避免运行期间发生剪切的危险，动力驱动的自动滑动门外表面不应有大于3mm的凹进或凸出部分，这些凹进或凸出部分的边缘应在开门运行方向上倒角。

阻止关门力不应大于150N，这个力的测量不得在关门行程开始的1/3之内进行。

层门及其刚性连接的机械零件的动能，在平均关门速度下的测量值或计算值不应大于10J。

当乘客在层门关闭过程中，通过入口时被门扇撞击或将被撞击，一个保护装置应自动地使门重新开启。这种保护装置也可以是轿门的保护装置。

在使用人员的连续控制和监视下，通过持续揿压按钮或类似方法（持续操作运行控制）关闭门时，当计算或测量的动能大于10J时，最快门扇的平均关闭速度不应大于0.3m/s。

在层门附近，层站上的自然或人工照明在地面上的照度不应小于50lx，以便使用人员在打开层门进入轿厢时，即使轿厢照明发生故障，也能看清其前面的区域。

层门的上门框与轿厢地面之间的净高度在任何位置时均不得小于2m。

（五）轿厢系统

1. 轿厢的组成

轿厢是用来运送乘客或货物的电梯组件，它由轿厢架、轿底、轿壁、轿顶和轿门等组成。除杂物电梯外，轿厢的内部净高度一般应大于2m。轿厢的结构示意图如图2-15所示。

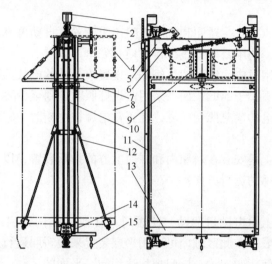

图 2-15　轿厢的结构示意图

1—导轨加油盒　2—导靴　3—轿顶检修窗　4—轿顶安全护栏　5—轿架上梁　6—安全钳传动机构
7—门机架　8—轿厢　9—风扇架　10—安全钳拉杆　11—轿架立梁　12—轿厢拉条
13—轿架下梁　14—安全钳体　15—补偿装置

轿厢架由上梁、立梁、下梁组成。上梁和下梁各用两根16～30号槽钢制成，也可用8mm厚的钢板压制而成。立梁用槽钢或角钢制成，也可用3～6mm厚的钢板压制而成。用Q235圆钢制作的四根拉杆一端固定到轿底框架侧面的支架上，另一端固定在轿厢架上，其作用是支撑轿底四角，平衡轿底的负荷。

轿底、轿壁和轿顶组成轿厢体。轿底安装到轿厢架下梁上的底框架之上，轿厢体的其他部分再依次安装在轿底上，并用四根拉杆平衡负荷。

轿门有中分门、旁开门和中分多折门等多种。一个轿厢一般只有一道轿门，但也有根据需要设计成贯通门的。轿门的开门方式有自动开门和手动开门两种。自动门由门机直接驱动轿门，轿门上的门刀插入层门的门球上，然后带动层门运行。轿门为主动门，层门为从动门。

轿厢内部净高度不应小于2m。使用人员正常出入轿厢入口的净高度不应小于2m。

为了防止人员超载，轿厢的有效面积应予以限制。对于轿厢的凹进和凸出部分，不管高度是否小于1m，也不管其是否有单独门保护，在计算轿厢最大有效面积时均必须算入。

轿厢部分装有轿厢架、轿底、轿壁、轿顶、开关门机构及自动门调速装置、防夹装置、操纵盘、通风照明装置、对讲系统、轿顶检修装置、平层感应装置、轿厢超载装置、安全钳、导靴等。

2. 轿厢中的装置

轿厢操纵盘：是设置在轿厢内的一块用于操纵电梯的面板，上有选层按钮、开门和关门按钮、报警按钮，以及其他需要用于操纵电梯的开关或按钮。轿厢层站指示器设置在轿厢内，显示其运行所处层站。

紧急报警装置：为使乘客在需要的时候能有效地向轿厢外求援，应在轿厢内设置乘客易于识别和触及的报警装置。该装置可采用警铃、对讲系统、外部电话或类似的形式。其电源应来自可自动再充电的紧急电源或由等效的电源供电。建筑物内的组织机构应能及时、有效地应答紧急求援或呼救。

如果电梯行程大于 30m，在轿厢和机房之间还应设置可自动再充电的、由紧急电源供电的对讲系统或类似装置，使维修和检查变得方便和安全。

轿厢照明：轿厢使用时应连续照明。轿厢应设置永久性的电气照明装置，使控制装置上和轿厢地板上的照度均不小于 50lx。如果采用白炽灯照明，则至少要有两只灯泡并联。轿厢内还应备有可自动再充电的紧急照明电源，在正常电源被中断时，它至少能供 1W 灯泡用电 1h，并能自动接通电源。

轿厢位置显示装置：是安装在轿厢内和层门上方的指示装置，以灯光数字显示电梯所在的楼层，以箭头显示电梯的运行方向。

3. 门机及有关功能

门机是安装于轿厢上由电动机驱动，使轿门和（或）层门开启或关闭的装置。轿厢停靠站上方的一段有限区域，在此区域内可以用平层装置来使轿厢运行达到平层要求，称为平层区。在平层区域内，使轿厢地坎与层门地坎达到同一平面的运动，称为平层。电梯门机如图 2-16 所示。

图 2-16　电梯门机

正常操作中，若电梯轿厢没有运行指令，则根据在用电梯客流量所确定的必要的一段时间后，动力驱动的自动层门应关闭。对于动力驱动的自动门，在轿厢操纵盘上应设有一装置，能使处于关闭中的门反开。

如果电梯由于某种原因停在靠近层站的地方，为允许乘客离开轿厢，在轿厢停止并切断开门机（如有）电源的情况下，应有可能从层站处用手开启或部分开启轿门；如果层门与轿门联动，从轿厢内开启或部分开启轿门的同时，联动开启层门或部分开启层门。上述轿门的开启应至少能够在开锁区内施行，开门所需的力不得大于 300N。

使用人员正常出入轿厢入口的净高度不应小于 2.0m，轿厢内部净高度不应小于 2.0m。

除必要的间隙外，轿门关闭后应将轿厢入口完全封闭。在门开启或未锁住的情况下，从人们正常可接近的位置，用单一的不属于正常操作程序的动作应不可能开动电梯。

4. 轿顶及安全要求

在轿顶的任何位置上，应能支撑两个人的体重，每个人按 0.20m×0.20m 面积上作用 1000N 的力，应无永久变形。

轿顶应有一块不小于 0.12m² 的站人用的净面积，其短边不应小于 0.25m。

离轿顶外侧边缘有水平方向超过 0.30m 的自由距离时，轿顶应装设护栏。自由距离应测量至井道壁，井道壁上有宽度或高度小于 0.30m 的凹坑时，允许在凹坑处有稍大一点的距离。

护栏应由扶手、0.10m 高的护脚板和位于护栏高度一半处的中间栏杆组成。考虑到护栏扶手外缘水平的自由距离，扶手高度为：当自由距离不大于 0.85m 时，不应小于 0.70m；当自由距离大于 0.85m 时，不应小于 1.10m。轿顶护栏如图 2-17 所示。

扶手外缘和井道中的任何部件〔对重（或平衡重）、开关、导轨、支架等〕之间的水平距离不应小于 0.10m。护栏的入口，应使人员安全和容易地通过，以进入轿顶。护栏应装设在距轿顶边缘最大为 0.15m 之内。在有护栏时，应有关于

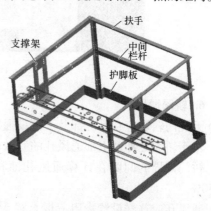

图 2-17　轿顶护栏

俯伏或斜靠护栏危险的警示符号或须知，固定在护栏的适当位置。轿顶所用的玻璃应是夹层玻璃。

轿顶应当装设一个易于接近的检修运行控制装置，并且符合以下要求：

1）由一个符合电气安全装置要求，能够防止误操作的双稳态开关（检修开关）进行操作。

2）一经进入检修运行时，即取消正常运行（包括任何自动门操作）、紧急电动运行、对接操作运行，只有再一次操作检修开关，才能使电梯恢复正常工作。

3）依靠持续揿压按钮来控制轿厢运行，此按钮有防止误操作的保护，按钮上或其近旁标出相应的运行方向。

4）该装置上设有一个停止装置，停止装置的操作装置为双稳态、红色，并标以"停止"字样，并且有防止误操作的保护。

5）检修运行时，安全装置仍然起作用。

5. 轿厢地坎

轿厢入口应装设一个具有足够强度的地坎，以承受通过它进入轿厢的载荷。轿厢地坎与层门地坎的水平距离不应超过 35mm。轿厢地坎如图 2-18 所示。

每一轿厢地坎上均须装设护脚板，其宽度应等于相应层站入口的整个净宽度。护脚板的垂直部分以下应成斜面向下延伸，斜面与水平面的夹角应大于 60°，该斜面在水平面上的投影深度不得小于 20mm。

护脚板垂直部分的高度不应小于 0.75m。

对于采用对接操作的电梯，其护脚板垂直部分的高度应是在轿厢处于最高装卸位置时，延伸到层门地坎线以下不小于 0.10m。

图 2-18　轿厢地坎

6. 轿厢通风

无孔门轿厢应在其上部及下部设通风孔。

位于轿厢上部及下部通风孔的有效面积均不应小于轿厢有效面积的1%。

轿门四周的间隙在计算通风孔面积时可以考虑进去，但不得大于所要求的有效面积的50%。

通风孔应这样设置：用一根直径为10mm的坚硬直棒，不可能从轿厢内经通风孔穿过轿壁。

（六）安全保护系统

1. 限速器与安全钳

限速器是一种限制轿厢（或对重）速度的装置，通常安装在机房或井道顶部。安全钳是一种使轿厢（或对重）停止运动的机械装置，安装在轿厢架下的横梁上，并成对地同时在导轨上作用。

限速器和安全钳必须联合动作才能起作用。当轿厢超速到限速器整定的速度时，限速器停止运转，限速器绳被卡住也停止转动，轿厢继续下行，限速器绳提拉与安全钳的连接机构，使安全钳的楔块提起，夹住导轨，使轿厢制停在导轨上。限速器-安全钳的工作原理如图2-19所示。

（1）限速器　限速器按其动作原理可分为摆锤式和离心式两种，其中离心式限速器又分为垂直轴甩球式和水平轴甩块式两种。限速器的实物及工作原理如图2-20所示。

限速器的动作速度是限速器的主要技术参数，它与轿厢的额定速度以及安全钳的型式有关。标准规定，操纵轿厢安全钳的限速器的动作应发生在速度至少等于轿厢额定速度的115%，但应小于下列各值：

1）对于除了不可脱落滚柱式以外的瞬时式安全钳为0.8m/s。

2）对于不可脱落滚柱式瞬时式安全钳为1m/s。

3）对于额定速度小于等于1m/s的渐进式安全钳为1.5m/s。

4）对于额定速度大于1m/s的渐进式安全钳为 $1.25v + \dfrac{0.25}{v}$，其中 v 为轿厢额定速度（m/s）。

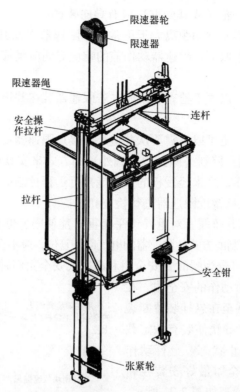

图 2-19 限速器-安全钳的工作原理

图 2-20 限速器的实物及工作原理

限速器绳轮的转动是靠与轿厢连接的钢丝绳的摩擦力带动的，为了使钢丝绳无滑动地带动绳轮转动，限速器绳必须张紧。张紧力是靠位于底坑中的张紧装置来实现的。张紧装置一般由张紧轮、重块、导向装置组成。为了防止钢丝绳断裂或伸长而失效，张紧装置还设有电气开关。

限速器动作时，限速器绳的张力不得小于以下两个值的较大值：安全钳起作用所需力的两倍；300N。

限速器上应在显著位置标明与安全钳动作相适应的旋转方向。限速器的转动由限速器钢丝绳驱动，限速器绳的最小公称直径不应小于 6mm。限速器绳的最小破断载荷与限速器动作时产生的限速器绳的张力有关，其安全系数不应小于 8。对于摩擦型限速器，则宜考虑摩擦系数 $\mu_{max}=0.2$ 时的情况。限速器绳轮的节圆直径与绳的公称直径之比不应小于 30。限速器绳应用张紧轮张紧，张紧轮（或其配重）应有导向装置。

在安全钳作用期间，即使制动距离大于正常值，限速器绳及其附件也应保持完整无损。限速器绳应易于从安全钳上取下。限速器动作前的响应时间应足够短，不允许在安全钳动作前达到危险的速度。

限速器应是可接近的，以便于检查和维修。若限速器装在井道内，则应能从井道外面接近它。

当下列条件都满足时，也可以不需要从井道外面接近限速器：

1）能够从井道外用远程控制（除无线方式外）的方式来实现限速器动作，这种方式应不会造成限速器的意外动作，且未经授权的人不能接近远程控制的操纵装置。

2）能够从轿顶或从底坑接近限速器进行检查和维护。

3）限速器动作后，提升轿厢、对重（或平衡重）能使限速器自动复位。

如果从井道外用远程控制的方式使限速器的电气部分复位，应不会影响限速器的正常功能。

（2）安全钳　安全钳可分为瞬时式安全钳和渐进式安全钳两种。

轿厢应装有能在下行时动作的安全钳，在达到限速器动作速度时，甚至在悬挂装置断裂的情况下，安全钳应能夹紧导轨使装有额定载重量的轿厢制停并保持静止状态。上行动作的安全钳也可以使用。安全钳最好安装在轿厢的下部。安全钳的工作原理如图 2-21 所示。

若电梯额定速度大于 0.63m/s，轿厢应采用渐进式安全钳。若电梯额定速度小于或等于 0.63m/s，轿厢可采用瞬时式安全钳。

若轿厢装有数套安全钳，则它们应全部是渐进式的。若额定速度大于 1m/s，对重（或平衡重）安全钳应是渐进式的，其他情况下，可以是瞬时式的。

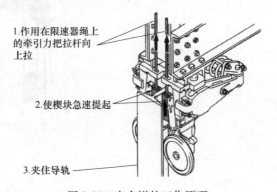

1.作用在限速器绳上的牵引力把拉杆向上拉

2.使楔块急速提起

3.夹住导轨

图 2-21　安全钳的工作原理

轿厢和对重（或平衡重）安全钳的动作应由各自的限速器来控制。

若额定速度小于或等于 1m/s，对重（或平衡重）安全钳可借助悬挂机构的断裂或借助一根安全绳来动作。不得用电气、液压或气动操纵的装置来操纵安全钳。

在装有额定载重量的轿厢自由下落的情况下，渐进式安全钳制动时的平均减速度应为 $0.2g_n \sim 1.0g_n$（g_n 为标准重力加速度，取 9.81m/s^2）。

安全钳动作后的释放需经称职人员进行。只有将轿厢或对重（或平衡重）提起，才能使轿厢或对重（或平衡重）上的安全钳释放并自动复位。禁止将安全钳的夹爪或钳体充当导靴使用。

当轿厢安全钳作用时，装在轿厢上面的电气装置应在安全钳动作以前或同时使电梯驱动主机停转。

1）瞬时式安全钳在制动过程中，制动元件不受任何限制，制停力瞬时到达最大值，制停距离很短，对轿厢会造成很大冲击，因此只能用于额定速度不超过 0.63m/s 的电梯上。

瞬时式安全钳按制动元件的不同型式一般可分为楔块式、偏心块式和滚柱式三种。瞬时式安全钳如图 2-22 所示。

2）渐进式安全钳从结构上在制动元件和钳体之间设置了弹性元件，弹性元件一般为碟形弹簧、U形板簧、螺旋弹簧等。在制动过程中其制动力是逐渐增加到最大的，轿厢的制停减速度小，制停距离与安全钳动作时轿厢的速度和重量有关，因此渐进式安全钳能够用于各种速度的电梯上。渐进式安全钳如图 2-23 所示。

图 2-22　瞬时式安全钳

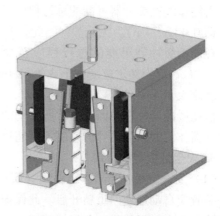

图 2-23　渐进式安全钳

2. 缓冲器

（1）缓冲器的作用　缓冲器位于行程端部，是用来吸收轿厢和对重动能的一种缓冲安全装置。它是电梯的最后一道安全装置。当电梯下行失控撞到底坑时，缓冲器吸收或消耗电梯下降的冲击能量，使轿厢减速在缓冲器上。缓冲器设置在轿厢和对重的行程下部极限位置（底坑）。一般情况下，轿厢下面安装一个或者两个缓冲器，对重下面安装一个缓冲器。

（2）缓冲器的分类及适用范围　缓冲器分蓄能型和耗能型两种。

蓄能型缓冲器是以弹簧变形来吸收轿厢或对重动能的缓冲器，又称弹簧缓冲器。蓄能型缓冲器如图 2-24 所示。

耗能型缓冲器是以液体作为介质吸收轿厢或对重动能的缓冲器，又称液压缓冲器。耗能型缓冲器如图 2-25 所示。

图 2-24　蓄能型缓冲器

图 2-25　耗能型缓冲器

蓄能型缓冲器（包括线性和非线性）只能用于额定速度小于或等于1m/s的电梯。耗能型缓冲器可用于任何额定速度的电梯。

（3）缓冲器行程　弹簧缓冲器受压后变形的最大允许垂直距离称为弹簧缓冲器工作行程。"完全压缩"是指缓冲器被压缩掉90%的高度。

蓄能型线性缓冲器可能的总行程应至少等于相应于115%额定速度的重力制停距离的两倍，即$0.135v^2$（m）。无论如何，此行程不得小于65mm。

耗能型缓冲器可能的总行程应至少等于相应于115%额定速度的重力制停距离，即$0.067v^2$（m）。当额定速度小于或等于4m/s时，在任何情况下，行程不应小于0.42 m；当额定速度大于4m/s时，在任何情况下，行程不应小于0.54 m。

液压缓冲器柱塞端面受压后所移动的垂直距离，称为液压缓冲器工作行程，非线性蓄能型缓冲器作用时轿厢反弹的速度不应超过1.0m/s。

3. 安全触板与层门锁

（1）安全触板　当乘客在轿门关闭过程中，通过入口时被门扇撞击或将被撞击，一个保护装置应自动地使门重新开启。此保护装置的作用可在每个主动门扇最后50mm的行程中被消除。安全触板就是这种保护装置。

（2）层门锁　开锁区是指层门地坎上下的一段区域，当轿底在此区域内时门锁方能打开，使门机动作，驱动轿门和层门开启。层门锁是用于防止在电梯层门外打开层门的锁。层门锁如图2-26所示。

图2-26　层门锁

层门锁的主要作用有：

1）对坠落危险的保护。在正常运行时，应不能打开层门（或多扇层门中的任意一扇），除非轿厢在该层门的开锁区域内停止或停站。

开锁区域不应大于层站地平面上下0.2m。

在用机械方式驱动轿门和层门同时动作的情况下，开锁区域可增加到不大于层站地平面上下的0.35m。

2）对剪切的保护。如果一个层门或多扇层门中的任何一扇门开着，在正常操作情况下，应不能启动电梯或保持电梯继续运行，然而，可以进行轿厢运行的预备操作。

3）层门锁紧。每个层门应设置符合要求的门锁装置，这个装置应有防止故意滥用的保护。

轿厢运动前应将层门有效地锁紧在闭合位置上，但层门锁紧前，可以进行轿厢运行的预备操作，层门锁紧必须由一个符合要求的电气安全装置来证实。

轿厢应在锁紧元件啮合不小于7mm时才能启动，如图2-27所示。

证实门扇锁闭状态的电气安全装置的元件，应由锁紧元件强制操作而没有任何中间机构，应能防止误动作，必要时可以调节。

特殊情况：安装在潮湿或易爆环境中需要对上述危险作特殊保护的门锁装置，其连接只能是刚性的，机械锁和电气安全装置元件之间的连接只能通过故意损坏门锁装置才能被断开。

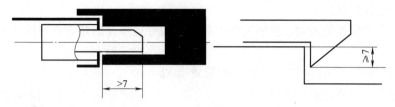

图 2-27　门锁锁紧元件啮合

锁紧元件及其附件应是耐冲击的，应用金属制造或金属加固。锁紧元件的啮合应能满足在沿着开门方向作用 300N 力的情况下，不降低锁紧的效能。

门锁应能承受一个沿开门方向，并作用在锁高度处的最小为下述规定值的力，而无永久变形：在滑动门的情况下为 1000N；在铰链门的情况下，在锁销上为 3000N。

应由重力、永久磁铁或弹簧来产生和保持锁紧动作。弹簧应在压缩下作用，应有导向，同时弹簧的结构应满足在开锁时弹簧不会被压并圈。

即使永久磁铁（或弹簧）失效，重力也不应导致开锁。

如果锁紧元件是通过永久磁铁的作用保持其锁紧位置，则一种简单的方法（如加热或冲击）不应使其失效。

门锁装置应有防护，以避免可能妨碍正常功能的积尘危险。工作部件应易于检查，例如采用一块透明板以便观察。

当门锁触点放在盒中时，盒盖的螺钉应为不可脱落式的。在打开盒盖时，它们应仍留在盒或盖的孔中。

4）紧急开锁。每个层门均应能从外面借助于一个与开锁三角孔相配的钥匙将门开启。电梯紧急开锁装置如图 2-28 所示。

这样的钥匙应只交给一个负责人员。钥匙应带有书面说明，详述必须采取的预防措施，以防止开锁后因未能有效地重新锁上而可能引起的事故。

在一次紧急开锁以后，门锁装置在层门闭合下，不应保持开锁位置。

图 2-28　电梯紧急开锁装置

在轿门驱动层门的情况下，当轿厢在开锁区域之外时，如层门无论因为何种原因而开启，则应有一种装置（重块或弹簧）能确保该层门自动关闭。

4. 超载保护装置

（1）超载保护装置的作用　超载保护装置是一种设置在轿底、轿顶或机房，当轿厢超过额定载重量时，能发出警告信号并使轿厢不能运行的安全装置。所谓超载是指超过额定载重量的 110%。

超载保护装置一般设置在轿底，利用杠杆原理控制开关，有的利用传感器配电子线路构成控制电路。当电梯超过额定载重量时，开关动作，发出警告信号，切断控制电路，使电梯不能启动。当载荷在额定载重量以下时，超载保护装置自动复位。

当轿厢内载有 80%～90% 的额定载重量时，超载开关应动作；当轿厢达到额定载重量时，超载开关动作，电梯不再响应外召，只响应内选信号；当轿厢载荷超过额定载重量时，电梯不关门，超载铃报警。

　　设置超载保护装置是为防止轿厢超载引起机械构件损坏及因超载而可能造成的溜车下滑事故。

　　（2）超载保护装置的类型　超载保护装置有机械式、橡胶块式、负载传感器式等类型。

　　机械式超载保护装置类似于一个台秤，当轿厢超载时平衡杆触动相关的开关发出信号，同时切断电梯运行控制回路。其结构较笨重。机械式超载保护装置如图 2-29 所示。

　　橡胶块式超载保护装置的作用原理是利用橡胶块受力后的变形来控制相应的开关。其结构简单，减振性好，但易老化失效。

　　负载传感器是一种连续测量载荷的装置，它不但能防止超载，还能根据轿厢内的负载量选择启制动运行力矩曲线，以及计算电梯负载的变化，使电梯达到合理的调度运行。负载传感器式超载保护装置如图 2-30 所示。

图 2-29　机械式超载保护装置

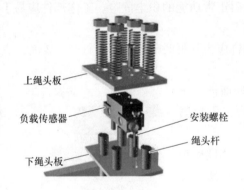

上绳头板

负载传感器

安装螺栓

绳头杆

下绳头板

图 2-30　负载传感器式超载保护装置

5. 手动紧急操作装置与紧急电动运行

　　如果向上移动装有额定载重量的轿厢所需的操作力不大于 400N，电梯驱动主机应装设手动紧急操作装置，以便借用平滑且无辐条的盘车手轮能将轿厢移动到一个层站。手动紧急操作装置如图 2-31 所示。

图 2-31　手动紧急操作装置

对于可拆卸的盘车手轮，应放置在机房内容易接近的地方。对于同一机房内有多台电梯的情况，如盘车手轮有可能与相配的电梯驱动主机搞混时，应在手轮上做适当标记。一个电气安全装置最迟应在盘车手轮装上电梯驱动主机时动作。

在机房内应易于检查轿厢是否在开锁区。例如，这种检查可借助于曳引绳或限速器绳上的标记。电梯平层标记如图 2-32 所示。

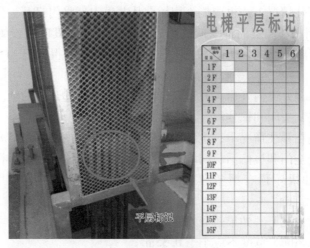

图 2-32　电梯平层标记

手动紧急操作装置应当符合以下要求：

1）对于可拆卸盘车手轮，设有一个电气安全装置，最迟在盘车手轮装上电梯驱动主机时动作。

2）松闸扳手涂成红色，盘车手轮是无辐条的并且涂成黄色，可拆卸盘车手轮放置在机房内容易接近的明显部位。

3）在电梯驱动主机上接近盘车手轮处，明显标出轿厢运行方向，如果手轮是不可拆卸的，可以在手轮上标出。

4）能够通过操纵手动松闸装置松开制动器，并且需要以一个持续力保持其松开状态。

5）进行手动紧急操作时，易于观察到轿厢是否在开锁区。

如果向上移动装有额定载重量的轿厢所需的操作力大于 400N，机房内应设置一个符合电气安全装置要求的紧急电动运行的电气操作装置。

紧急电动运行装置应当符合以下要求：

1）依靠持续揿压按钮来控制轿厢运行，此按钮有防止误操作的保护，按钮上或者其近旁标出相应的运行方向。

2）一旦进入检修运行，紧急电动运行装置控制轿厢运行的功能由检修控制装置所取代。

3）进行紧急电动运行操作时，易于观察到轿厢是否在开锁区。

6. 检修门、安全门和安全窗

（1）检修门　通往井道的检修门、井道安全门和检修活板门，除了因使用人员的安全或检修需要外，一般不应采用。

检修门的高度不得小于1.40m，宽度不得小于0.60m。

检修活板门的高度不得大于0.50m，宽度不得大于0.50m。

检修门和检修活板门均不应向井道内开启。

检修门和检修活板门均应装设用钥匙开启的锁。当上述门开启后，不用钥匙亦能将其关闭和锁住。

检修门即使在锁住情况下，也应能不用钥匙从井道内部将门打开。

（2）安全门　当相邻两层门地坎间的距离大于11m时，其间应设置井道安全门，以确保相邻地坎间的距离不大于11m。井道安全门的高度不得小于1.80m，宽度不得小于0.35m。

井道安全门不应向井道内开启。井道安全门应装设用钥匙开启的锁。当井道安全门开启后，不用钥匙亦能将其关闭和锁住。

井道安全门即使在锁住情况下，也应能不用钥匙从井道内部将门打开。

只有检修门、安全门和检修活板门均处于关闭位置时，电梯才能运行。

（3）安全窗　如果轿顶有援救和撤离乘客的轿厢安全窗，其尺寸不应小于0.35m×0.50m。

在有相邻轿厢的情况下，如果轿厢之间的水平距离不大于0.75m，可使用安全门。安全门的高度不应小于1.80m，宽度不应小于0.35m。

轿厢安全窗应能不用钥匙从轿厢外开启，并应能用三角形钥匙从轿厢内开启。轿厢安全窗不应向轿内开启。轿厢安全窗的开启位置，不应超出电梯轿厢的边缘。

（七）安全控制系统

1. 电气安全回路的基本要求

串联所有电气安全装置的回路称为电气安全回路，它输出的信号不应被同一电路中设置在其后的另一个电气装置发出的外来信号所改变，以免造成危险后果。与电气安全回路上不同点的连接只允许用来采集信息。电气安全装置应直接作用在控制驱动主机供电的设备上。电气安全装置的作用是在规定的情况下动作时，应能防止驱动主机启动，或使其立即停机。电梯的电气安全回路如图2-33所示。

在含有两条或更多并联通道组成的安全电路中，一切信息，除使安全电路起作用所需的信息以外，应仅来自一条通道。如果存在三个以上故障同时发生的可能性，则安全电路应设计成有多个通道和一个用来检查各通道的相同状态的监控电路。

如果两个故障组合不会导致危险情况，而它们与第三故障组合就会导致危险情况时，那么最迟应在前两个故障元件中任何一个参与的下一个操作程序中使电梯停止。

2. 限位保护

端站极限开关保护有两种形式：一种是机械式的，它通过钢丝绳及滚轮拉动开关，断开总电源；另一种是与减速、限位开关结构相同的极限开关，动作时，切断上、下接触电源，使电梯停止运行。当轿厢超过上下端站150mm时极限开关动作，极限开关动作后，电梯应不能自动恢复运行。

端站限位安全保护由上、下限位开关组成，如果减速开关未起作用，限位开关则动作，使电梯停止运行，切断方向接触器或方向继电器。

电梯上、下限位开关动作时不能切断总电源。电梯上限位开关出现故障会导致电梯检修运行时只能下行，而不能上行。

　　端站减速安全保护在电梯井道的顶层和底层，当电梯运行到减速位置时，应立即换速切断高速，以免造成冲顶或蹲底。

　　当电梯运行到顶层或底层平层位置仍不能停车，继续向上或向下运行时，在井道中设有超越上、下极限工作位置的保护装置，可防电梯冲顶或蹲底造成事故。

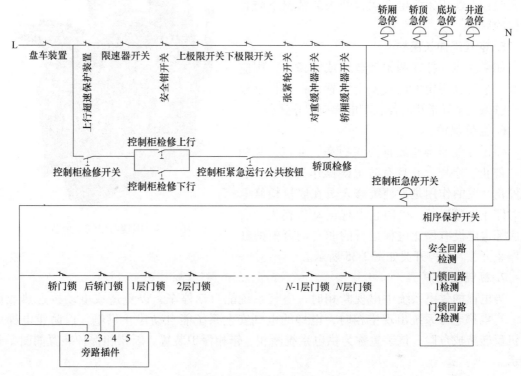

图 2-33　电梯的电气安全回路

3. 联锁保护

　　电气安全装置应包括安全触点。安全触点的动作，应由断路装置使其强制地机械断开，甚至两触点熔接在一起也应强制地机械断开。

　　当电梯的层门与轿门没有关闭时，电梯的电气控制部分不应接通，电梯电动机不能运转，实现此功能的装置称为层门锁与轿门电气联锁装置。

　　当电梯上采用带传动装置时都应装设断带保护，如果发生断带，该装置就动作，电梯控制电路断路，电梯急停。电梯断绳或断带保护开关设在机房。

　　安全窗开关应固定牢固，当安全窗盖板盖下后，靠自重能将开关压合。安全窗开启大于50mm 时，安全窗开关应可靠动作，使电梯立即停止运行。

　　安全钳开关的安装，要求固定牢固、动作可靠。安装安全钳开关时，进线接在安全钳开关的常开触头上。

　　电梯轿门应设安全装置（如光电保护等），当门关闭过程中碰触到人或物时，门应重新开启。

　　对于手动门电梯应有一种装置，在电梯停止后不小于 2s 内，防止轿厢离开停靠站。

4. 安全钳与限速器电气保护

在轿厢上行与下行的速度达到限速器动作速度之前，限速器或其他装置上的一个符合规定的电气安全装置使电梯驱动主机停止运转。限速器电气安全装置如图 2-34 所示。

如果安全钳释放后，限速器未能自动复位，则在限速器未复位时，一个符合规定的电气安全装置应在不使用紧急电动运行开关的情况下防止电梯的启动。

限速器电气
安全装置

5. 钢丝绳伸长保护

如果轿厢悬挂在两根钢丝绳或链条上，则应设有一个符合规定的电气安全装置，在一根钢丝绳或链条发生异常相对伸长时电梯应停止运行。

6. 急停保护

停止装置的操作装置为双稳态、红色，并标以"停止"字样，并且有防止误操作的保护。底坑停止开关的作用是方便维修人员在底坑检修电梯时停止电梯运行，以防止出现误动作伤人。底坑底部也应设有停止电梯运行的非自动复位的红色停止开关。急停开关如图 2-35 所示。

图 2-34　限速器电气安全装置

7. 断错相保护

当电梯的供电系统中出现断相时，电气系统能自动停车，以免造成电动机过热或烧毁。当电梯电源系统出现错相时，电梯的电气安全系统能自动停止供电，以防止电梯电动机反转造成危险，该装置称为供电系统断相、错相保护装置。断错相保护装置如图 2-36 所示。

图 2-35　急停开关

图 2-36　断错相保护装置

8. 检修运行

电梯检修运行时的速度称为检修速度。轿厢检修运行开关用于检修，或在电梯故障后，将电梯开到平层位置的开门装置。

轿顶检修盒是安装在轿厢顶部的控制面板，当它启动时，轿厢将脱离正常的操作而只受它控制在检修速度下运行。

9. 接地保护

把电气设备的金属外壳及与外壳相连的金属构架用接地装置与大地可靠地连接起来，以保证人身安全的保护方式，叫作保护接地。把电气设备的金属外壳及与外壳相连的金属构架与中性点接地的电力系统的零线连接起来，以保护人身安全的保护方式，叫作保护接零，简称接零。

电梯机房内接地线的要求颜色为黄绿色。

若采用保护接地，当电气设备绝缘损坏外壳带电时，短路电流通过接地线形成回路，使保护装置迅速地动作，断开故障设备的电源。

电气设备保护接地或保护接零是防止触电事故的重要安全措施。如果电路接地故障，该电路中的电气安全装置应使驱动主机立即停机。恢复运行只有依靠专职人员才有可能。

保护接地的电阻不得大于 4Ω。电动机、控制柜、选层器等的接地电阻不应大于 4Ω。

电气设备的金属外壳采用接零或接地保护时，其连接导线的截面积不小于相线的 $1/2$，绝缘铜线的最小截面积不小于 $1.5mm^2$。

保护接地不适用于中性点接地的电力系统。

电梯机房内的零线与接地线要始终分开，电气设备金属罩壳均应有接地端，接地线应分别接至接地线柱上。不能为了节省材料，而把多台电气设备金属外壳串接后再统一与接地装置相连接。电梯机房内接地保护的接线方式如图 2-37 所示。

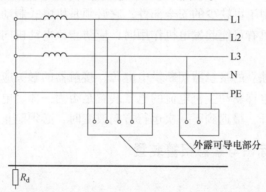

图 2-37　电梯机房内接地保护的接线方式

同一低压系统中不能同时采用保护接地和保护接零。

（八）电气控制系统

电梯的电气电路分为主电路、控制电路和安全电路三部分。主电路的供电系统电压为380V；对于控制电路和安全电路，导体之间或导体对地之间的直流电压平均值和交流电压最大值均不应大于 250V。

主电路中的主开关应采用挂锁或其他等效方式将主开关锁住或使它处于"隔离"位置，以保证不会发生误操作而造成事故。

为避免电路运行时发生短路，在主电路、控制电路和安全电路中都要用到熔断器。熔断器利用熔体熔化作用切断电路，主要用于过载和短路保护。

　　为防止曳引机过载运行，主电路中采用热继电器实现过载保护，热继电器的保护动作在过载后需经过一段时间才能实现。

　　插座的电源应和设备的电源分开敷设，并应能用一个单独的开关来切断各相的电源。

　　紧急照明在发生停电等故障且轿厢照明断开的情况下，实现应急照明的功能。正常照明电源一旦断开，应自动接通紧急照明。紧急照明应有自动再充电的紧急照明电源，能满足1W灯泡用电1h。

　　记录或延迟信号的电路，即使发生故障，也不应妨碍或明显延迟由电气安全装置作用而产生的电梯驱动主机停机，即停机应在与系统相适应的最短时间内发生。当电气安全装置为保证安全而动作时，应防止电梯驱动主机启动或立即使其停止运转，制动器的电源也应被切断。

　　选层器是模拟电梯轿厢运行状态，及时向控制系统发出所需要的信号的装置。其主要功能是：根据登记的内指令与外召唤信号和轿厢的位置关系，确定运行方向；当电梯将要到达所需停站的楼层时，给曳引电动机减速信号，使其换速；当平层停车后，消去已应答的指令信号并指示轿厢位置。

　　平层感应器安装在轿顶横梁上，利用装在轿厢导轨上的隔磁板，使感应器动作，控制平层过程。平层是当电梯在平层区域内，使轿厢地坎平面与层门地坎平面达到同一平面的运动，是指完全自动地到达一层或一个停车位置的一个过程。

　　再平层功能也是利用平层感应器来实现的，是指电梯停靠在开锁区域后，允许在装载或卸载期间自动校正轿厢停止位置。

　　制动器是电梯运行中不可缺少的安全部件，它必须是机电式制动器。电梯是四象限运行的设备，当电梯的电动机有可能起发电机作用时，应防止该电动机向操纵制动器的电气装置馈电。

　　制动器必须用两个独立的接触器切断供电电源，接触器的触头应串联于控制电路中，不论这些装置与用来切断电梯驱动主机电流的电气装置是否为一体。电梯停止时，如果其中一个接触器的主触头未打开，最迟到下一次运行方向改变时，必须防止轿厢再运行。

三、电梯的安全标识与紧急报警装置

1. 安全标识

　　所有标牌、须知、标记及操作说明应清晰易懂（必要时借助标志或符号）和具有永久性，并采用不能撕毁的耐用材料制成，设置在明显位置。应使用电梯安装所在国家的文字书写（必要时可同时使用几种文字）。

　　轿厢内应标出电梯的额定载重量及乘客人数（载货电梯仅标出额定载重量），还应标出电梯制造厂名称或商标。

　　停止开关的操作装置（如有）应是红色，并标以"停止"字样加以识别，以不会出现误操作危险的方式设置。报警开关（如有）按钮应是黄色，并标以铃形符号加以识别。红、黄两色不应用于其他按钮。但是，这两种颜色可用于发光的"呼唤登记"信号。

　　在通往机房和滑轮间的门或活板门的外侧应设有包括下列简短字句的须知："电梯驱动主机——危险，未经许可禁止入内"。

　　对于活板门，应设有永久性的须知，提醒活板门的使用人员："谨防坠落——重新关好

活板门"。

在井道外，检修门近旁，应设有一须知，指出："电梯井道——危险，未经许可禁止入内"。

在停止装置上或其近旁应标出"停止"字样，设置在不会出现误操作危险的地方。

2. 紧急报警装置

为使乘客能向轿厢外求援，轿厢内应装设乘客易于识别和触及的报警装置。接受轿厢内发出呼救信号，起报警作用的铃或装置，应清楚地标明"电梯报警"字样。如果是多台电梯，应能辨别出正在发出呼救信号的轿厢。紧急报警装置如图 2-38 所示。

图 2-38　紧急报警装置

紧急报警装置采用对讲系统以便与救援服务持续联系，当电梯行程大于 30m 时，在轿厢和机房（或者紧急操作地点）之间也设置对讲系统，紧急报警装置的供电来自紧急照明电源或者等效电源；在启动对讲系统后，被困乘客不必再做其他操作。

第二节　自动扶梯与自动人行道

自动扶梯与自动人行道广泛应用于商场、超市、地铁和车站等公共场合，运行频繁，承载量大，是重要的运输工具。

自动扶梯是指带有循环运行梯级，用于向上或向下倾斜输送乘客的固定电力驱动设备。

自动人行道是指带有循环运行（板式或带式）走道，用于水平或倾斜角不大于 12°输送乘客的固定电力驱动设备。

名义速度是指制造厂商设计所规定的，自动扶梯和自动人行道的梯级、踏板或胶带在空载情况下的运行速度。

额定速度是指自动扶梯和自动人行道在额定载荷时的运行速度。

理论输送能力是指自动扶梯或自动人行道在每小时内理论上能够输送的人数。多台连续而中间出口的自动扶梯或自动人行道，应具有相同的理论输送能力。

自动扶梯的倾斜角不应超过 30°，当提升高度不超过 6m，额定速度不超过 0.50m/s 时，倾斜角允许增至 35°；自动人行道的倾斜角不应超过 12°。

一、自动扶梯的结构

自动扶梯由梯级、牵引构件、导轨系统、驱动装置、张紧装置、扶手装置、金属结构、电气控制系统等组成。

（一）梯级

梯级是特殊结构型式的四轮小车，有两只主轮和两只辅轮。梯级的主轮的轮轴与牵引链条铰接在一起，而辅轮轴则不与牵引链条连接。这样，全部梯级通过按一定的规律布置的导轨运行，可以做到在自动扶梯上分支的梯级保持水平，而在下分支的梯级可以倒挂。自动扶梯的梯级如图2-39所示。

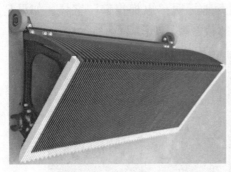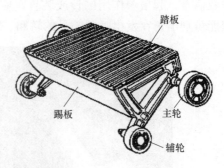

图 2-39　自动扶梯的梯级

在一台自动扶梯中，梯级是数量最多的部件。由于梯级数量众多，又是经常运行的部件，因此一台自动扶梯的质量在很大程度上取决于梯级的结构和质量。对梯级的要求是自重轻、工艺性能好、装拆维修方便。采用铝合金整体压铸而成的梯级为整体式梯级；采用铝合金分零件压铸拼装而成的梯级为分体式梯级。分体式梯级由踏板、踢板、支架等部件拼装组合而成。而整体式梯级集三者于一体整只压铸而成。整体式梯级加工速度快、精度高、自重轻。

自动扶梯的梯级在出入口处应有导向，使其从梳齿板出来的梯级前缘和进入梳齿板的梯级后缘至少应有一段0.8m长的水平移动距离，该距离从梳齿板的齿根部量起。在水平运动段内，两个相邻梯级之间的最大高度误差为4mm。若额定速度大于0.5m/s或提升高度大于6m，该水平移动距离应至少为1.2m。

倾斜角大于6°的自动人行道，其上部出入口的踏板或胶带在进入梳齿之前或离开梳齿之后应至少有一段长为0.4m、最大倾斜角为6°的运行距离。对于踏板式自动人行道，离开梳齿的踏板前缘和进入梳齿的踏板后缘至少应有0.4m以上的一段不改变角度的距离。

（二）牵引构件

自动扶梯所用牵引构件有牵引链条与牵引齿条两种。牵引构件是传递牵引力的构件，一台自动扶梯一般有两根构成闭合环路的牵引链条或牵引齿条。若使用牵引链条的驱动装置装在上分支上水平直线区段的末端，即端部驱动式；若使用牵引齿条的驱动装置装在倾斜直线区段上、下分支的当中，即中间驱动式。

1. 牵引链条

端部驱动装置所用的牵引链条一般为套筒滚子链，它由链片、小轴和套筒等组成。按连接方法不同牵引链条分为可拆式和不可拆式两种。牵引链条是自动扶梯主要的传递动力构件，其质量直接影响自动扶梯的运行平稳程度和噪声高低。节距是牵引链条的主要参数。节距越小，工作越平稳，但是关节越多，自重越大，价格越高，而且关节处的摩擦越大；反之，节距越大，自重越轻，价格越便宜，但为了使工作平稳，链轮直径也要增大，这就加大了驱动装置和张紧装置的外形尺寸。大提升高度自动扶梯采用大节距牵引链条，小提升高度自动扶梯采用小节距牵引链条。牵引链条如图 2-40 所示。

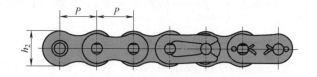

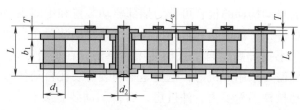

图 2-40　牵引链条

2. 牵引齿条

中间驱动装置所使用的牵引构件是牵引齿条，它的一侧有齿，两梯级间用一节牵引齿条连接。中间驱动装置机组上的传动链条的销轴与牵引齿条的牙齿相啮合以传递动力。牵引齿条的另一种结构型式是：齿条两侧都制成齿形，一侧为大齿，别一侧为小齿。牵引齿条的大齿用途如前所述，小齿用以驱动扶手带。牵引齿条如图 2-41 所示。

牵引构件的安全系数 n 可取为：对于大提升高度自动扶梯 $n = 10$；对于小提升高度自动扶梯 $n = 7$；我国自动扶梯规定 $n > 5$。

图 2-41　牵引齿条

（三）导轨系统

自动扶梯梯路的导轨系统包括主轮和辅轮的全部导轨、反轨、反板、导轨支架及转向壁等。导轨系统的作用在于支承由梯级主轮和辅轮传递来的梯路载荷，保证梯级按一定规律运动以及防止梯级跑偏等。因此，要求导轨既要满足梯路设计要求，还应具有光滑、平整、耐磨的工作表面，并具有一定的尺寸精度。

倾斜直线区段是自动扶梯的主要工作区段，也是梯路中最长的部分。在曲线区段内，各导轨、反轨之间的几何关系较复杂。为了准确地控制各导轨间的尺寸，通常在各区段金属结构内的上、下端两侧各装附加板，将同一侧有关导轨、反轨固定在该板上，形成一个组件。该组件在专用胎具上组装竣工后，再整体装入自动扶梯金属结构的固定部位处。

在工作分支的上、下水平区段处，导轨侧面与梯级主轮侧面的间隙要求小于 0.5mm，以保证梯级能顺利通过梳齿板。其他区段的间隙要求小于 1mm。

（四）驱动装置

由于自动扶梯是运载人员的，往往用于人流集中之处，特别是服务于公共交通的自动扶梯更是如此，而且每天运转时间很长。因此，对驱动装置提出较高的设计要求，主要要求如下：

1）所有零部件应进行详细计算，都需有较高的强度和刚度，以保证在短期过载的情况下，机器具有充分的可靠性。

2）零件具有较高的耐磨性，以保证机器在若干年内，每天运行长期工作。

3）由于驱动装置设置位置的限制，要求机构尽量紧凑，并需装拆维修方便。

驱动装置的作用是将动力传递给梯路系统及扶手系统。驱动装置一般由电动机、减速器、制动器、传动链条及驱动主轴等组成。

按驱动装置所在的自动扶梯的位置可分为端部驱动装置和中间驱动装置两种。端站驱动装置以牵引链条为牵引件，又称链条式自动扶梯。这种驱动装置在自动扶梯的端部，安装驱动装置的地方为机房。小提升高度自动扶梯使用内机房，在提升高度相当大或有特殊要求时，端部驱动自动扶梯需要采用外机房，也就是驱动装置装在自动扶梯金属结构外建筑物的基础上。中间驱动自动扶梯不需要内、外机房，而将驱动装置装在自动扶梯梯路中部的上、下分支之间，该处是自动扶梯未被利用的空间。

端部驱动装置生产时间已久，工艺成熟，维修方便。中间驱动装置结构紧凑，能耗低，特别是大提升高度时，可以进行多级驱动。由于驱动装置装在有载梯级的下面，因而应注意驱动装置所产生的振动与噪声。

1. 端部驱动装置

端部驱动装置是常用的一种驱动装置。驱动机组通过传动链条带动驱动主轴，主轴上装有两个牵引链轮、两个扶手驱动轮、传动链轮以及紧急制动器等。牵引链条上装有一系列梯级，由主轴上的牵引链轮带动。主轴上的扶手驱动轮通过扶手传动链使扶手驱动轮驱动扶手带。另有扶手带压紧装置，以增加扶手带与扶手驱动轮间的摩擦力，防止打滑。端部驱动装置如图 2-42 所示。

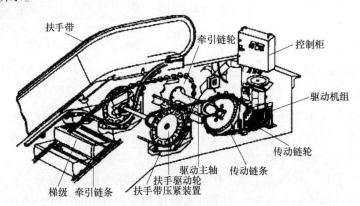

图 2-42　端部驱动装置

端部驱动装置常使用蜗轮蜗杆减速器。从安全角度考虑，自动扶梯在紧急状态下的制动作用在驱动主轴上是必要的，也就是紧急制动器应该装在驱动主轴上。

不用链条传动而用齿轮传动的端部驱动装置结构有两个电动机分别与蜗杆相连，各通过一组圆柱斜齿轮直接与两个牵引链轮及两个扶手驱动轮连接；采用盘式制动器。其优点是结构紧凑，在大提升高度时，这种驱动装置可以不使用外机房。该驱动装置可在工厂内装配进行试车后运往工地，因而可使现场安装工作量降至最低。与常用外机房结构的驱动装置相比，这种结构与金属结构连成一体，只有内力作用在驱动装置上，金属结构和基础部分都没有受到链传动所引起的作用力，避免了噪声增大。

2. 中间驱动装置

如前所述，将驱动机组置于上、下分支之间，即为中间驱动装置。这种结构可节省端部驱动装置所占用内机房的空间，而且简化自动扶梯两个端部的结构。中间驱动装置必须用牵引齿条来代替牵引链条。电动机通过减速器将动力传递给两侧的两根构成闭合环路的传动链条，每侧的两根传动链条之间铰接一系列滚子，滚子与牵引齿条的牙齿啮合，驱使自动扶梯运行。制动器装在减速器的高速轴上。

中间驱动装置的一大特点是有可能进行自动扶梯的多级驱动。当自动扶梯提升高度相当大时，端部驱动的牵引链条的张力在有载分支上升时急剧增大，牵引链条尺寸及电动机功率也要相应加大。此时，如果将上述的中间驱动机组多设几组，则形成多级驱动自动扶梯，可以大大降低牵引齿条的张力。另一特点是牵引齿条在驱动机组输出端受推力，以后经过一个转点之后变成承受拉力。

当主驱动装置或制动器装在梯级踏板或胶带的载客分支和返回分支之间时，在工作区段应提供一个适当的接近水平的立足平台，其面积不应小于 $0.12m^2$，最小边尺寸不应小于 $0.3m$。

3. 制动器

制动器是依靠构成摩擦副的两者间的摩擦来使机构进行制动的一个重要部件。摩擦副的一方与机构的固定机架相连，另一方与机构的转动件相连。当机构起动时，使摩擦副的两方脱开，机构进行运转；而当机构需要制动时，使摩擦副的两方接触并压紧，此时，摩擦面间产生足够大的摩擦力矩，动能消耗，使机构减速，直到停止运转。

自动扶梯所采用的制动器包括工作制动器和附加制动器。

（1）工作制动器　工作制动器一般安装在电动机的高速轴上，它应能使自动扶梯或自动人行道在停止运行过程中，以近乎匀减速度使其停止运转，并能保持停住状态。工作制动器在动作过程中应无故意的延迟现象。工作制动器都采用常闭式。所谓常闭式制动器是指机构在不工作期间也是闭合的，也就是处于制动状态。而在机构工作时，通过持续通电由释放器将制动器释放（或称打开、松闸），使之运转。在制动器电路断开后，工作制动器立即制动。制动器的制动力必须由有导向的压缩弹簧或重锤来产生。工作制动器的释放器应不能自激。这种制动器也称为机电一体式制动器。自动扶梯的工作制动器常使用块式制动器、带式制动器和盘式制动器等。

块式制动器所用的制动块是成对的，因而制动块压力相互平衡，制动轮轴不承受变幅载荷。块式制动器的组成部分包括制动轮、制动块及铆接于其上的高摩擦系数的衬垫、制动臂和释放器等。在制动器闭合（即不工作）时，弹簧或重锤通过杠杆系统使制动块紧压制动轮，使制动轮停止运转。当制动轮需要运转时，释放器则使制动臂松开。这种制动器构造简单、制造与安装都很方便，因此在自动扶梯中获得广泛应用。常用的块式制动器如图 2-43 所示。

带式制动器的制动摩擦力是依靠制动杆及张紧的制动带作用在制动鼓上的压力而产生的。在制动带上铆接着制动衬垫以增加摩擦力。带式制动器构造简单、紧凑、包角大。带式制动器如图 2-44 所示。

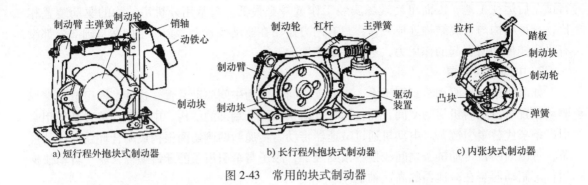

a) 短行程外抱块式制动器　　b) 长行程外抱块式制动器　　c) 内张块式制动器

图 2-43　常用的块式制动器

盘式制动器又称为碟式制动器，是一种专业、高端的自动化设备，与传统制动器相比，具有更高的稳定性、更好的结构和更强的性能，目前广泛应用于高速度、大吨位电梯系统中。盘式制动器如图 2-45 所示。

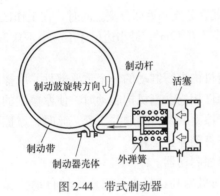

图 2-44　带式制动器

图 2-45　盘式制动器

盘式制动器的特点如下：

① 结构紧凑。与块式制动器相比，制动轮的制动惯量相同时制动力矩大。

② 制动平稳。盘式制动器的制动动作为平面压合，易于抱合。

③ 制动灵敏，散热性能好

盘式制动器在自动扶梯中有广泛的应用前景。

（2）自动扶梯的附加制动器或倾斜式自动人行道的附加制动器　在驱动机组与驱动主轴间使用传动链条进行连接时，一旦传动链条突然断裂，两者之间即失去联系。此时，即使有安全开关使电源断电，电动机停止运转，也无法使自动扶梯梯路停止运行。特别是在有载上升时，若自动扶梯或自动人行道突然反向运转和超速向下运行，将会导致乘客受到伤害。在这种情况下，在驱动主轴上装设一只或多只制动器，直接作用于梯级踏板或胶带驱动系统的非摩擦元件上，使其整个停止运行，则可以防止上述情况发生。这种制动器称为附加制动器。附加制动器如图 2-46 所示。

附加制动器在下列情况下设置：

① 工作制动器和梯级、踏板或胶带驱动装置之间不是用轴、齿轮、多排链条或多根单排链条连接的。

② 工作制动器不是符合规定的机电式制动器。

③ 公共交通型自动扶梯。

④ 倾斜式自动人行道。

⑤ 提升高度大于 6m。

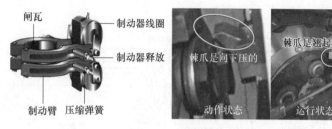

图 2-46　附加制动器

附加制动器应该是机械式的，利用摩擦原理通过机械结构进行制动。附加制动器在下列任何一种情况下都应起作用：

① 在速度超过名义速度 1.4 倍之前。

② 在梯级、踏板或胶带改变其规定运行方向时。

（五）张紧装置

张紧装置的作用如下：

1）使自动扶梯的牵引链条获得必要的初张力，以保证自动扶梯正常运转。

2）补偿牵引链条在运转过程中的伸长。

3）牵引链条及梯级由一个分支过渡到另一个分支的改向功能。

4）梯路导向所必需的部件（如转向壁等）均装在张紧装置上。

张紧装置如图 2-47 所示。

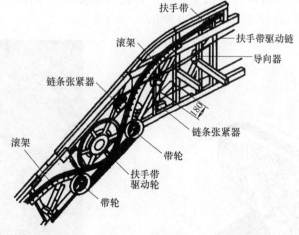

图 2-47　张紧装置

中间驱动的自动扶梯没有张紧链轮和牵引链轮，因而自动扶梯的上端和下端设置有与辅轮转向壁作用相同的主轮转向壁。这种主轮转向壁由两个约 1/4 圆弧段的导轨组成，其中有一个为可摆动导轨，这种结构的自重较轻。

（六）扶手装置

扶手装置是供站立在自动扶梯梯路上的乘客扶握用的。扶手装置应没有任何部位可供人员正常站立，且应采取措施阻止人员爬上扶手装置外侧，以免除人员跌落风险。扶手支架及导轨如图 2-48 所示。

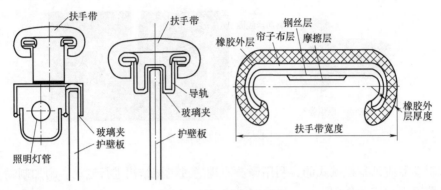

图 2-48　扶手支架及导轨

自动扶梯的活动扶手同电梯中的安全钳一样，是重要的安全设备。扶手装置由扶手驱动系统、扶手带、栏杆等组成。扶手装置的驱动装置是装在自动扶梯梯路两侧的两台特殊结构型式的带式输送机。每一扶手装置的顶部应装有运行的扶手带，其运行方向应与梯级、踏板或胶带相同。

自动扶梯在空载运行情况下，能源主要消耗于克服梯路系统的运行阻力和扶手系统的运行阻力，其中空载扶手运行阻力占空载总运行阻力的 80% 左右。由此可知，减少扶手运行阻力，尤其是空载运行阻力，可以大幅度地降低能源消耗。扶手带的运行速度相对于梯级、踏板或胶带实际速度的允差为 0~2%。

常用的扶手驱动系统有两种结构型式：一种是传统使用的摩擦轮驱动型式，如图 2-49所示；另一种是压滚驱动型式，如图 2-50 所示。

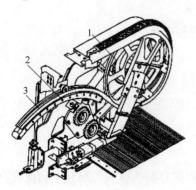

图 2-49　摩擦轮驱动型式

1—驱动轮　2—张紧弓　3—扶手带

图 2-50　压滚驱动型式

扶手带是安装于自动扶梯扶手的最上面供乘客扶握的移动带。位于出入口扶手装置的两端，扶手带在此改变运动方向的区域叫扶手转向端。

扶手带是一种边缘向内弯曲的橡胶带，如图 2-51 所示。

按照内部衬垫的不同，扶手带可分为以下 3 种：

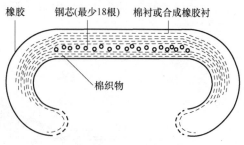

图 2-51　扶手带

① 多层织物衬垫扶手带。这种结构的扶手带延伸率大。

② 织物夹钢带扶手带。这种结构的扶手带在工厂里做成闭合环形带，不需工地拼接，延伸率小。缺点是钢带与橡胶织物间脱胶时，钢带会在扶手带内隆起，甚至戳穿帆布造成扶手带损坏。

③ 夹钢丝绳织物扶手带。这种结构的扶手带在织物衬垫层中夹一排细钢丝绳，既增加了扶手带的强度，又可控制扶手带的伸长。这种扶手带在工厂里做成闭合环形带，不需工地拼接。我国生产的自动扶梯多用这种结构。

扶手带宽度为 80~90mm，厚度为 10mm，扶手带开口处与导轨或扶手支架之间的距离在任何情况下均不允许超过 8mm。

扶栏是自动扶梯的侧面在梯级以上的部分，包括围裙板、内盖板、外盖板和扶手带。

扶栏的型面必须与建筑物内部色彩相协调，必须适应乘客的心理需求。扶栏的结构分为全透明无支撑式、半透明有支撑式及不透明有支撑式等。

与梯级、踏板或胶带两侧相邻的围板部分叫围裙板。

朝向梯级、踏板或胶带一侧的扶手装置部分应是光滑的，其压条或镶条应紧固，当装设方向与运行方向不一致时，其凸出高度不应超过 3mm，边缘应呈圆角或倒角。连接围裙板和护壁板的盖板叫内盖板。位于扶手带下方的外装饰板上的盖板叫外盖板。在扶手带下方，半球围裙板或内盖板与外盖板之间的内护板叫护壁板。扶手装置下面围裙板与护壁板之间的连接处的结构应使勾绊的危险降至最低。

护壁板之间的空隙不应大于 4mm，其边缘应呈圆角和倒角状。当采用玻璃做护壁板时，这种玻璃应当是具有足够的强度和刚度，不会裂成碎片的单层安全玻璃，玻璃厚度不应小于 6mm。

围裙板应是十分紧固、平滑，且是对接缝的。但是对于长距离的自动人行道，在其跨越建筑伸缩缝部位的围裙板的接缝可采取其他特殊连接方法来替代对接缝。

（七）金属结构

自动扶梯金属结构的作用在于安装和支承自动扶梯的各个部件，承受各种载荷，以及将建筑物两个不同层高的地面连接起来。端部驱动及中间驱动自动扶梯的梯路、驱动装置、张紧装置、导轨系统及扶手装置等安装在金属结构的里面和上面。

小提升高度自动扶梯的金属结构通常由三段组成，即驱动段、张紧段以及中间段。中间段又可分为标准段与非标准段。这三段拼装成金属结构整体，两端支撑在建筑物的不同层高之上。提升高度不大于 6mm 时，采用双支座；超过 6m 时则设置三个或三个以上支座，以保证金属结构有足够的刚度。

大、中提升高度自动扶梯的金属结构常由多段结构组成。除驱动段和张紧段外，还有若干中间结构段。中间结构段的下弦杆的节点支在一系列的水泥墩上，形成多支撑结构。

自动扶梯金属结构既可以是桁架式的，也可以是板梁式的。自动扶梯的桁架式金属结构如图 2-52 所示。

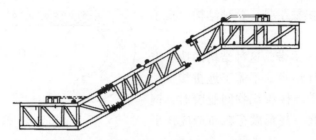

图 2-52 自动扶梯的桁架式金属结构

为了避免自动扶梯金属结构和建筑物直接接触，以防振动与噪声的传播，在支撑金属结构的支座下衬以减振金属片，将金属结构与建筑物隔离开来。金属结构与地面之间的空隙用弹性充填物来填满。减振金属板旁边垂直放置的隔离板可防止充填物进入金属结构的支撑角钢处。

（八）电气控制系统

自动扶梯或自动人行道的启动或投入自动运行状态，应由指定的人员操作一个或数个开关来实现。操纵开关的人员在操作之前应能看到整个自动扶梯或自动人行道，或者应有措施确保在操作之前没有人员正在使用自动扶梯或自动人行道。供操纵的开关有钥匙操作式、可卸手柄式及护盖可锁式多种。这类开关不能同时兼作主开关用，在开关上应有运行方向指示。

若几台自动扶梯或自动人行道的各主开关设置在一个机房内，则各台自动扶梯和自动人行道的主开关应易于识别。

当自动扶梯或自动人行道有自动启动功能时，应在使用者走到自动扶梯或自动人行道梳齿相交线之前自动启动并投入有效运行。

自动扶梯的自动启动装置如图 2-53 所示。

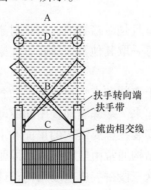

图 2-53 自动扶梯的自动启动装置
A—触点踏板 B—漫反射光束交叉区域 C、D—对射光束

自动启动可通过下列方式来实现：

①光束。应设置在梳齿相交线之前至少 1.3m 处。

②触点踏板。其外缘应设置在梳齿相交线之前至少 1.8m 处，沿运行方向的触点踏垫长度至少为 0.85m。对重量起反应的触点踏垫，施加在其表面 25cm^2 区域内任何点上的载荷达 150N 之前就应做出响应。

自动启动的自动扶梯或自动人行道的运行方向应预先确定，应配备一个清晰可见的信号系统，以便向乘客指明自动扶梯或自动人行道是否可用及其运行方向。如果使用者从与预定运行相反的方向进入时，那么自动扶梯和自动人行道仍应按预定运行方向启动并运行，运行时间不小于 10s。

自动扶梯或自动人行道自动启动后，控制系统应保证其经过一段足够的运行时间才能自动停止，该时间至少为预期输运使用者的时间再加上 10s。

自动扶梯或自动人行道的主开关应安装在主机附近、转向站中或控制装置旁，它应能切断电动机、制动器释放装置和制动电路电源，并能切断自动扶梯和自动人行道在正常使用情况下的最大电流，但应不能切断电源插座、检修和维修所必需的照明电路电源。当辅助设备，如暖气装置、扶手照明和梳齿板照明是分开单独供电时，则应能单独将它们切断。各相应开关应位于主开关近旁，且设明显标志。主开关处于断开位置时应能被锁住或处于"隔离"位置，以防误动作造成事故。

自动扶梯或自动人行道应设置带停止装置的便携式手动操作的控制装置。自动扶梯或自动人行道的运行应依靠手动持续操作。便携式控制装置的开关上应有明显且易识别的运行方向指示标记，其操作元件应能防止意外动作的发生。驱动站和转向站均应至少设置一个检修插座，所有检修插座都应这样设置：当连接一个以上的便携式控制装置时，所有便携式控制装置都不起作用，或者需要同时都启动才起作用。与检修插座相连的便携式控制装置的柔性电缆的长度应不小于 3m，应能使控制装置到达自动扶梯或自动人行道的任何位置。当使用便携式控制装置时，其他所有的启动装置都应不起作用，但电气安全装置在检修运行时仍应有效。手动操作的便携式控制装置如图 2-54 所示。

图 2-54　手动操作的便携式控制装置

在此必须说明，在 GB 16899—2011《自动扶梯和自动人行道的制造与安装安全规范》中要求：自动扶梯的主电路及制动器的供电回路电源的中断应至少由两套独立的电气装置来实现。当自动扶梯和自动人行道停止运行时，如果这些电气装置中的任何一个未断开，自动扶梯或自动人行道应不能重新启动。这是为了自动扶梯与自动人行道运行时更加安全，以免其产生某种故障时继续运行，以致产生安全事故。

目前，自动扶梯的电气控制系统一般都采用继电器控制逻辑线路。但是，现在也相继出现了可编程控制器及微型计算机控制的自动扶梯电气控制系统，这样自动扶梯的运行状况及故障数据可以简单明了地检测出来，极大地方便了检修维护工作，并缩短了故障排除时间；还可以接入自动扶梯的远程监控系统。

专门用于公共交通型自动扶梯的远程监控系统用计算机控制系统，可以从中心工作站监控某一公共设施所有自动扶梯的运行，显示状态报告，使自动扶梯保持良好的运行状态；并可发出故障诊断及潜在的故障预警信号，以提高工作效率，快速地排除故障和进行预防性维护，从而降低维修费用，提高经济效益。

上述系统也可发出命令使自动扶梯停止运行或改变运行方向。由此可知，自动扶梯和曳引驱动电梯一样，也可以用计算机进行群控。譬如三台自动扶梯并联，如果人流减少，则可使一台自动扶梯停开；又如向上人流加大，则可控制两台自动扶梯向上运行，一台自动扶梯向下运行。

二、自动扶梯或自动人行道的主要安全装置

为了保证自动扶梯的运行安全，通常设有多种安全装置，一般可分为两大类，一类是必备安全装置，另一类是辅助安全装置。自动扶梯中常用的安全装置如图 2-55 所示。

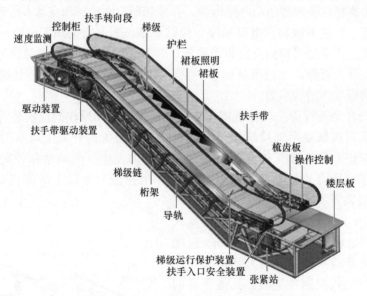

图 2-55　自动扶梯中常用的安全装置

（一）必备安全装置

1. 工作制动器

工作制动器是自动扶梯正常停车时使用的制动器。这类制动器应持续通电保持正常释放，一般采用块式制动器、带式制动器或盘式制动器。在制动电路断开后，制动器应立即制动。这种制动器也称为机电一体式制动器。能用手释放的制动器，应由手的持续力使制动器保持松开状态。如提供手动盘车装置，该装置应操作方便，安全可靠，并在该装置附近备有使用说明及明确地表明自动扶梯或自动人行道的运行方向。手动盘车装置不允许采用曲柄或多孔手轮。

2. 附加制动器

附加制动器是在紧急情况下起作用的。在驱动机组与驱动主轴间采用传动链条进行连接时，应设置附加制动器。为了确保乘客的安全，即使提升高度在 6m 以下，也应设置，因为

我国使用的自动扶梯满载系数一般较大。

3. 速度监控装置

自动扶梯或自动人行道的速度在超过名义速度或低于名义速度时都是危险的。如果发生上述情况，速度监控装置应能切断自动扶梯或自动人行道的电源。自动扶梯在速度高于名义速度 1.2 倍之前或低于名义速度时应立即停车。离心式速度监控装置如图 2-56 所示。

电磁式速度监控装置利用磁感应开关、光电开关或旋转编码器等获取运行速度信号，再由控制系统进行比较和判定。电磁式速度监控装置如图 2-57 所示。

 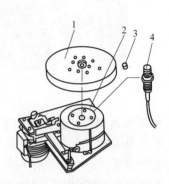

图 2-56　离心式速度监控装置　　　　　图 2-57　电磁式速度监控装置

1—转盘　2—转子　3—磁铁　4—电磁感应器

4. 牵引链条伸长或断裂保护装置

牵引链条伸长或断裂保护装置是机械式的。另外，在张紧装置的张紧弹簧端部装设开关，当牵引链条由于磨损或其他原因而过长时，即碰到开关切断电源，使自动扶梯停止运行。牵引链条伸长或断裂保护装置如图 2-58 所示。

图 2-58　牵引链条伸长或断裂保护装置

5. 梳齿板安全装置

位于两端出入口处，为方便乘客的过渡并与梯级、踏板或胶带啮合的部件，称为梳齿板。梳齿板与其支撑结构应是可调式的，以保证正确啮合。梳齿板应易于更换。

当乘客的脚尖、高跟鞋后跟或其他东西嵌入梳齿之后，梳齿板向前移动，当移到一定距离时，梳齿板下方的斜块撞击开关，切断电源，自动扶梯立即停止运转。斜块和开关间的距离用安装在梳齿板下的螺杆进行调节。梳齿板安全保护装置如图 2-59 所示。

图 2-59　梳齿板安全保护装置

6. 扶手带入口保护装置及扶手带断带保护装置

扶手带在端部下方入口处常常发生异物夹住事故，孩子的手也容易被夹住，因此应安装防异物保护装置。这一装置有一安装在扶手带入口处的套圈，扶手带可以从中通行，一弹性体缓冲器安装在套圈内以形成该装置的外层元件。缓冲器装有许多销钉，销钉沿扶手带的运行方向穿过套圈。当套圈缓冲器由于与扶手带入口的异物接触而充分变形时，这些销钉能触动安装在入口内的开关，当销钉触动开关时，自动扶梯停车并发出警报信号。当引起停车的物体与套圈缓冲器脱离接触时，缓冲器的固有弹力使销钉离开开关，使自动扶梯重新启动。扶手带入口保护装置如图 2-60 所示。

图 2-60　扶手带入口保护装置

用于公共交通的自动扶梯或自动人行道，如果制造商没有提供扶手带破断载荷至少为 25kN 的证明，则应设置能使自动扶梯或自动人行道在扶手带断带时停止运行的装置。

7. 梯级塌陷保护装置

梯级是运载乘客的重要部件，如果损坏是很危险的，在梯级损坏而下陷时，应有保护措施。在梯路上下曲线段处各装一套梯级塌陷保护装置，当梯级因损坏而塌陷时，自动扶梯停止运行。排除故障并复位后，自动扶梯重新运转。梯级塌陷保护装置如图2-61所示。

图 2-61　梯级塌陷保护装置

8. 围裙板安全装置

自动扶梯正常工作时，围裙板与梯级间保持一定间隙，单边不应大于4mm，两边之和不应大于7mm。如果自动人行道的围裙板设置在踏板或胶带之上，则踏板表面与围裙板下端间所测得的垂直间隙不应超过4mm。踏板或胶带的横向摆动不允许踏板或胶带的侧边与围裙板垂直投影间产生间隙。为保证乘客乘行自动扶梯的安全，使梯级与围裙板之间夹持异物的危险降为最小的一种附加装置，称为防夹装置。其工作原理是在围裙板的背面安装C型钢，离C型钢一定距离处设置开关。当异物进入围裙板与梯级之间的缝隙后，围裙板发生变形，C型钢也随之移动，达到一定位置后，碰击开关，自动扶梯立即停车。围裙板安全装置如图2-62所示。

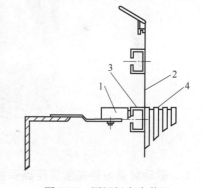

图 2-62　围裙板安全装置
1—开关　2—围裙板　3—C型钢　4—梯级

9. 梯级间隙照明装置

在梯路上下水平区段与曲线区段的过渡处，梯级在形成阶梯或在阶梯的消失过程中，乘客的脚往往踏在两个梯级之间而发生危险。为了避免上述情况的发生，在上下水平区段的梯级下面各安装一个绿色荧光灯，使乘客经过该处看到荧光灯时，及时调整在梯级上站立的位置。

10. 电动机保护装置

当超载或电流过大时，热继电器自动断开使自动扶梯停车，在充分冷却后，保护装置自动复位。直接与电源连接的电动机应进行短路保护。该电动机还应采用手动复位的断路器进行过载保护。该装置应切断电动机的所有供电电源。

当电源相位接错或相位脱开时，自动扶梯应不能运行。

11. 紧急停止装置

紧急停止装置应当设置在自动扶梯或自动人行道出入口附近明显且易于接近的位置。紧急停止装置应当为红色，有清晰的永久性中文标识；如果紧急停止装置位于扶手装置高度的1/2以下，应当在扶手装置1/2高度以上的醒目位置张贴直径至少为80mm的红底白字"急停"指示标记，箭头指向紧急停止装置。紧急停止装置如图 2-63 所示。

图 2-63　紧急停止装置

对于提升高度超过 12m 的自动扶梯及使用区段长度超过 40m 的自动人行道应增设附加停止装置，并使各附加停止装置距离分别不超过 30m 和 40m。在遇有紧急情况时，按下开关，即可立即停车。

未设置主开关的驱动站和转向站应设置停止自动扶梯或自动人行道运行的停止开关。停止开关应能切断驱动主机电源并使工作制动器制动。

12. 非操纵逆转保护装置

该装置应该在梯级改变规定运行方向时动作，使自动扶梯自动停止运行，重新启动后方能改变运行方向。非操纵逆转保护装置如图 2-64 所示。

图 2-64　非操纵逆转保护装置

13. 驱动装置与转向装置距离保护装置

驱动装置与转向装置之间应有保护装置，当它们之间的距离缩短时，自动扶梯或自动人行道应自动停止运行。

14. 围裙板防夹装置

为防止梯级与围裙板之间夹住异物，在自动扶梯的围裙板上应当装设符合以下要求的围裙板防夹装置：

1）由刚性和柔性部件（例如毛刷、橡胶型材）组成。

2）从围裙板垂直表面起的突出量应最小为 33mm，最大为 50mm。

3）刚性部件应有 18～25mm 的水平突出，柔性部件的水平突出应为最小 15mm，最大 30mm。

4）在倾斜区段，围裙板防夹装置的刚性部件最下缘与梯级前缘连线的垂直距离应在 25 ~ 30mm 之间。

5）在过渡区段和水平区段，围裙板防夹装置的刚性部件最下缘与梯级表面最高位置的距离应在 25 ~ 55mm 之间。

6）刚性部件的下表面应与围裙板形成向上不小于 25° 的倾斜角，其上表面应与围裙板形成向下不小于 25° 的倾斜角。

7）围裙板防夹装置的末端部分应逐渐缩减并与围裙板平滑相连。围裙板防夹装置的端点应位于梳齿与踏面相交线前（梯级侧）不小于 50mm，最大 150mm 的位置。

围裙板防夹装置如图 2-65 所示。

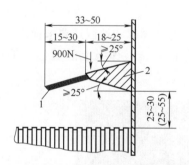

图 2-65　围裙板防夹装置
1—柔性部件　2—刚性部件

15. 扶手带速度监测装置

扶手带正常工作时应与梯级同步，如果扶手带速度与梯级（踏板、胶带）速度相差过大，作为重要的安全设施的活动扶手就会失去意义，特别是在扶手带过分慢时，会将乘客的手臂向后拉。为此，应当设置扶手带速度监测装置，当扶手带速度偏离梯级（踏板、胶带）实际速度大于 -15% 且持续时间大于 15s 时，该装置应使自动扶梯或自动人行道停止运行。扶手带速度监测装置如图 2-66 所示。

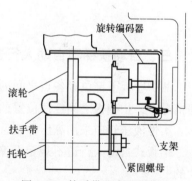

图 2-66　扶手带速度监测装置

16. 梯级缺失保护装置

1）自动扶梯和自动人行道应当通过装设在驱动站和回转站的装置检测梯级或踏板的缺失，并应在缺口（由梯级或踏板丢失而导致的）从梳齿位置出现之前停止。

2）该装置动作后，只有手动复位故障锁定，并操作开关或检修控制装置才能重新启动自动扶梯或自动人行道。即使电源失电或电源恢复，此故障锁定应始终保持有效。

梯级缺失保护装置如图 2-67 所示。

（二）辅助安全装置

辅助安全装置包括机械锁紧装置、梯级上的黄色边框等。

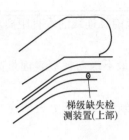

图 2-67　梯级缺失保护装置

1. 机械锁紧装置

在自动扶梯运输过程中或长期不用时，为保险起见，按用户要求可将驱动机组锁紧。

2. 梯级上的黄色边框

梯级是运载乘客的重要部件，为确保乘客安全，有的国家和地区还要求梯级上具备黄色边框，以告知乘客只能踏在非黄色边框区域，以保证安全。梯级上的黄色边框如图 2-68 所示。

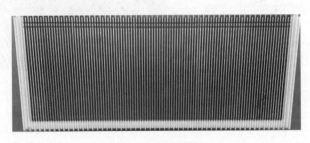

图 2-68　梯级上的黄色边框

三、自动扶梯和自动人行道相关知识

两护壁板下部位置各点之间的水平距离不应大于其上部对应点位置间的水平距离。在任何情况下，护壁板之间任何位置的水平距离不应小于两扶手带之间的水平距离。

柔性液压管应采用高压橡胶管，满负载压力相对于爆裂压力的安全系数应不小于 8。

踏板式自动人行道不规定曲率半径，因为两个相邻踏板之间的最大允许间隙总是足够大的。

对于相互邻近平行或交错设置的自动扶梯，扶手带的外缘间距离至少为 120mm；对于倾斜角不大于 6°的自动人行道，允许有较大的宽度。对于倾斜式自动人行道，若出入口不设水平段，其扶手带延伸段的倾斜角允许与自动人行道的倾斜角相同。

自动扶梯的梯级固定在链条上运行，自动扶梯梯级踏板表面在工作区段应是水平的。自动扶梯梯级在出入口处应有导向，使其从梳齿板出来的梯级前缘和进入梳齿板梯级后缘应有一段不小于 0.8m 长的水平移动距离。

胶带式自动人行道从倾斜区段到水平区段过渡的曲率半径最小不小于 0.4m。

自动扶梯或自动人行道的围裙板设置在梯级、踏板或胶带的两侧，任何一侧的水平间隙不应大于 4mm，在两侧对称位置处测得的间隙总和不应大于 7mm。

围裙板应垂直，围裙板上缘或内盖板折线底部或围裙板防夹装置刚性部分的底部与梯级前缘的连线、踏板或胶带踏面之间的垂直距离不应小于 25mm。

在工作区段内的任何位置，从踏面测得的两个相邻梯级或两个相邻踏板之间的间隙不应大于 6mm。

在水平运动区段内，两个相邻梯级之间的高度差最大允许为 4mm。

在额定频率和额定电压下，梯级、踏板或胶带沿运行方向空载时所测得的速度与名义速度之间的最大允许偏差为 ±5%。

当自动扶梯或自动人行道的驱动电动机是由电动机驱动的直流发电机供电时，发电机的驱动电动机应设置过载保护。

普通自动扶梯启动时采用星形转三角形联结，以降低启动电流。

自动扶梯或自动人行道的工作制动器与梯级、踏板或胶带驱动装置之间的连接应优先采用非摩擦传动元件。

自动扶梯或自动人行道及其周边尤其是在梳齿板的附近应有足够和适当的照明。

电气照明装置和电源插座的电源应与驱动主机电源分开，并由单独的供电电缆或由接在自动扶梯或自动人行道电源总开关之前的分支电缆供电。

如果自动扶梯或倾斜式自动人行道的电源发生故障或安全回路失电，允许附加制动器和工作制动器同时动作。

在自动扶梯的速度超过名义速度 1.4 倍之前或在梯级、踏板或胶带改变其规定运行方向时，自动扶梯的附加制动器对驱动主轴起作用。

自动扶梯和倾斜式自动人行道的附加制动器应为机械式的。自动扶梯和倾斜式自动人行道的附加制动器在梯级、踏板或胶带改变其规定运行方向的情况下起作用。

超速保护装置是一种直接作用的离心装置，当自动扶梯超速时，将其断电并制动。超速保护装置是自动扶梯主机的一部分。在离心力下运行，当电动机的实际速度超过名义速度的 1.2 倍之前动作。

所有自动扶梯底坑内应设置电源插座，同时需要使用漏电保护器。

第三章
电梯作业安全技术

电梯的运行条件及工作原理

一、运行条件

1）机房内的空气温度应保持在 5~40℃。

2）运行地点的空气相对湿度在最高温度为 40℃时不超过 50%，在较低温度下可有较高的相对湿度，最湿月的月平均最低温度不超过 25℃，该月的月平均最大相对湿度不超过90%。若有可能在电气设备上产生凝露，应采取相应措施。

3）供电电压相对于额定电压的波动应在±7%范围内。

4）环境空气中不应含有腐蚀性和易燃气体，污染等级不应大于 GB/T 14048.1—2012《低压开关设备和控制设备 第一部分：总则》规定的 3 级。

GB/T 14048.1—2012 中关于污染等级 3 的说明如下：有导电性污染，或由于凝露使干燥的非导电性污染变为导电性的。

5）电梯在投入使用前或者投入使用后 30 日内，使用单位应当向所在地的直辖市或者设区的市的特种设备安全监督部门办理使用登记，并配备安全管理人员和作业人员；与取得相应资质的维保单位签订维保合同进行定期维护保养，使其保持正常的工作状态；在用电梯须在定期检验有效期内。

二、工作原理

（一）电梯的驱动

电梯的驱动有曳引驱动、强制驱动、液压驱动等多种工作方式，目前使用最广泛的是曳引驱动。

曳引驱动电梯安装在机房或井道内的电动机、制动器等组成曳引机，钢丝绳通过曳引轮一端连接轿厢，一端连接对重装置，轿厢与对重的重力使钢丝绳压紧在曳引轮槽内，通过电动机带动曳引轮正反旋转，利用曳引轮槽与钢丝绳之间的摩擦力，带动钢丝绳两端的轿厢和对重做相对运动，在井道中沿导轨上下运行。

液压电梯的工作原理与曳引驱动电梯有很大的不同，采用柱塞式液压缸的液压电梯通过电力驱动的泵传递液压油到液压缸，柱塞通过直接或间接的方式作用于轿厢，实现轿厢上行；通过载荷和轿厢重力的作用电动开启阀门，使液压缸中的液压油流回到油箱，实现轿厢下行。液压电梯主要依靠液压缸推动电梯轿厢，液压缸的行程和速度限制了液压电梯的提升高度和运行速度。液压动力系统效率不高，消耗能量大，造成液压电梯很少被使用。

（二）自动扶梯与自动人行道的驱动

自动扶梯和自动人行道带有循环运行的梯路，梯路可以是梯级或踏板，一系列的梯级或踏板与两根牵引链条连接在一起，在按一定线路布置的导轨上运行。牵引链条绕过上牵引链轮、下张紧装置并通过上、下分支的直线、曲线区段构成闭合环路，上牵引链轮通过减速器等与电动机相连获得动力，驱动梯路循环向上或向下运行。自动扶梯或人行道两旁装有与梯路同步运行的扶手装置，以供乘客扶握之用，是一种持续输送机械。

（三）曳引驱动电梯的结构原理

曳引驱动电梯的结构原理如图 3-1 所示。

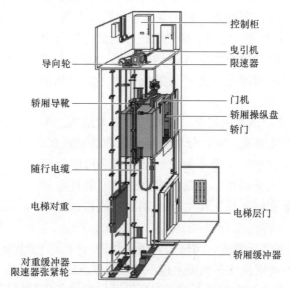

图 3-1　曳引驱动电梯的结构原理

（四）自动扶梯的结构原理

自动扶梯的结构原理如图 3-2 所示。

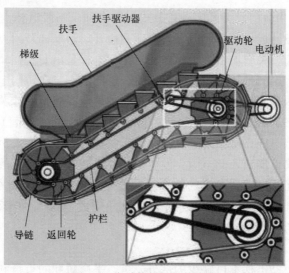

图 3-2　自动扶梯的结构原理

电梯和自动扶梯的主要机械零部件

一、电梯的主要机械零部件

电梯的主要机械零部件有轿厢、对重装置、导轨和导靴、钢丝绳、曳引轮、补偿装置等。

（一）轿厢的组成

轿厢由轿厢架、轿底、轿壁、轿顶、轿门和轿厢护脚板等组成，如图3-3所示。除杂物电梯外，轿厢内部净高不应小于2m。轿厢内铭牌一般会标有制造商、额定载重量和载客人数。

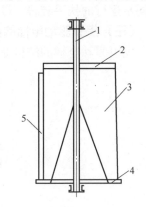

图3-3　轿厢的基本结构
1—轿厢架　2—轿顶　3—轿壁
4—轿底　5—轿门

1）轿厢架：一般由上梁、立柱、底梁和拉杆组成。轿厢架是轿厢的承载结构，轿厢的负荷由它传递到曳引绳。当安全钳动作或蹲底撞击缓冲器时要承受由此产生的反作用力，因此轿厢架要有足够的强度。

2）轿底：是轿厢支撑载荷的组件，由底板和框架组成，框架由型钢或钢板压制焊接而成。轿底分为普通轿底和活动轿底。一般乘客电梯在轿厢底盘和轿厢架下梁之间常设置有可起缓冲作用的减振胶垫，组成活动轿底，提高乘客舒适感。载货电梯一般是普通轿底，底盘和轿厢架下梁之间采用刚性连接，无减振装置。

3）轿壁：一般用薄钢板制成，与轿底、轿顶和轿门构成一个封闭的空间，表面用喷涂或贴膜装饰。也有用不锈钢板或在钢板上包不锈钢板制成的轿壁。

4）轿顶：一般也由薄钢板制成，前端要装设开门机构和安装轿门，要求结构有足够的强度。轿顶上还装设检修控制装置、门机及其控制盒等装置，并在其上进行检修、维护保养等工作。在轿顶的任何位置上，应能支撑两个人的体重。在轿顶应装设护栏，以防止人员操作不当坠落。

5）轿门：可分为中分门、旁开门、直分式门等多种。一般电梯上只有一道轿门，但也有一些电梯根据需要设计成贯通开门或左右两侧两边开门。电梯开门方式分手动门和自动门两种。手动门电梯开门、关门均由人工操作，自动门电梯是由安装在轿顶的门机直接拖动轿门，即轿门是主动门，层门是从动门。开关门时，层门由安装在轿门上的开门门刀插入层门锁上的开锁滚轮间隙内，实现开锁断电，并使轿门和层门同时打开或关闭。

6）轿厢护脚板：若轿厢不平层（如轿厢地面位置高于层站地面），在轿厢地坎与层门地坎之间存在间隙，当电梯在层站附近发生故障无法运行时，轿内人员扒开轿门并开启层门自救，由轿内跳出时脚可能踏入此空隙，发生坠落井道的人身伤害事故。在轿厢地坎上装有护脚板，其宽度应等于相应层站入口的整个净宽度。护脚板的垂直部分高度不小于0.75m，垂直部分以下成斜面向下延伸，斜面与水平面的夹角应大于60°。护脚板可以起到一定的遮挡作用，以防止人员自救时坠入井道。

（二）对重装置

对重装置是曳引驱动电梯不可缺少的部分，可以平衡轿厢的重量和部分载荷重量，减少电动机功率和改善电梯曳引性能。对重装置位于井道内，通过曳引绳经曳引轮与轿厢连接，在电梯运行过程中，对重装置通过对重导靴在对重导轨上滑行。

对重装置由对重架、对重块、对重导靴、对重定位铁等组成。对重块装入对重架后必须固定牢固，以防止电梯在运行中发生窜动而产生噪声。此外，还应有能够快速识别对重块数量的措施，例如标明对重块的数量或者总高度。

（三）导轨和导靴

导轨和导靴组成电梯的导向系统。当轿厢和对重在曳引绳拖动下沿导轨作上下运动时，导向系统将轿厢和对重限制在导轨之间，不会在水平方向前后左右摆动。

导轨的功能并不是支承轿厢和对重的重量，导轨是安全钳的支撑件，能承受安全钳动作时对导轨施加的作用力。

导靴设置在轿厢架和对重装置上，使轿厢和对重沿导轨运行。电梯的轿厢和对重一般安装四个导靴。

（四）钢丝绳

电梯曳引绳一般称为钢丝绳，用于悬挂轿厢和对重，并利用曳引轮和钢丝绳之间的摩擦力驱动轿厢和对重运行。钢丝绳是电梯的重要部件，也是易损件之一。钢丝绳是由若干钢丝先捻成股，再由若干股捻成绳，中心还有用纤维或金属制成的绳芯，以保持钢丝绳的断面形状和储存润滑剂。一般钢丝绳都是圆股型钢丝绳，按绳中钢丝绳接触的状态分为点接触钢丝绳、线接触钢丝绳和面接触钢丝绳。点接触钢丝绳是由相同直径的钢丝捻制而成，挠性差，使用寿命短。线接触钢丝绳由不同直径的钢丝捻制而成，内部钢丝之间接触成线状，钢丝间的挤压应力比点接触钢丝绳小得多，挠性好，使用寿命长。面接触钢丝绳由不同截面的异形钢丝组成，一般用于特种用途。电梯一般采用线接触钢丝绳。

图 3-4 所示为钢丝绳的结构。

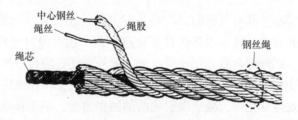

图 3-4　钢丝绳的结构

电梯钢丝绳应符合以下要求：

1）钢丝绳公称直径不小于 8mm。

2）钢丝绳抗拉强度：对于单强度钢丝绳，宜为 1570MPa 或 1770MPa；对于双强度钢丝绳，外层钢丝宜为 1370MPa，内层钢丝宜为 1770MPa。

3）悬挂钢丝绳的安全系数：对于用三根或三根以上的钢丝绳的曳引驱动电梯为 12，对于用两根钢丝绳的曳引驱动电梯为 16。

4）钢丝绳与其端接装置的结合处，至少应能承受钢丝绳最小破断载荷的 80%。

（五）曳引轮

曳引轮的作用是利用和钢丝绳的摩擦力来传递动力，并且要承受轿厢、对重、载荷以及钢丝绳和随行电缆等的全部重量。

曳引轮采用耐磨性较好的球墨铸铁制造，安装在曳引机的主轴上。轮缘上设有绳槽，绳槽的截面形状对电梯曳引能力有很大影响。绳槽通常有三种形式：半圆形槽、半圆形带切口槽和V形槽。半圆形带切口槽产生的摩擦力比较适中，有利于延长钢丝绳和曳引轮的使用寿命，是目前电梯上应用最为广泛的一种。

图 3-5 所示为曳引轮。

图 3-5　曳引轮

曳引轮的大小直接影响到电梯的运行速度。钢丝绳在曳引轮槽中来回运动，反复折弯，如果曳引轮过小，钢丝绳必然容易因金属疲劳而损坏，所以要求曳引轮的节圆直径与钢丝绳的公称直径之比不应小于 40。

（六）补偿装置

电梯在运行时，轿厢侧和对重侧的钢丝绳长度不断发生变化。当轿厢位于最低位置时，对重升至最高位置，此时钢丝绳基本都转移至轿厢一侧，钢丝绳自重作用于轿厢侧；反之，当轿厢位于最高层时，钢丝绳自重作用于对重侧。此外，还有随行电缆的自重也会给轿厢和对重两侧的平衡带来变化。钢丝绳和随行电缆的重量动态地分摊在曳引轮两侧，使曳引轮两侧钢丝绳的张力不断发生变化。为减少曳引轮两侧的张力差，采用补偿装置来补偿上述张力变化。

补偿装置的形式有补偿链、补偿绳、补偿缆三种。

二、自动扶梯的主要机械零部件

自动扶梯的主要机械零部件有梯级、梯路导轨、扶手装置、梳齿板、驱动装置、张紧装置、润滑装置等。

（一）梯级

梯级是供乘客站立的特殊结构型式的四轮小车，各梯级的主轮轮轴与梯级链活套在一起，这样可以做到梯级在上分支路保持水平，在下分支进行翻转。在一台自动扶梯中，梯级是数量最多的部件，又是持续运动的部件，一台自动扶梯的质量在很大程度上取决于梯级的结构和质量，对梯级的要求是自重轻、工艺性能好、拆卸维修方便。

梯级有整体式和分体式两种。整体式梯级由铝合金压铸而成，其精度高，自重轻，加工速度快。分体式梯级由踏板、梯板、支架等部分拼装组合而成，重量大，精度差。

梯级的几何尺寸包括梯级宽度、梯级深度、主轮和辅轮基距、轨距（也就是主轮间距）和梯级间距。

图 3-6 所示为梯级的结构。

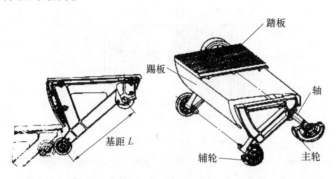

图 3-6　梯级的结构

（二）梯路导轨

自动扶梯的梯级沿着金属结构内按一定要求设置的多根导轨运行，以形成阶梯、平面和进行转向。

自动扶梯的梯路导轨包括主轮工作导轨、主轮返回导轨、辅轮工作导轨、辅轮返回导轨、卸载导轨、上下端部转向导轨和压轨等。其中，主、辅轮导轨的轨迹称为梯路，是一个由前进侧导轨和返回侧导轨组成的供梯级运行的封闭循环导向系统。前进侧导轨用于运输乘客，是工作导轨，返回侧导轨是非工作导轨。工作导轨必须保证梯级具有以下特征：梯级踏板在工作分支各个区段应严格保持水平，不能绕自身轴转动，在倾斜区段内各梯级应呈阶梯状；在上下曲线段，各梯级应有从水平到阶梯状态的逐步过渡过程；相邻两梯级的间隙在梯级运行过程中应保持恒值，它是保证乘客安全的必备条件；梯级在前进中必须防止跑偏。

自动扶梯主机放置的位置有多种形式，目前最常见的是上端部轮式驱动机构，所以这里就上端部轮式驱动结构对上、下端部转向导轨的结构进行介绍。当牵引链条通过上端部梯级链轮转向时，梯级主轮已经不需要转向导轨，但梯级辅轮经过上端部时仍需要转向导轨，即梯级辅轮的上端部转向导轨装置和上端部梯级链轮构成自动扶梯上端部转向系统。下端部转向导轨结构根据梯级链张紧装置结构的不同大体分为两种：一种是链轮式张紧装置的下端部转向导轨，采用链轮张紧，称为滚动式张紧装置的下端部转向导轨；另一种是圆弧导轨式张紧装置的下端部转向导轨，采用圆弧导轨张紧，称为滑动式张紧装置的下端部转向导轨。

导轨支架用来支承导轨及其上的载荷，有角钢型和钣金型两种。

（三）扶手装置

扶手装置位于自动扶梯两侧，是对乘客起安全防护作用，便于乘客站立时扶握的部件。扶手装置主要由护壁板、围裙板、内外盖板、扶手带及传动系统组成，如图 3-7 所示。

扶手带的速度与梯级的速度保持同步。按标准规定，扶手带的运行速度相对于梯级、踏板或者胶带实际速度的允许偏差为 0~2%。扶手带与梯级为同一装置驱动，通过驱动主轴上的双排驱动链轮将动力传递给扶手带驱动轴。

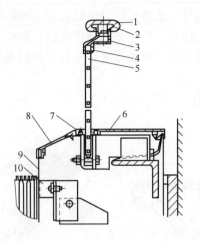

图 3-7　扶手装置的结构

1—扶手带　2—扶手带导轨　3—扶手带支架　4—玻璃垫条　5—护壁板
6—外盖板　7—内盖板　8—斜盖板　9—围裙板　10—安全保护装置

(四) 梳齿板

为了确保乘客上下自动扶梯的安全，必须在自动扶梯进出口处设置与梯级或踏板相啮合的部件，其一般由工程塑料或铝合金制成。

梳齿板是梯级进入到上下两端出入口处的静止立足面下面的一个由运动状态转换到静止状态的过渡装置，用于保证运动的梯级踏面齿槽与固定立足面之间的间隙尽可能地小，降低摩擦系数，以避免将站立在梯级上人的脚、鞋或裤脚等夹入缝隙造成伤害。

(五) 驱动装置

驱动装置是自动扶梯的动力源，它通过牵引构件将主机旋转提供的动力传递给驱动主轴，由驱动主轴带动梯级链轮以及扶手链轮，从而带动梯级和扶手运行。驱动装置一般由电动机、减速器、制动器、牵引构件及驱动和回转主轴等组成。一些提升高度大的自动扶梯，常采用两台驱动主机进行驱动。

(1) 驱动装置的分类　按驱动装置在自动扶梯内的位置可分为端部驱动装置、中间驱动装置和分离机房驱动装置三种。端部驱动装置安装在上部机房内，以牵引链条为牵引构件。牵引链条的结构如图 3-8 所示。端部驱动结构是最为常见的驱动方式，具有制造工艺成熟、方便维修等特点。

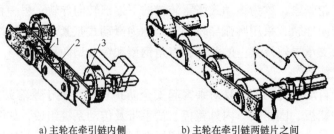

a) 主轮在牵引链内侧　　　　　b) 主轮在牵引链两链片之间

图 3-8　牵引链条的结构

1—链片　2—套筒　3—主轮

中间驱动装置安装在自动扶梯斜行段中部位置，以牵引齿条作为牵引构件。这种结构可节省端部驱动装置所占用的机房空间，简化了自动扶梯的两个端部结构，最大的特点是可进行自动扶梯的多级驱动，即在提升高度大时，可设置几组驱动装置。

分离机房的驱动装置和控制柜安装在自动扶梯金属结构以外的专用房间内，通过链或皮带来驱动。当受建筑物结构的限制不能在金属结构内设置机房或金属结构内不能安装大提升高度的驱动主机的情况下才采用该形式。

（2）电动机　自动扶梯及自动人行道的电动机一般采用三相异步电动机，按结构型式可分为立式和卧式，按电动机在桁架上的布置与固定位置可分为内置式安装和外置式安装。目前电动机大多安装在桁架的上部机房中，所以大部分自动扶梯都是采用桁架内置式安装。

（3）减速器　自动扶梯常用的驱动主机减速器有蜗轮蜗杆传动、齿轮传动、蜗轮蜗杆加斜齿轮传动三种。减速器必须具有足够的强度，以防止在使用中发生断裂；此外还要重视提高传动效率，以降低能耗。

（4）制动器　安装在主机上的制动器又称为工作制动器。自动扶梯的制动器都是机电式制动器，以持续的通电保持正常释放，制动器电路断开后，制动器立刻制动。自动扶梯上常用的制动器有鼓式、带式和盘式三种。

（5）附加制动器　在设置附加制动器时，附加制动器与梯级、踏板或胶带驱动装置之间应用轴、齿轮、多排链条或多根单排链条连接，不允许使用摩擦传动元件构成的连接。附加制动器动作时应强制切断控制电路，制动性能应使具有制动载荷向下运行的自动扶梯或自动人行道有效地减速停止，并保持静止状态，制动减速度不超过 $1m/s^2$，不必保证对工作制动器所要求的制停距离。

（六）张紧装置

梯级链条的张紧装置是一个可移动的装置，它在压缩弹簧的作用下给梯级链一个预张力，使其始终处于被张紧的状态。张紧装置上安装有梯级的回转导轨，梯级在这个位置产生回转运动。张紧装置可分为滚动式和滑动式两种，二者的区别是滑动式张紧装置没有链轮，通过安装在滑动架上的回转导轨的移动，以对梯级的张紧间接地对梯级链进行张紧。

（七）润滑装置

自动扶梯是一种连续运行的机械运输设备，因此对各机件的润滑具有十分重要的意义。自动扶梯具有两种润滑装置：一种是普通润滑装置，它依靠重力作用进行滴油润滑，油量大小可以通过电磁阀来调节；另一种是自动润滑系统，它通过电气控制系统调节油泵、电磁阀来达到控制油量大小和加油时间的目的，从而根据实际需要使润滑按预定周期工作，也可以对油泵及系统的开机、关机时间进行控制，对系统压力、油箱液位进行监控和报警，对系统的工作状态进行显示等。

第三节　电梯和自动扶梯的机械安全保护装置

一、电梯的机械安全保护装置

电梯的安全保护首先应是对人员的保护，同时也要对电梯本身、所运载的物资和建筑物进行保护。电梯可能发生的危险有人员被挤压、撞击、剪切，轿厢超行程冲顶或蹲底等。电梯设置了多种机械安全保护装置来避免或减少安全事故的发生。电梯的机械安全保护装置参考第二章相关内容,在此仅作相关补充。

(一)门锁装置

为保证电梯门的可靠闭合和锁紧,禁止层门和轿门被随意打开,电梯设置了层门门锁装置以及验证门扇闭合的电气安全装置,习惯称为门锁。

1. 层门门锁装置

电梯在工作状态时,各层层门都被门锁锁住,保证人员不能从层站外部将层门扒开,以防止人员坠落井道。门锁由底座、锁钩、钩挡、施力元件、电气安全触点、滚轮组成。门锁要十分牢固,在锁紧处沿开门方向施加 1000N 的力无永久变形,所以锁紧元件(锁钩、钩挡)应耐冲击,用金属制造或加固。

锁钩的啮合深度(钩住的尺寸)是由施力元件和锁钩的重力保证的,标准要求啮合深度至少为 7mm。施力元件一般是弹簧或重块。

电气安全触点是验证锁紧状态的重要安全装置,要求与机械锁紧元件(锁钩)之间是直接连接和不会误动作的,一般使用的是簧片式或插头式电气安全触点。安全触点的动作,应由断路装置将其可靠地断开,甚至两触点熔接在一起也应断开。

2. 轿门门锁装置

轿门一般只设有验证门扇闭合的电气安全装置,为防止轿门被打开,必要时轿门也设置了门锁装置。轿门门锁装置在形式上与层门门锁装置相同。

3. 轿门开门限制装置

为了限制轿厢内人员开启轿门,轿门上设置开门限制装置,目的是在电梯困人时防止人员盲目自救,扒开轿门坠入井道。开门限制装置的要求如下:轿厢运行时,开启轿门的力应大于 50N;轿厢在开锁区域(开锁区域不应大于层站地平面上下 0.2m)之外时,在开门限制装置处施加 1000N 的力,轿门开启不能超过 50mm。

(二)夹绳器

夹绳器多安装于驱动主机附近,由上行超速动作机构的限速器来控制。当轿厢上行超速时,限速器上行超速机构动作,传动到夹绳器,夹绳器动作,将曳引钢丝绳夹紧,使轿厢制停。常见的夹绳器按照其夹持钢丝绳的方式进行分类,可分为直夹式夹绳器和自楔式夹绳器。

二、自动扶梯与自动人行道的机械安全保护装置

自动扶梯与自动人行道可能发生的安全事故涉及乘客和安装、调试、维修、检验等人员,针对可能发生的安全事故,自动扶梯除了在结构设计上提高安全性外,还设置了各种机械安全保护装置并以电气控制的方式对设备本身的运行实行了安全控制。自动扶梯与自动人行道的机械安全保护装置参考第二章相关内容,在此仅作相关补充。

(一)超速保护装置

自动扶梯和自动人行道应配置速度限制装置,使其在速度超过额定速度的 1.2 倍之前自动停止运行。超速只发生在自动扶梯下行时,造成超速的原因有驱动链断链等传动元件断裂、打滑,电动机失效等,是设备本身通过结构设计难以避免的。超速发生在满载下行时,速度的加快可能会造成乘客在达到下出口后不能及时离开,而造成人员堆积的情况,由此可

能引发挤压或踩踏事故发生。超速保护装置通常有离心式、电子式、光电感应式三种。

如果自动扶梯或自动人行道的设计能够防止超速，则可以不考虑设置超速保护装置。

超速保护装置动作后，只有手动复位故障锁定，并且操作开关或者检修控制装置才能重新启动。即使电源失电或者电源恢复，此故障锁定应始终保持有效。

（二）制动系统监控装置

自动扶梯应设置制动系统监控装置，当自动扶梯或自动人行道启动后制动系统没有松闸时，使驱动主机立即停止运行。该装置动作后，只有手动复位故障锁定，并且操作开关或者检修控制装置才能重新启动。即使电源失电或者电源恢复，此故障锁定应始终保持有效。

（三）检修盖板和楼层板监控装置

自动扶梯应采取适当的措施，如安装楼层板防倾覆装置、螺栓固定等，防止楼层板因人员踩踏或者自重的作用而发生倾覆、翻转。监控检修盖板和楼层板的电气开关应在移除任何一块检修盖板或者楼层板时动作，如果机械结构能够保证只能先移除某一块检修盖板或者楼层板时，至少在移除该块检修盖板或者楼层板后，电气开关动作。

第四节　电梯的电气安全保护装置

一、曳引驱动电梯的电气安全保护装置

（一）短路保护

在电梯各电路中发生电路短接或带电体与金属外壳短路时会自动切断电路，以防止电气事故发生，确保人身安全。电梯中短路保护主要采用熔断器，总电源装有熔断器，分支电路中也都装有熔断器。

直接与主电源连接的电动机应进行短路保护。

直接与主电路连接的电动机应采用自动断路器进行过载保护，该断路器应能切断电动机的所有供电。

（二）过载保护

电梯过载运行到一定时间，能把电源切断，防止电动机因长期过载运行而损坏。电梯上常采用手动复位的热继电器进行过载保护，当电梯过载运行时，热继电器中元件因电流增加而温度上升，使热继电器中的常闭触头打开，控制被切断，电动机得到了保护。要恢复使用，必须待热继电器降温后手动将热继电器常闭触头复位，电梯才能重新使用。

（三）相序保护

当供给电梯的三相电源出现相位颠倒或有一相断开时，能把电梯电源切断，电梯无法启动。电梯常用相序继电器进行相序和断相保护。

（四）端站保护装置

电梯在井道中运行，为确保轿厢不会撞击井道顶和底坑，必须在井道上部和下部设置端站电气保护装置，一般包括强迫减速开关、限位开关、极限开关，有的电梯只设一个极限开关。

1）强迫减速开关：轿厢高速运行接近端站时，强迫减速开关动作后电气控制系统强行将运行速度减慢。高速电梯井道端站会设有多个强迫减速开关，分级减速。强迫减速后，电

梯仍能够运行。

2）限位开关：轿厢在端站平层后，不允许轿厢再往端部运行，防止轿厢超出行程，发生危险。限位开关动作后，轿厢仍能反方向慢速运行。

3）极限开关：即使限位开关失效，极限开关也能确保轿厢不至冲向井道端部，极限开关动作后，切断安全回路，电梯不能运行。

（五）上行超速保护装置

上行超速保护装置是防止轿厢冲顶的安全保护装置，保护轿内人员、货物、电梯设备和建筑物。上行超速保护装置一般有夹绳器、轿厢上行安全钳、对重安全钳、无齿轮曳引机制动器等。

1）夹绳器多安装在主机曳引轮附近，与限速器配合使用。当限速器上行超速机构动作后，触发夹绳器装置，夹绳器动作，将曳引钢丝绳夹紧，使轿厢制停。

2）轿厢上行安全钳一般安装在轿厢上梁导轨位置，由上行超速动作机构的限速器操纵，轿厢上行超速时，限速器触发安全钳动作，将轿厢夹持在导轨上。

3）对重安全钳一般安装在对重架下端，由上行超速动作触发机构操纵，可使用限速器进行触发，其工作原理与轿厢安全钳类同。轿厢上行超速时，对重向下超速运行，限速器触发对重安全钳动作，将对重夹持在导轨上，使轿厢制停。

4）无齿轮曳引机由于没有中间减速机构，电动机转速与曳引轮转速相同，通常将制动器直接作用于曳引轮上，可以满足轿厢上行超速保护的要求，所以使用永磁同步曳引机不再需要额外增加上行超速保护装置。

（六）门入口保护装置

当乘客在层门和轿门关闭过程中，通过入口时被门扇撞击或将被撞击时，一个保护装置应能自动使门重新开启。门入口保护装置常见的有安全触板和光电式保护装置（光幕）。安全触板动作可靠，但反应速度较慢；光幕反应灵敏，但可靠性较差。有的电梯使用光幕和安全触板二合一的保护系统。

（七）意外移动保护装置

在层门未被锁住且轿门未被关闭的情况下，由于轿厢安全运行所依赖的驱动主机或驱动控制系统的任何单一元件失效引起轿厢离开层站，此时人员出入轿厢时，容易发生剪切事故，电梯应具有防止该移动或使移动停止的装置。该装置一般由制停子系统、检测子系统、自监测子系统三部分组成。

（八）安全回路

电梯控制电路中一般将轿内停止开关、轿顶停止开关、安全钳电气开关、限速器电气开关、夹绳器电气开关、上下极限开关、缓冲器开关、限速器张紧轮电气开关、底坑停止开关、控制柜停止开关、盘车手轮停止开关、检修手柄停止开关串接在同一回路中，并由控制柜主控板进行实时监测，此回路中任何开关处于断开状态时，电梯都不能运行。

（九）门锁回路

电梯所有的层门锁电气开关、轿门锁电气开关或验证轿门关闭的电气开关都串接在同一回路中，并由控制柜内的门锁检测装置进行实时监测，保证任何一扇门打开时，电梯都不能启动或保持继续运行。

二、自动扶梯与自动人行道的电气安全保护装置

（一）电动机保护

直接与电源连接的电动机应采用手动复位的自动断路器进行过载保护，该断路器应切断电动机的所有供电。

直接与电源连接的电动机应进行短路保护。电动机与电源直接连接时，没有加入整流、调压、变频等电子元件或装置。短路是指相线间或相线与零线间直接导通，产生瞬间高温高热，电流急剧增大的现象。短路保护是当电路中发生短路时或电路中电流值接近于短路电流数值时立即切断电源的一种电气安全防护措施。

（二）相位保护

当供给电梯的三相电源出现相位颠倒或有一相断开时，能把电梯电源切断，电梯无法启动。电梯常用相序继电器进行相序和断相保护。当运行与相序无关时，可以不装设错相保护。

（三）紧急停止装置

自动扶梯或自动人行道应有发生紧急情况时使其停止的紧急停止装置，该装置位于自动扶梯或自动人行道的出入口附近、明显并且易于接近的位置。紧急停止装置应为红色，有清晰的永久性中文标识。如果紧急停止装置位于扶手装置高度的 1/2 以下，应当在扶手装置 1/2 高度以上的醒目位置张贴直径至少为 80mm 的红底白字"急停"指示标记，箭头指向紧急停止装置。为方便接近，必要时应当增设附加紧急停止装置。紧急停止装置之间的距离应符合下列要求：自动扶梯；不超过 30m；自动人行道，不超过 40m。

（四）安全回路

自动扶梯或自动人行道有许多电气安全保护装置，将这些电气安全保护装置串接在一起，就构成其安全回路。也可以直接对自动扶梯或自动人行道的电动机、控制电源进行控制。

第五节　电梯作业人员安全操作

一、安全操作规程

（一）基本要求

1）电梯安装维修作业时，必须坚持"安全第一"的原则，有完善的措施保证施工安全。

2）电梯维修人员必须经专业技术培训和考核，取得特种设备的作业人员资格证书后，方可从事相应工作。电梯安装人员虽不需取得作业人员证书，需经过安装单位组织的专业技术培训，方可从事安装工作。

3）电梯安装维修人员需熟练掌握与安装维修工作中使用的吊装、电气、焊接等设备的使用方法，禁止违规违章使用各种设备。

4）安装单位在施工开始前应根据施工现场情况制定施工方案，任命现场安全负责人，负责施工安全管理工作，并对所有施工人员进行安全教育，确保施工安全。安全负责人不在

现场时，可由安装组长负责各组的安全工作。

5）施工操作时必须正确使用防护用品，防护用品包括工作服、安全帽、安全带、防滑手套、防护鞋等。防护用品应专人保管，定期检查，保持完好状态。

6）施工过程中，安装单位应指派专人不定期到现场进行安全检查，及时纠正施工人员的不规范操作，排除施工中的其他安全隐患，防止安全事故的发生。

7）电梯各开口及可能发生坠落部位应设置安全护栏，张贴警示标志，防止人员或其他杂物掉下。

8）电梯在调试过程中，必须有专业人员统一指挥，严禁载客。

9）施工过程中施工人员离开前必须切断各种电源，并挂上"禁止使用"的警告牌，以防他人开用电梯。

（二）其他安全要求

1. 安全用电要求

1）电梯安装维修工必须严格遵守电工安全操作规程。

2）进入机房检修时必须先切断电源，并挂上"有人工作，切勿合闸"的警告牌。

3）施工现场应使用合格的配电箱，杜绝在施工现场乱拉、乱接电线现象。

4）施工人员应随身携带验电笔等必要工具，进行接电作业时应确保在无电状态下进行。

2. 安全防火要求

1）根据现场环境配置灭火设备。对于进行焊接作业的场所必须配备灭火器，作业后应仔细检查现场，确认没有火灾隐患后才能离开现场。

2）对于各种易燃物品，应妥善保管，并由专人管理和存放。

3）进行焊接、切割作业时，必须严格遵守电焊工安全操作有关规定。

4）在易燃、易爆场所施工时，应仔细确认所用设备等是否满足防爆要求。

3. 机房、井道、底坑安全要求

1）安装电梯时，电源进入电梯机房，必须通知所有有关人员。机房里起重吊钩应用红漆标明允许最大起吊吨位。

2）机房内各预留孔洞必须用板和其他物件盖好，防止电梯零件、工具、杂物等从孔洞中坠落，发生伤人事故。

3）在控制柜内临时短接门锁检查电路时，应有两人进行，故障排除后，应立即拆除短接线，防止电梯开门运行，发生剪切、坠落事故。

4）进行短接操作时，必须切断电源，严禁带电操作，防止发生触电事故。同时应仔细查看电气原理图，防止短接错误位置，再次上电时损坏电梯。

5）电梯处于检修停用状态，应确认无乘客在轿厢内。

6）在一楼和作业楼层开口部位设置警示护栏，确认无第三者误入。

7）开启层门时先确认轿厢是否在该楼层，应稳定重心小心进入。

8）进行维修作业时至少两人一组。

9）安装导轨及轿厢架等劳动强度大的部件，必须配备好人力，由专人负责统一指挥，采取安全防护措施，做好安全防护工作。

10）井道内施工人员必须上下呼应、密切配合，井道内照明必须有足够亮度。

4. 吊装作业安全操作

1）使用的吊装工具与设备，如卷扬机、手拉葫芦、钢丝绳、滑轮、吊装带等应严格仔细检查，确认完好方可使用。在吊装前必须充分估计重量，选用相应的吊装工具。

2）吊装前应准确选择好安装吊装工具的位置，确保能安全地承受吊装的最大负荷。吊装时，施工人员应站在安全位置上进行操作。

3）进行吊装作业时，吊装区域下面不得有人同时施工。

4）吊装工人应经过培训，并严格按照相应规程进行操作。

（三）乘客被困电梯时的救援方法

1. 有机房电梯救援

1）在接到被困乘客的救援电话时，初步了解被困乘客的情况，并设法安慰被困乘客，告知乘客耐心等待，不要采取自救措施。

2）必须至少有两名维修作业人员赶到现场，在使用单位处取得电梯机房门钥匙以及救援用的三角钥匙。

3）根据楼层指示灯或打开层门判断轿厢所在位置，按程序救援乘客。

4）救援人员迅速赶到电梯机房，用对讲机通知轿厢内被困乘客："不要惊慌，救援人员正在施救，不要靠近轿门，电梯移动时不要惊慌。"

5）电梯有电时，查看能否用电梯的检修或紧急电动功能移动轿厢，若可以，可将轿厢运行至平层区后打开电梯门救援；若不能移动轿厢或电梯无电时，切断主电源开关，然后使用机房内的手动紧急操作装置实施盘车救人程序。

6）救出被困乘客后，维修人员应排除电梯故障后才可将电梯恢复正常运行。

2. 无机房电梯救援

无机房电梯的救援方法与有机房电梯大致相同。无机房电梯一般靠装设在顶层层门附近的控制柜或紧急操作屏内的紧急操作和动态测试装置实施救援。紧急操作装置有电动式或机械式松闸两种，用于移动轿厢。如果轿厢质量与对重重量在相对平衡状态，松闸后轿厢无法移动，应按照电梯厂家规定的方法实施操作。

3. 液压电梯救援

液压电梯机房内设有手动紧急操作的紧急下降阀，即使在失电的情况下，允许使用该阀使轿厢下降至平层位置，以疏散乘客。紧急下降阀应该由持续的人力来操作，并有误操作防护。对于有可能松绳或者松链的间接作用式电梯，手动操作该阀应不能使柱塞下降从而造成松绳或松链。

二、自动扶梯、自动人行道现场作业安全要求

（一）吊装作业安全要求

1）吊装作业应由专业吊装人员进行操作。

2）起吊时，所用的吊带（索具）应有足够的安全系数，起吊物重量不应该超过起重设备的额定负荷。

3）起重时，闲杂人员不应靠近，起重区域下面严禁站人。

4）在每次使用前，所有的起重设备均需经过目测检查是否存在不合格的地方，对有问题的设备，应立即停止使用。

5）在悬挂物可能摇晃或通过限制的区域时，应使用尾绳和导索。

（二）工地现场作业安全要求

1）工作开始前，应在自动扶梯和自动人行道的出入口处设置有效的护栏，警告和防止无关人员误入工作区域。

2）维修作业应确保自动扶梯和自动人行道上没有乘客，才可以停止自动扶梯和自动人行道的运行。

3）在进行工作前，自动扶梯和自动人行道的主电源开关和其他电源开关应置于关闭位置，上锁悬挂标签并测试和验证有效。

4）当一节或多节梯级被拆除，不允许乘用自动扶梯和自动人行道。

（三）驱动站和转向站作业安全要求

1）进入驱动站和转向站应按下停止开关。

2）提供充足的照明以保证安全进出和工作，控制开关应在靠近每个入口的地方。

3）要配备一个电源插座以备使用电动工具。

4）进入驱动站和转向站工作时，入口处应设置有效的防护装置。

5）对于重载的自动扶梯和自动人行道的电动机、齿轮箱，应采取预防措施以防止在高温情况下接触到这些设备，在可能达到高温的机器上应贴上警示标识。

第六节　电梯的检查维修制度

一、电梯的日常检查

使用单位负责电梯安全管理工作的人员进行电梯的日常检查、巡查工作，并做好记录。检查工作可包含电梯的启动运行是否正常，机房内运转部件是否有异常噪声和振动，轿厢内照明、通风、报警装置的功能是否正常等。检查时发现危及安全的问题时，应立即停止电梯的运行，并及时报告单位负责人，待问题消除后方可将电梯再次投入使用。

二、电梯的定期维护保养

（一）电梯维保的分类与要求

根据不同检查保养的间隔日期和保养目的、内容要求，常把检修工作分为半月保养、季度保养、半年保养和年度保养四种。维保单位应根据维护保养细则和安装使用维护说明书的规定，并根据所保养电梯的使用特点，制订合理的维保计划与方案，对电梯进行清洁、润滑、检查，调整、更换不符合要求的易损件，使电梯达到安全要求，保证电梯能够正常运行。现场维保时，如果发现电梯存在的问题需要通过增加维保项目予以解决，维保单位应当相应增加并且及时修订维保计划与方案。当通过维保或自行检查，发现电梯仅依据合同规定的维保内容已经不能保证安全运行，需要改造、修理（包括更换零部件）、更新电梯时，维保单位应当书面告知使用单位。

维保单位进行电梯维保，应当进行记录，记录至少包括以下内容：

1）电梯的基本情况和技术参数，包括整机制造、安装、改造、重大修理单位名称，电梯品种（型式），产品编号，设备代码，电梯型号或者改造后的型号，电梯基本技术参数。

2）使用单位、使用地点、使用单位内部编号。

3）维保单位、维保日期、维保人员（签字）。

4）维保的项目（内容），进行的维保工作，达到的要求，发生调整、更换易损件等工作时的详细记载。

维保记录应当经使用单位安全管理人员签字确认。

（二）电梯检查修理时的用电安全要求

1）在电梯进行定期检验时，电梯轿厢内不可载客或装货，同时应在层门口、轿内操纵盘、机房控制柜等处，悬挂"检修停用""不许合闸""正在修理，不可开动"等内容的警告牌。试车时应有专人统一指挥，根据指挥人员所发的指令，才能摘去警告牌开动电梯。

2）电梯进行检查、试验、修理、清洁工作时应将机房电源开关断开，以保证安全。

3）电梯检查维修时，必须使用 36V 以下的安全电压，为此电梯机房、井道的底坑、轿顶都应装有供检修用的低压电源插座。

4）电梯所有电气设备的金属外壳应有良好的接地，电气设备、柜、屏、箱、盒、槽、管应设有易于识别的接地端，接地线的颜色为黄绿双色绝缘电线，零线与接地线应始终分开。

第四章
电梯的作业工艺

电梯样板架与放线定位知识

一、样板架木料的要求

制作样板架的木料应干燥、不易变形，四面刨平、互成直角，断面尺寸可参照表4-1。

表 4-1 样板架木料断面尺寸

提升高度/m	厚/mm	宽/mm
<20	40	80
20~40	50	100
>40	60	120

注意：制作样板架前必须调阅所安装电梯的最终版营业设计图纸，确认电梯安全钳钳口的尺寸与轿厢导轨开距相符。

二、样板架制作步骤

1. 固定顶部两根木梁

在机房楼板下面 500~600mm 的井道前后方向的墙上，用膨胀螺栓水平地固定四个壁侧支架（前后方向各两个）。把两根木梁沿前后方向分别放在壁侧支架上，用水平尺校正水平后，用木楔块将两根木梁固定。水平方向误差要求≤5mm，若大于此值，可通过在木梁与壁侧支架间垫木片来调整水平，如图 4-1 和图 4-2 所示。

若井道为砖墙结构，则应在安装壁侧支架的位置处，水平地凿四个 150mm×150mm 的孔洞，将木梁放进孔洞并校好水平，用木楔块固定，如图 4-3 所示。

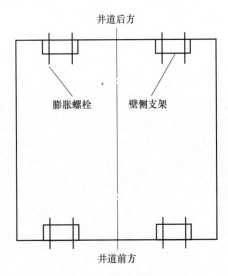

图 4-1 固定壁侧支架

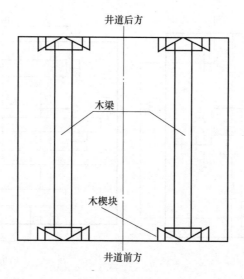

图 4-2　固定木梁

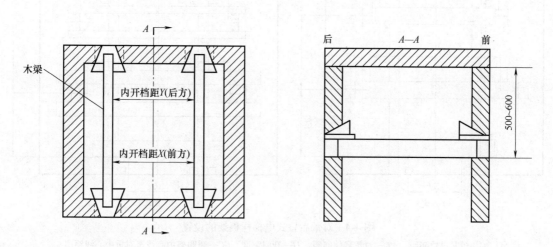

图 4-3　将木梁放进孔洞并校平

2. 确认顶部两根木梁的内开档距

井道前方内开档距 X（层门侧）必须大于开门距；井道后方内开档距 Y（对重侧）设置原则为，最终样板架线的位置不能在木梁投影范围内。

3. 其余样板架的设置

根据所用导轨工装不同，按图 4-4 和图 4-5 设置其余样板架。图中，BG、WG、JJ 根据设计图确定，CC、EE 根据分体式、连杆式导轨校正作业指导书确定。

三、悬挂铅垂线（细钢丝）

1）在样板架上标出轿厢架中心线、门中心线、门口净宽线、导轨中心线，各线的位置偏差不应超过 0.3mm。

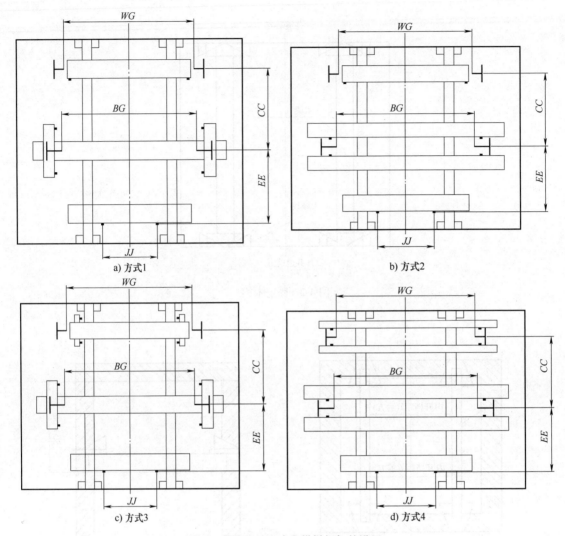

图 4-4　对重后置式电梯样板架的设置

BG—轿厢导轨间距　*WG*—对重导轨间距　*JJ*—开门宽度　*CC*—轿厢架中心线至对重中心线距离

EE—轿厢架中心线至轿门距离

注：轿厢导轨校正工装采用分体式；对重导轨校正工装采用分体式。

2）在样板架放铅垂线的各点处，用薄锯条锯个斜口，并在其旁钉一铁钉，作为悬挂固定铅垂线之用，如图 4-6 所示。

3）在样板架上标记悬挂铅垂线的各处，用 0.4～0.5mm 直径的钢丝挂上 10～20kg 的重锤，放至底坑，并将重锤放进储油容器内，等待其张紧稳定。

四、底部样板架的设置

（1）复核样板架线尺寸　待铅垂线张紧稳定后，确认各钢丝在井道中无异物与之相碰后，复测样板架下方各钢丝之间的相关距离，确认开门距、轿厢导轨支架距及对重导轨支架距都正确。然后测量出各钢丝对角线的距离，如开门距线至轿厢、对重导轨支架位置线的距离，轿厢、对重导轨间的对角线距离等，保证各间距正确。同时将对角线尺寸记录在质量过程记录册。样板架对角线如图4-7所示。

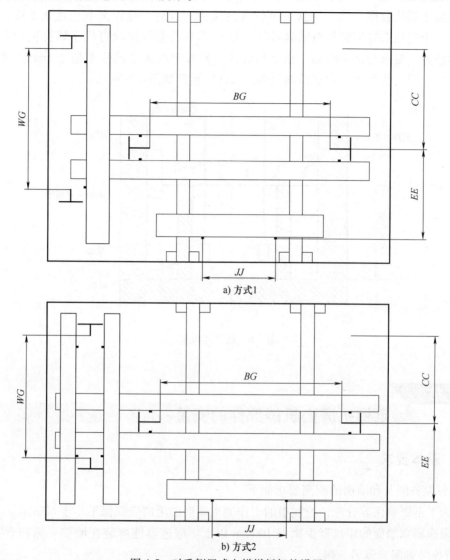

a) 方式1

b) 方式2

图 4-5　对重侧置式电梯样板架的设置

注：轿厢导轨校正工装采用分体式；对重导轨校正工装采用分体式。

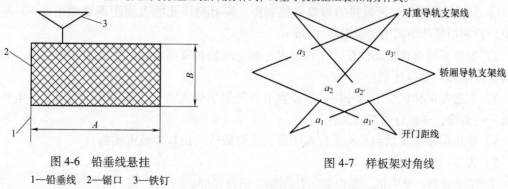

图 4-6　铅垂线悬挂

1—铅垂线　2—锯口　3—铁钉

A—木条宽　B—木条厚

图 4-7　样板架对角线

（2）固定铅垂线　在底坑油桶上方测量各细钢丝之间的尺寸，要求间距正确，对角线尺寸与记录于纸的数据一致。确认上下钢丝的尺寸一致后，在距离底坑底面 800～1000mm 处，固定一个与顶部样板架相似的样板架，用 U 形钉将垂线钢丝钉固于该样板架上。底坑样板架的位置，要求与顶部相同，顶部与底部的样板架的水平偏移不超过 1mm。再次复测各开距尺寸、对角线尺寸，力求精确无误。底部样板架如图 4-8 所示。

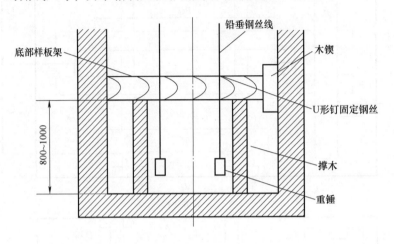

图 4-8　底部样板架

第二节　电梯机房内机械部件的安装

一、基本要求

1）各设备间及和墙面的距离要求如下：

① 为了不影响保养管理，控制柜的工作面离墙面的距离应确保不小于 600mm。

② 限速器离墙面的距离至少确保 100mm 以上。限速器铭牌装在墙壁一侧和看不见时，要将铭牌换装到限速器另一侧。

③ 控制柜、屏的前端与机械设备距离应不小于 700m。

④ 为满足控制柜、屏散热的需要，控制柜、屏有通风孔的表面距离墙面至少 30mm 及以上，控制柜后部距离墙面需至少 100mm。

2）如果不同电梯的部件在一个机房内，则在现场对每部电梯的所有部件贴粘纸（相同的数字或字母）加以区别。

3）在通往电梯机房门的外侧，应设置下列简短字句或类似提醒内容的须知："电梯曳引机——危险，未经许可禁止入内"。

4）在机房顶承重梁和吊钩上应标明最大允许载荷（由客户负责实施）。

5）设备的安装要求如下：

① 安装对象：曳引机、配电箱、控制柜、限速器等。

② 安装位置：配电箱要安装在机房门附近高度为 1300～1500mm 的位置上；曳引机、限

速器等要安装在从机房入口容易看见的部位。

二、防振橡胶和曳引机座的安装

（一）防振橡胶的安装

如图 4-9 所示，每台电梯共有三种防振橡胶。

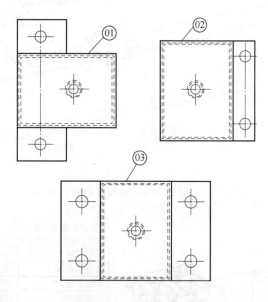

图 4-9　三种防振橡胶示意图

如图 4-10 所示，三种共计 4 块防振橡胶分别按照编号安装在承重梁上。件 01 和件 02 的橡胶用 M16 螺栓组合固定安装在承重梁上；件 03 的两块橡胶用 M16 螺栓组合加上导轨压块安装，其可以沿承重梁移动位置。

（二）曳引机座的安装

按图 4-11 所示进行曳引机座的安装。

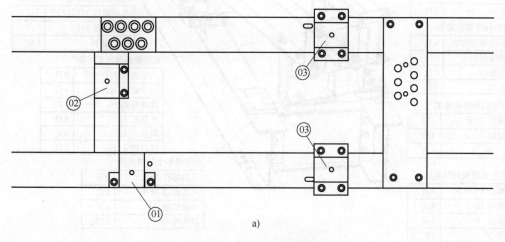

a)

图 4-10　一般规格时防振橡胶的安装

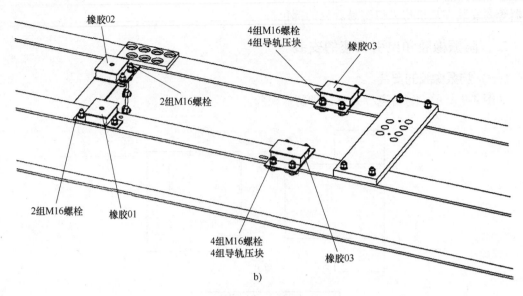

b)

图 4-10 一般规格时防振橡胶的安装（续）

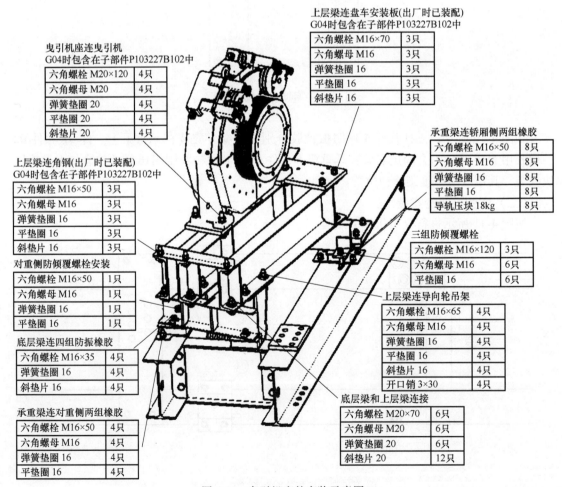

曳引机座连曳引机
G04时包含在子部件P103227B102中

六角螺栓 M20×120	4只
六角螺母 M20	4只
弹簧垫圈 20	4只
平垫圈 20	4只
斜垫片 20	4只

上层梁连盘车安装板(出厂时已装配)
G04时包含在子部件P103227B102中

六角螺栓 M16×70	3只
六角螺母 M16	3只
弹簧垫圈 16	3只
平垫圈 16	3只
斜垫片 16	3只

承重梁连轿厢侧两组橡胶

六角螺栓 M16×50	8只
六角螺母 M16	8只
弹簧垫圈 16	8只
平垫圈 16	8只
导轨压块 18kg	8只

上层梁连角钢(出厂时已装配)
G04时包含在子部件P103227B102中

六角螺栓 M16×50	3只
六角螺母 M16	3只
弹簧垫圈 16	3只
平垫圈 16	3只
斜垫片 16	3只

三组防倾覆螺栓

六角螺栓 M16×120	3只
六角螺母 M16	6只
平垫圈 16	6只

对重侧防倾覆螺栓安装

六角螺栓 M16×50	1只
六角螺母 M16	1只
弹簧垫圈 16	1只
平垫圈 16	1只

上层梁连导向轮吊架

六角螺栓 M16×65	4只
六角螺母 M16	4只
弹簧垫圈 16	4只
平垫圈 16	4只
斜垫片 16	4只
开口销 3×30	4只

底层梁连四组防振橡胶

六角螺栓 M16×35	4只
弹簧垫圈 16	4只
斜垫片 16	4只

底层梁和上层梁连接

六角螺栓 M20×70	6只
六角螺母 M20	6只
弹簧垫圈 20	6只
斜垫片 20	12只

承重梁连对重侧两组橡胶

六角螺栓 M16×50	4只
六角螺母 M16	4只
弹簧垫圈 16	4只
平垫圈 16	4只

图 4-11 曳引机座的安装示意图

图 4-12 所示为曳引机座配置加高台安装示意图。

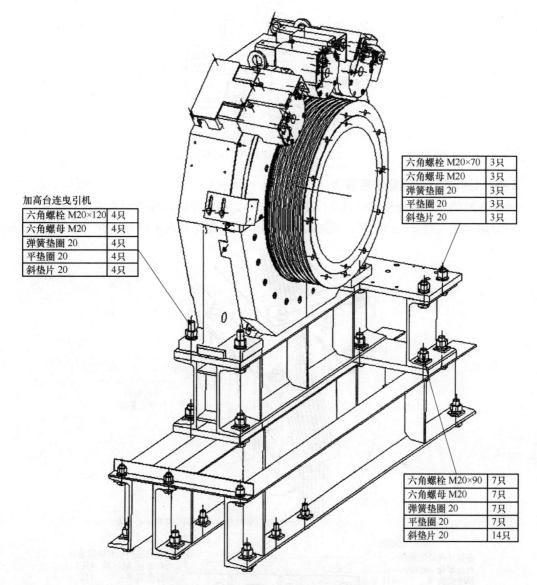

加高台连曳引机

六角螺栓 M20×120	4只
六角螺母 M20	4只
弹簧垫圈 20	4只
平垫圈 20	4只
斜垫片 20	4只

六角螺栓 M20×70	3只
六角螺母 M20	3只
弹簧垫圈 20	3只
平垫圈 20	3只
斜垫片 20	3只

六角螺栓 M20×90	7只
六角螺母 M20	7只
弹簧垫圈 20	7只
平垫圈 20	7只
斜垫片 20	14只

图 4-12　曳引机座配置加高台安装示意图

1. 各水平度的调整

在曳引机底座、各根梁、导向轮吊架、防振橡胶等之间插入调整垫片，来调整水平度。以下情况时不能通过垫片调整曳引机座的水平度：曳引机本体倾斜；曳引机本体安装位置有异常应力；垫片过多，导致防倾覆螺栓长度不够。

2. 螺栓固定要求

螺栓固定时，需注意槽钢内部斜面处需垫上方斜垫片；螺栓紧固力矩调整至规定要求。

（三）防倾覆螺栓安装调整注意事项

调整图 4-13 所示尺寸至 5~10mm 范围后，拧紧螺母。

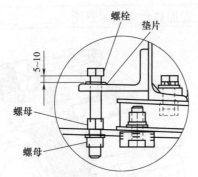

图 4-13　防倾覆螺栓的调整

（四）导向轮安装调整注意事项

通过在两侧加减调整垫片（件 3、件 4 和件 5），调整导向轮和曳引轮的相对位置。

调整防跳板（件 2）的位置，使防跳板和钢丝绳距离（见图 4-14 中 A 尺寸）为 2~3mm。

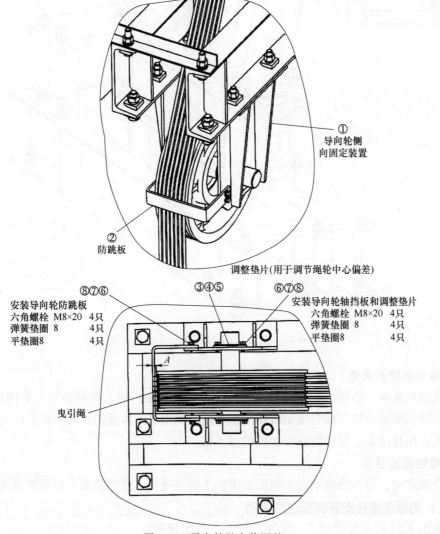

图 4-14　导向轮的安装调整

三、限速器的安装

1）轿厢无论在什么位置，钢丝绳和导管的内壁的面均应有最小为 5mm 的间隙。

2）限速器绳轮的不垂直度允差如图 4-15 所示，即 A 和 B 之差应在 ±0.5mm 以内。

3）固定。

① 机房地板混凝土厚度大于或等于 50mm 时，用规定的地脚螺栓将限速器牢固地固定在机房地面上，如图 4-16 所示。

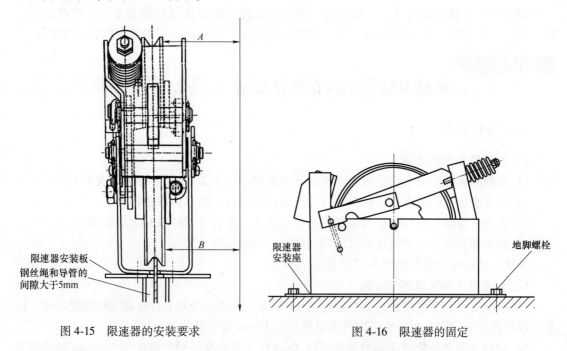

图 4-15 限速器的安装要求   图 4-16 限速器的固定

② 机房地板混凝土厚度小于 50mm 时，要在限速器下设置加强材料。

③ 对重侧置时，轿厢侧先将限速器安装座焊接在承重梁上，再安装限速器。

四、曳引机的安装

切勿同时对多个制动器进行检查或调整，并且确保在调整其中一个制动器时，其余制动器均处于制动状态，否则系统可能处于制动力矩不足的危险状态。

特别是在调整制动器松闸间隙（制动盘和摩擦片之间的间隙）均匀性时，需要临时地将制动器组件松开。松开制动器意味着制动力（矩）为零，因此严禁同时对多个制动器进行间隙调整。先对一个制动器进行间隙调整，再进行另外一个制动器的调整，否则会造成轿厢坠落或制动盘转动以及其他严重事故。

1. 一般检查

1）制动器动作应灵活可靠，制动和松开过程应顺畅、无明显冲击感，且各个制动器动作一致。

2）线圈的接头应无松动现象，外部绝缘良好，线圈温升应不超过 60K。

3）保持制动盘制动面的清洁，不应黏附油泥或油漆。在挂上钢丝绳前，必须去除制动盘制动面上的油脂、防锈油、污物等，确保制动面清洁。若需采取清洁工作，应采用煤油或专用清洁剂来清洗制动面，并且待其全部挥发完毕后方可继续后续工作。

4）单个制动器松开时，相应的制动器本体在制动器销轴上应顺畅滑动。

5）各紧固件均有效紧固、无松动。

2. 制动器磁气隙的检查

（1）制动器磁气隙检查位置　制动器磁气隙为衔铁与制动器线圈铁心之间的间隙。用塞尺分别在制动器圆周三个不同的位置进行磁气隙的检查。

（2）制动器磁气隙的要求　松开时，确认制动盘的摩擦片与制动盘不发生摩擦；制动时，制动器磁气隙为 0.5~0.6mm。若制动器磁气隙大于 0.8mm，则需要更换制动器组件。

第三节　电梯井道内机械部件的安装

一、导轨支架

（一）导轨支架的距离

1）每根导轨至少应有两个导轨支架，其间距应不大于 2.5m（一导轨两支架）。

2）壁侧支架上膨胀螺栓孔的具体尺寸按设计的电梯土建总体布置图确定。

3）若为砖墙结构则应事先与电梯制造公司联系，按设计的特殊施工要求确定。

4）核对导轨支架与导轨连接件之间的间距，不得相互干涉。

导轨支架布置示意图如图 4-17 所示。

（二）固定式导轨支架的安装

1）壁侧支架和墙壁间的衬垫总厚度为 5mm 以下，衬垫的大小为壁侧支架宽度尺寸。但是，墙壁存在平面误差时，也可以仅在单侧垫入 10mm 以下的衬垫。

2）导轨支架和导轨背面间衬垫厚度以 3mm 以下为标准。衬垫厚度为 3~7mm 时，要在衬垫之间进行点焊。若导轨支架与导轨背面的间隙超过 7mm，要垫入厚 3mm 的衬垫，再插入与导轨宽度相等的钢垫片。

3）导轨支架的水平度为两端之差 ≤5mm，垂直度 $A ≤ 0.3$。

4）安装单位在采用相应准备的导轨支架施工时，应注意以下几点：

① 膨胀螺栓间距因导轨支架高度而异。

② 最小搭接量及焊接范围因导轨支架组合方式而异。

③ 焊接高度应与墙壁侧、导轨侧配件中较薄的板厚度一致。

④ 膨胀螺栓尺寸为 M12、M16 等规格，具体按制造公司安装材料确定。

⑤ 导轨和导轨支架之间应插入总厚度不小于 1.5mm 的两张衬垫。

⑥ 由于井道形状的缘故而仅靠上述导轨支架不能施工时，可以采用特殊的导轨支架，但必须通知制造公司技术部门之后再实施。

二、缓冲器的安装

（一）缓冲器安装相关尺寸要求

缓冲器座的水平误差，全长宜在 3mm 以内。底坑不平时，用调整垫片调整缓冲器或缓

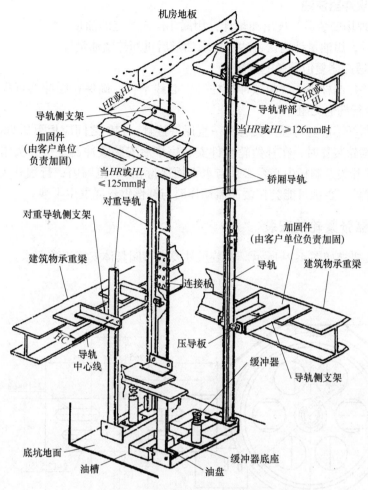

图 4-17 导轨支架布置示意图

注：*HC* 的值根据现场实测，保证导轨垂直度满足要求即可。

冲器支撑台、导轨脚；必要时切割垫片，尽量填平、填实。

缓冲器的垂直度（*A* 和 *B* 之差）应在图 4-18 所示的值范围以内。在底层平层位置时，轿厢下梁碰板至缓冲器的距离为 175~400mm，具体值按设计图。

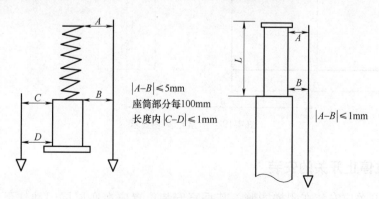

图 4-18 缓冲器的垂直度要求

（二）液压缓冲器注油

1）缓冲器现场安装后，拔出油量计，用漏斗注入规定的油量。

2）45min 后，用油量计确认，达到要求油量后重新拧紧油量计。

（三）液压缓冲器复位开关的安装

① 保证开关控制杆中心线与缓冲器柱塞中心线平行，确保在缓冲器行程范围内开关控制杆在导孔中滑行畅通无阻。

② 平时控制杆不应与行程开关触头一直保持接触，它们之间应相距 0.5mm 左右。

③ 在有补偿轮装置时，在补偿轮组件安装完毕后安装缓冲器复位开关组件。复位开关组件安装后要求开关控制杆中心线必须与水平面保持在 15°范围内；行程开关要求安装在靠近补偿轮支撑臂处，否则可能会在缓冲器动作时与补偿钢丝绳发生干涉。

三、限速器张紧轮的安装

张紧轮安装要求如图 4-19 所示。安装尺寸要求参阅具体安装工艺要求。

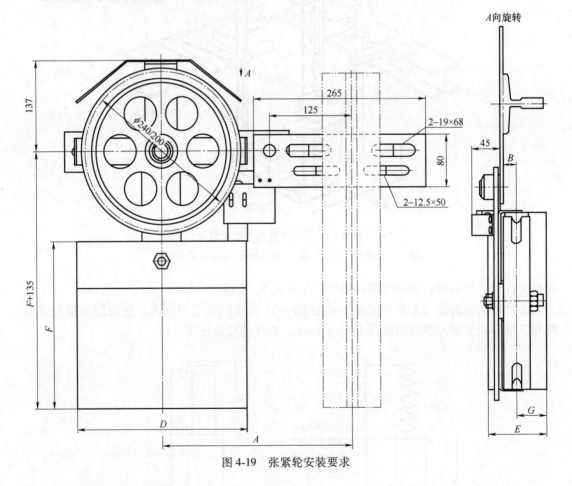

图 4-19　张紧轮安装要求

四、底坑停止开关的安装

底坑停止开关应安装在爬梯同侧，其垂直安装位置应在底层层门地坎下 0～300mm 处

（尽量靠近层门地坎），其水平安装位置应在底层层门护脚板侧面（20±10）mm 处。底坑停止开关不应突出层门地坎 15mm 以上。若底坑深度大于 1.6m，应配置两个停止开关，另一个停止开关应安装在爬梯同侧，距底坑地面 1100~1200mm。底坑停止开关安装示意图如图 4-20 所示（单位 mm）。

图 4-20 底坑停止开关安装示意图

第四节　层站内机械部件的安装

一、层门装置的安装

（一）层门装置（层门上坎架）的定位

按样板架挂线定出层门出入口中心线、门导轨的位置、层门上坎架前后方向倾斜及从地面算起的安装高度。

1）与出入口中心线位置允差：层门地坎架中心线与出入口中心线偏差应在（0±1）mm以内。

105

2) 层门上坎架前后倾斜允差值：在层门上坎架上、下端，应小于或等于 1mm。

3) 门导轨安装高度符合安装工艺要求。

4) 门导轨的进出位置允差为±1mm，符合安装工艺要求。

5) 门导轨高度差在轿厢开门宽度距离两端为 1mm 以下。

（二）层门上坎架的固定方法

层门上坎架的固定方法如图 4-21 所示。

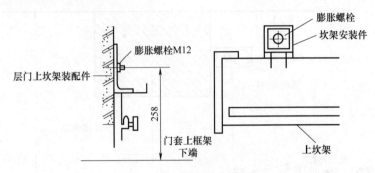

图 4-21　层门上坎架的固定方法

二、层门的安装

1) 各种型式的层门电动全开时，门后应留有间隙，不应使门与橡胶挡块相碰。

2) 层门联锁装置参照工艺具体要求进行施工。

3) 层门的安装要求见表 4-2。

表 4-2　层门安装要求

区分	部件	标准值/mm	图示
间隙	门之间	上下端 100mm 间 $A=5\pm1$ 其他 $B=4\sim6$	
	门和装饰框		
重叠量	全闭时门之间	$L\geqslant12$	
	门和装饰框		
安装时	全开时	一般 $|A-B|\leqslant2.0$	
	全闭时	$C\leqslant1.0$	

（续）

区分	部件	标准值/mm	图示
门吊起高度	门和地坎面	$h=4\sim6$	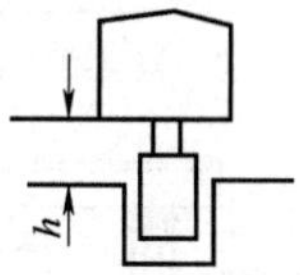
偏心间隙	钢制型		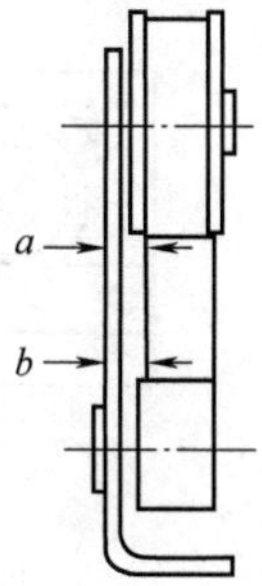
	树脂型	$\left\|a-b\right\|\leqslant1.0$	
倾斜	门上坎架和门导轨之间		
平面差	中分门之间	$A\leqslant1.0$	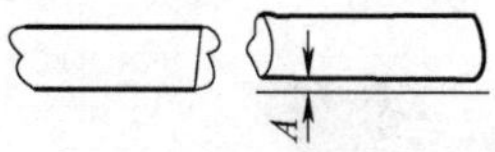

三、层门门刀的安装

1）按照图 4-22 所示，使用方颈螺栓固定安装座。

2）安装层门门刀以及安装座。

3）确认门刀与上坎架之间的距离，以及门刀的倾斜度，必要时通过松开螺栓来调整门刀。

4）确认层门门刀的左右位置以及门刀的倾斜度，必要时通过松开螺栓来调整门刀。

5）确认每个层站上层门门刀与轿厢地坎的距离，确定其在基准范围内。

6）目测滚轮进入门刀的啮合深度至少在半个轮宽以上。

7）若层门门刀需要与上一层地坎固定，则还需进行以下步骤：

① 临时组装安装座 ZA 和螺栓组件，以及安装座 ZA 和安装板 ZB。螺栓组件中的螺栓头从上一层地坎的端部插入。

② 紧固上一步临时组装的螺栓，将安装板 ZB 和层门门刀固定在一起。

③ 安装结束后重复确认步骤 3～步骤 6 的内容。

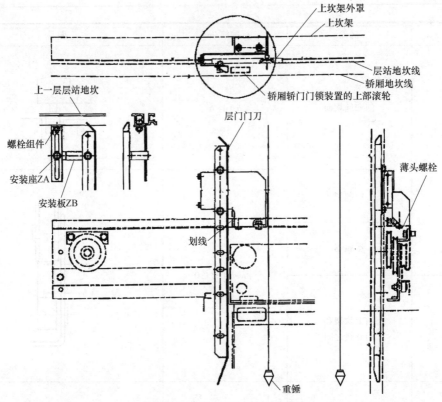

图 4-22 层门门刀安装示意图

电梯电气装置的安装

一、一般要求

电梯各部件的电气连接关系示意图如图 4-23 所示。

（一）主要连线要求

1）三相动力电源：AC 380V，电线连接。

2）单相照明电源：AC 220V，电线连接。

3）有 ELD（紧急停靠功能）时，从 48V 蓄电池柜接入控制柜。

4）三相曳引电动机驱动电源：电线连接。

5）将连接控制柜与井道开关、层站召唤盒、层站显示器等的有关的电源线及控制线分别接至相应位置（电缆连接），传送以下信号：

① 控制柜输出：使用 CAN 输出线传输层站显示（方向）信号、召唤点灯信号等。

② 控制柜输入：使用 CAN 输入线传输层站召唤按钮信号、层门门锁开关信号、终端开关信号和底坑开关信号等。

6）将控制柜与轿厢有关电源线及控制线连至轿厢（随行电缆），传送以下信号：

① 控制柜输出：使用 CAN 输出线传输轿厢召唤点灯数据信号、门机控制信号、超满载信号等；警铃信号；紧急停止开关信号；轿内照明（AC 220V）；风扇电源（AC 220V）等。

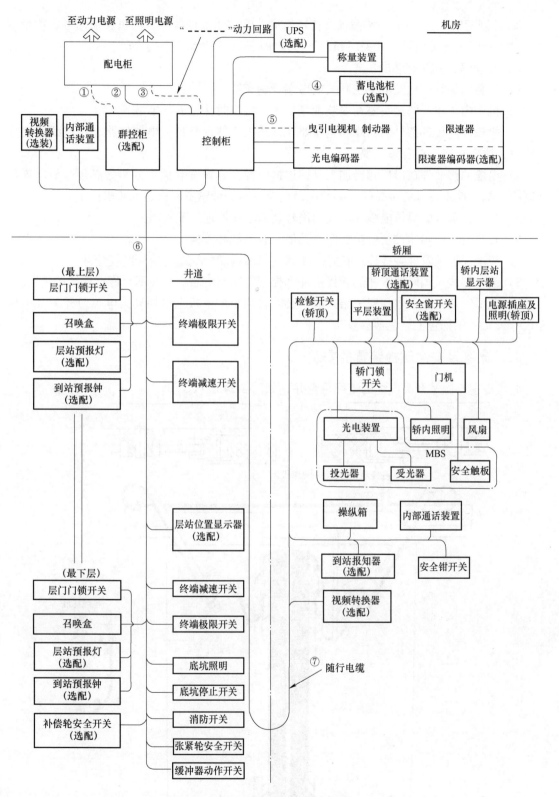

图 4-23　电梯各部件的电气连接关系示意图

MBS—红外光幕

② 控制柜输入：使用 CAN 输入线传输轿厢召唤按钮数据信号、门机反馈信号、称量装置信号等；门锁开关信号；开关门和上下行按钮信号；平层装置信号等。

（二）配线时的注意事项

1）安装电梯时，从配电柜主开关输出端开始布线。

2）机房内，布线的接头要在安装现场加工，接线时注意不要接错。

3）机房内连接各部件的电线和电缆要在线槽内走线，且动力电源线路和控制线路要分开敷设，线槽要布置得合理美观。

4）电缆的接插件在出厂时已加工好，连接时要注意罩套和插头的符号必须一致。连接控制柜一端的控制信号的接插件，必须在最后调试时按调试资料所述的步骤插上。

5）连接各部件的具体电缆、电线的信号请参阅机器连接配置图。

6）安装时还应参照控制柜接线图及其他安装图纸和资料。

7）应确保接地及屏蔽线接地良好。注意：机房内动力线缆与信号线缆分开。

8）编码器线从编码器本体的转接插件到控制柜印制电路板中间不允许有接续的情况。

9）电梯安装人员在电梯安装结束前，必须将用户配电板上电梯动力电源刀开关（电梯停机开关）的手柄包上红色塑料胶布。

二、光幕及安全触板装置的安装

光幕电缆与微动开关电缆的走线可合并，如图 4-24 所示。

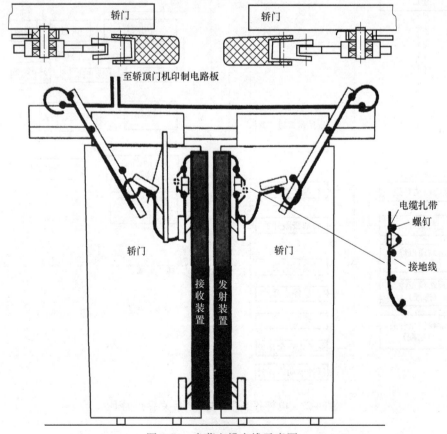

图 4-24　光幕电缆走线示意图

电梯的调试及安装验收

电梯的种类很多，控制方式各不相同，但调试的要求和方法都应符合标准的有关规定。

一、调试前的准备工作

（一）机房内曳引钢丝绳与楼板等孔洞的处理

机房内曳引钢丝绳与楼板孔洞每边间隙应为 20～40mm，通向井道的孔洞四周应筑一高 50mm 以上、宽度适当的台阶。限速器钢丝绳、选层器钢带和极限开关钢丝绳通过机房楼板时孔洞与钢丝绳按同样要求处理。

（二）清除调试电梯的一切障碍物

1）拆除井道中余留的脚手架和原安装电梯时留下的杂物，如样板架等；清除井道、底坑内的杂物和垃圾。

2）清除轿厢内、轿顶上、轿门和层门地坎槽中的杂物和垃圾。

3）清除一切阻碍电梯运动的物件。

（三）安全检查

在轿厢与对重悬挂在曳引轮上后，在拆除起吊轿厢的手拉葫芦和保险钢丝绳前，电梯轿厢必须已装好可靠的限速器、安全钳和超速保护装置，以防轿厢打滑下坠酿成事故。这是一个先决条件，否则就不能拆除保险钢丝绳和启动电梯。

（四）润滑工作

1）按规定对曳引电动机轴承、减速器、限速器及张紧轮等传动装置作加油润滑工作，所加润滑剂应符合电梯出厂说明的要求。

2）按规定对轿厢导轨、对重导轨、门导轨及门滑轮进行润滑。若使用滚轮导靴，只对其轴承润滑，导轨上不必加油。

3）对安全钳的拉杆机构应润滑并试验其动作是否灵活可靠。

4）对液压式缓冲器调试前，应对缓冲器加注规定的液压油或其他适用的油类（一般为 HJ-5 或 HJ-10 机械油）。

二、调试前的电气检查

1）测量电源电压，其波动值应不大于±7%。

2）检查控制柜及其他电气设备的接线是否有接错、漏接或虚接。

3）检查各线路熔断器内熔丝的容量是否合理。

4）检查轿厢操纵按钮动作是否灵活，信号显示是否清晰，控制功能是否正确有效；检查呼梯楼层显示等信号系统功能是否有效，指示是否正确，功能是否无误。

5）按照规范的要求，检查电气安全装置是否可靠，其内容如下：

①检修门、井道安全门及检修活板门关闭位置安全触点是否可靠。

②检查层门、轿门的锁闭状况、闭合位置时机电联锁开关触点的可靠性。

③检查轿门安全触板或电子接近开关的可靠性。

④检查补偿绳张紧装置的电气触点的可靠性。

⑤ 检查限速绳张紧装置的电气触点的可靠性。

⑥ 检查限速器是否能按要求动作——切断安全钳开关使曳引机与制动器断电。

⑦ 检查缓冲器复位装置电气触点的可靠性。

⑧ 检查端站减速开关、限位开关的可靠性。

⑨ 检查极限开关的可靠性。

⑩ 检查检修运行开关、紧急电动运行开关、急停开关等的可靠性。

⑪ 检查轿厢钥匙开关和每台电梯主开关控制的可靠性。

⑫ 检查轿厢平层或再平层电气触点或线路的动作可靠性。

⑬ 检查选层器钢带保护开关的可靠性。

三、调试前的机械部件检查

1）检查控制柜的上、下行机械限位是否调节合适。

2）检查限速轮、选层器钢带轮的旋转方向是否符合运行要求；检查选层器钢带是否张紧，且运行时不与轿厢或对重相碰触。

3）检查导靴与导轨的接合情况是否符合要求。

4）检查安全钳及连杆机构能否灵活动作，要求两侧安全钳楔块能同时动作，且间隙相等。

5）检查限速器钢丝绳与轿厢安全拉杆等连接部位，要求连接牢固可靠，动作迅速灵活。

6）检查端站减速开关、限位开关和极限开关的碰轮与轿厢撞弓的相对位置是否正确，动作是否灵活和能否正确复位。

四、部件调试

（一）制动器

电梯曳引机所配制动器都是常闭式电磁制动器，通常应在曳引绳未挂上前调整到符合要求的程度，电梯试运转前应再次复校。直流电梯制动器与交流电梯制动器的外形基本相似，但具体构造稍有差异。现以交流电梯的电磁制动器为例，介绍制动器的调试步骤。

1）调整制动器电源的直流电压：正常起动时制动器线圈两端电压为110V，串入分压电阻后变为（55±5）V，此电压适用于一般双速电动机用制动器。其他类型的电梯制动器的电压如设计时非110V，应按要求另定端电压数进行调试。

2）适当调节制动力调节螺母，使制动器有一定的制动力，以防止电梯停车时发生滑移情况。

3）将间隙均匀调节螺栓和制动声音调节螺栓适当放松，再调节间隙大小螺母，使制动闸瓦与制动轮在线圈通电时有一定间隙。

4）调节螺栓，使制动器通电时制动轮与闸瓦四周间隙均匀相等。

5）调节螺母，使制动轮与闸瓦在松闸时间隙不大于0.7mm（宜为0.15~0.7mm）。

6）调节螺栓，使制动器动作时声音减小到最轻为止。

按上述步骤反复调整，达到要求后将所有放松的螺母拧紧，以防受振动后松开而影响制动性能。

（二）自动门机

电梯自动门机的调试过程如下：

1）测量进线端的直流电压，应为 110V，如无电压或电压不对应检查整流电路。

2）将定子电压调节电阻和转子电压调节电阻预先调至中间位置。

3）接通电源，根据开关门驱动力的大小来调节定子和转子的电压调节电阻的阻值，使开关门速度适中。

4）调节关门分流电阻，使关门时有明显的二次减速。分流电阻阻值越大，转子转速越高，反之转速越低。同时调节两只关门限位开关的位置，使关门速度换速平稳。

5）调节开门分流电阻，使开门时有明显的一次减速，如转速太高可再减小阻值，反之增加阻值。同时调节开门限位开关的位置，使开门换速平稳。

6）调节开关门终端限位，使开关门到位后门机自动停止，并要求无明显碰撞声。

按以上步骤调节时，可在未带层门时先粗调一次，带上层门后再进一步调试至满足要求。自动门机调试完成后，应检查安全触板或电子接近保护装置是否起作用，反应是否灵敏。

五、电梯的整机运行调试

在电梯运行之前，应拆除对重下面的垫块、轿厢的吊钩及保险装置，并做好人员安排，一般机房内 1~2 名，轿厢内 1 名，轿顶上 1~2 名，应各司其职不得擅自离开，一切行动应听从轿顶人员指挥。以检修速度上下各开一个行程（注意交流双速电动机慢速连续运转时间不应超过 3min，如整个行程时间超过 3min，应间断运行），检查和调整以下项目：

1）检查排除井道内所有影响电梯运行的杂物，注意轿顶人员的人身安全。

2）检查电梯运行部件之间及其与静止部件之间的间隙是否符合要求，如与井道墙壁、层站地坎、对重支架等之间的间隙。

3）检查电梯制动器的动作情况，如不符合要求，再按前述的步骤及要求重新调整。

4）检查轿顶各感应器与相应感应板的相对位置。

5）检查选层器钢带、限速器钢丝绳及补偿装置、电缆等随轿厢和对重的运行情况。

6）调整轿门上开门刀片与各层层门门锁滚轮的相对位置，并检查各层层门的开关门情况。

7）调节端站限位开关的高低位置，使轿厢地坎与该层层站地坎停平后，正好切断顺向控制回路。

8）调节上、下极限开关碰轮的位置，应使极限开关在轿厢或对重接触缓冲器之前起作用，并在缓冲器被压缩期间保持其动作状态，即极限开关此时能切断总电源，使轿厢停止运动。调节时可暂时跨接端站的顺向限位开关，调节妥当后应立即拆除跨接线。

9）检查轿厢及对重架的缓冲碰板至缓冲器上平面的缓冲距离（对于弹簧式缓冲器，此距离为 200~350mm；对于液压式缓冲器，此距离应为 150~400mm），以及缓冲器与碰板中心的位置偏差，应满足安装要求。

六、电梯的安装验收试验

在完成本节前述的试车运转项目并合格以后，即可正式进入安装验收试验工作，其试验项目如下：

（一）曳引检查

检查电梯的平衡系数，应为 0.4~0.5 范围内。轿厢分别以空载和额定载荷的 30%、40%、45%、50%、60% 上下运行，当轿厢与对重运行到同一水平位置时，交流电动机仅测量电流（或转速），直流电动机测量电流并同时测量电压（或转速）。绘制的电流-负荷曲线（或速度-负荷曲线），以向上、向下运行曲线的交点来确定平衡系数。

（二）检查曳引能力

在电梯最严重的制动情况下，停车数次，进行曳引检查，每次试验，轿厢应完全停止。

试验方法如下：

① 行程上部范围内，上行，轿厢空载。

② 行程下部范围内，轿厢内载有 125% 额定载荷，以正常运行速度下行，切断电动机与制动器供电。

③ 当对重压在被其压缩的缓冲器上时，空载轿厢不能向上提起。

④ 当轿厢面积不能限制载荷超过额定值及额定载重量不是按规范要求计算的载货电梯、病床电梯及非商用汽车电梯，再需用 150% 额定载荷做曳引静载检查，历时 10min，曳引绳无打滑现象。

（三）限速器

限速器应运转平稳，制动可靠，封记应完好无损。

（四）安全钳

1. 轿厢安全钳

在动态试验过程中，轿厢安全钳应动作可靠，使轿厢支承在导轨上。在试验之后，未出现影响电梯正常使用的损坏。

2. 对重安全钳

如电梯井道底坑还有人可能到达的空间，对重亦应设置安全钳，如该安全钳由限速器操纵，可用与轿厢安全钳相同的方法进行试验。对无限速器操纵的对重安全钳，应进行动态试验。

3. 安全钳的试验方法

轿厢安全钳的试验，应在轿厢下行期间进行，其试验方法如下：

1）对于瞬时式安全钳，轿厢应载有均匀分布的额定载荷并在检修速度时进行。复验或定期检验时，各种安全钳均采用空轿厢，在平层或检修速度下进行。

2）对于渐进式安全钳，轿厢应载有均匀分布 125% 的额定载荷，在平层速度或检修速度下进行。

以上试验轿厢应可靠制动，且在载荷试验后相对于原正常位置轿底倾斜度不超过 5%。

试验完毕后，应将轿厢向上提升或用专用工具使安全钳复位，同时将安全钳开关也复位，并检查修复由于试验而损坏的导轨表面，并做好记录。

如制动距离过小，则减速度过大，人体难以承受；如制动距离过大，则其安全性能就会受到影响。

（五）缓冲器

1. 液压缓冲器负载试验

在轿厢以额定载荷和额定速度，对重以轿厢空载和额定速度分别碰撞液压缓冲器，载有额定载重量的轿厢压在耗能型缓冲器（或各缓冲器）上，悬挂绳松弛，缓冲器应平稳，零件应无损伤或明显变形。

2. 液压缓冲器复位试验

复位试验在轿厢空载的情况下进行。以检修速度下降将缓冲器全压缩，从轿厢开始离开缓冲器一瞬起，直到缓冲器回复到原状，所需时间应少于120s。

（六）校验轿厢内报警装置

安装位置应符合设计规定，报警功能可靠。

（七）运行试验

1）轿厢分别以空载、50%额定载荷和额定载荷三种工况，在通电持续率40%情况下，达到全行程范围，按120次/h，每天不少于8h，各启制动运行1000次，电梯应运行平稳，制动可靠，连续运行无故障。

2）制动器温升不超过60K，曳引机减速器温升不超过60K，其温度不超过85℃，电动机温升不超过GB/T 12974—2012《交流电梯电动机通用技术条件》的规定。

3）曳引机减速器，除蜗杆轴伸出一端渗漏油面积平均每小时不超过150cm^{2}外，其余各处不得有渗漏油。

4）乘客电梯起、制动应平稳迅速，起、制动加、减速度最大值均不大于1.5m/s^2，额定速度为1~2m/s的电梯平均加、减速度不小于0.48m/s^2，额定速度为2.0~2.5m/s的电梯平均加、减速度应不小于0.65m/s^2。

5）乘客电梯与病床电梯的轿厢运行应平稳，水平方向和垂直方向振动加速度应分别不大于25cm/s^{2}和15cm/s^2。

6）控制柜、电动机、曳引机工作应正常，电压、电流实测最大值应符合相应的规定；平衡载荷运行试验中，上、下方向的电流值应基本相符，其差值不应超过5%。

（八）超载试验

电梯在110%额定载荷、断开超载控制电路、通电持续率40%情况下，运行30min，电梯应能可靠地启动、运行和停止，制动可靠，曳引机工作正常。

（九）额定速度试验

轿厢加入平衡载荷，向下运行至行程中段（除去加速和减速段）时的速度不得大于额定速度的105%，不宜小于额定速度的92%。

（十）平层准确度试验

1. 调节舒适感

1）在进行平层准确度试验前，应先将电梯的舒适感调节好。

2）电梯舒适感与其启制动加、减速度值的大小有关，同时还与电动机的负载特性、加、减速度的时间及换速、制动特性等有关。其中，电动机的负载特性主要取决于电动机本身的性能，但可通过启动电阻作一定范围的调节；加、减速度的时间可通过并接启动电阻值的大小和接入时间来加以调节。一般交流电梯采用延时继电器和阻容延时电路来解决，只需调节延时继电器的气囊放气时间或延时电路中的电阻和电容的数值，便可达到要求。

换速特性须调节换速时间，一般电梯可通过井道上、下减速感应板或选层器的上、下减速触点的位置来解决。若换速过早将导致电梯的运载能力下降，而换速过迟则减速度过大，舒适感就差。

制动器性能可通过调节制动器弹簧的压紧力而达到要求，制动特性过硬时制动力大，制动可靠，但舒适感差；反之，当制动特性软时，虽然舒适感较好，但电梯在额定负载或空载情况下易产生滑车状态，对安全可靠性产生影响。

2. 调整平层准确度

电梯在调整好舒适感后即可进行平层准确度的调整和试验。在轿厢内装入平衡重量，先调整上端站与下端站及中间层站的平层准确度。此时可通过移动轿顶感应器支架位置以及井道内相应层感应板的位置进行调节。这三点调整完好以后，再调整其余各层楼的平层准确度，此时只允许调节井道各层感应板的位置来达到平层准确度要求。各类电梯轿厢的平层准确度应满足以下规定：

额定速度 $v \leqslant 0.63 \mathrm{m/s}$ 的交流双速电梯，在 $\pm 15 \mathrm{mm}$ 的范围内；$0.63 \mathrm{m/s} < v \leqslant 1.00 \mathrm{m/s}$ 的交流双速电梯，在 $\pm 30 \mathrm{mm}$ 的范围内；$v \leqslant 2.5 \mathrm{m/s}$ 的各类交流调速电梯和直流电梯，均在 $\pm 15 \mathrm{mm}$ 的范围内；$v \geqslant 2.5 \mathrm{m/s}$ 的电梯，应满足生产厂家的设计要求。

（十一）噪声试验

1. 各机构和电气设备在工作时不得有异常撞击声或响声

乘客电梯与病床电梯的总噪声应符合 GB/T 10058—2009 表 2 的规定值。载货电梯还考核机房噪声值。对于 $2.5 \mathrm{m/s} < v < 6.0 \mathrm{m/s}$ 的乘客电梯，运行中轿内噪声最大值不应大于 60dB（A）。

2. 噪声测试方法

（1）轿厢运行噪声测试　传声器置于轿厢地板中央半径为 0.10m 的圆形范围上方（1.50±0.10）m 处。

（2）开关门过程的噪声测试　传声器分别置于层门和轿门宽度的中央，距门 0.24m，距地面（1.50±0.10）m。

（3）机房及发电机房噪声测试　传声器在机房中，在距地面高 $(H+1)/2$（H 为驱动主机的顶面高度，单位为 m），距声源前、后、左、右最外侧各 1m 处测 4 点，在声源正上方 1m 处测 1 点，共测 5 点。

3. 测试结果的计算与评定

1）测试中声级计采用 A 计权，快档。

2）测轿厢运行噪声时以额定速度全程上行、下行，取最大值。

3）测开关门过程噪声时，以开关门过程的最大值作评定依据。

4）测机房噪声时，电梯以额定速度运行，以每个点测得的声压修正值的平均值作评定依据。

（十二）电梯的可靠性

可靠性应符合 GB/T 10058—2009《电梯技术条件》的规定：

电梯在验收检验前，电梯及其环境应清理干净。机房、井道与底坑均不应有与电梯无关的其他设置，底坑不应渗水、积水。此外还应符合下述条件：

机房应贴有发生困人故障时的救援步骤、方法和轿厢移动装置使用的详细说明。松闸扳手应漆成红色，盘车手轮应涂成黄色。可以拆卸的盘车手轮应放置在机房内容易接近的明显部位。在电动机或盘车手轮上应有与轿厢升降方向相对应的标志。

系统接地应根据供电系统采用符合电业要求的型式，在三相五线制和三相四线制供电系统中应分别采用 TN-S 和 TN-C-S 型式。采用 TN-C-S 型式时，进入机房的中性线（N）与保护线（PE）应始终分开。易于意外带电的部件与机房接地端连接性应良好，它们之间的电阻值应不大于 5Ω。在 TN 供电系统中，严禁电气设备外壳单独接地。电梯轿厢可利用随行电缆的钢芯或芯线作保护线，采用电缆芯线作保护线时不得少于 2 根。

电气元件标志和导线端子编号或接插件编号应清晰，并与技术资料相符。电气元件工作正常。每台电梯配备的供电系统断相、错相保护装置在电梯运行中断相时也应起保护作用（对变频变压控制的电梯只需要断相保护功能有效）。

曳引机工作正常，各机械活动部位应按说明书要求加注润滑油，油量适当，除蜗杆伸出端外无渗漏。曳引轮应涂成（或部分涂成）黄色。同一机房内有多台电梯时，各台曳引机、主开关等应有编号区分。制动器动作灵活，工作可靠，制动时两侧闸瓦应紧密、均匀地贴合在制动轮工作面上，松闸后制动轮与闸瓦不发生摩擦。

各安全装置齐全，位置正确，功能有效，能可靠地保证电梯安全运行。

第五章
电梯作业人员法律法规与规范

《中华人民共和国特种设备安全法》条文摘录

《中华人民共和国特种设备安全法》已由中华人民共和国第十二届全国人民代表大会常务委员会第三次会议于 2013 年 6 月 29 日通过，现予公布，自 2014 年 1 月 1 日起实行。

第一条　为了加强特种设备安全工作，预防特种设备事故，保障人身和财产安全，促进经济社会发展，制定本法。

第二条　特种设备的生产（包括设计、制造、安装、改造、修理）、经营、使用、检验、检测和特种设备安全的监督管理，适用本法。

本法所称特种设备，是指对人身和财产安全有较大危险性的锅炉、压力容器（含气瓶）、压力管道、电梯、起重机械、客运索道、大型游乐设施、场（厂）内专用机动车辆，以及法律、行政法规规定适用本法的其他特种设备。

国家对特种设备实行目录管理。特种设备目录由国务院负责特种设备安全监督管理的部门制定，报国务院批准后执行。

第三条　特种设备安全工作应当坚持安全第一、预防为主、节能环保、综合治理的原则。

第四条　国家对特种设备的生产、经营、使用，实施分类的、全过程的安全监督管理。

第五条　国务院负责特种设备安全监督管理的部门对全国特种设备安全实施监督管理。县级以上地方各级人民政府负责特种设备安全监督管理的部门对本行政区域内特种设备安全实施监督管理。

第六条　国务院和地方各级人民政府应当加强对特种设备安全工作的领导，督促各有关部门依法履行监督管理职责。

县级以上地方各级人民政府应当建立协调机制，及时协调、解决特种设备安全监督管理中存在的问题。

第七条　特种设备生产、经营、使用单位应当遵守本法和其他有关法律、法规，建立、健全特种设备安全和节能责任制度，加强特种设备安全和节能管理，确保特种设备生产、经营、使用安全，符合节能要求。

第八条　特种设备生产、经营、使用、检验、检测应当遵守有关特种设备安全技术规范及相关标准。

特种设备安全技术规范由国务院负责特种设备安全监督管理的部门制定。

第九条　特种设备行业协会应当加强行业自律，推进行业诚信体系建设，提高特种设备安全管理水平。

第十条　国家支持有关特种设备安全的科学技术研究，鼓励先进技术和先进管理方法的推广应用，对做出突出贡献的单位和个人给予奖励。

第十一条　负责特种设备安全监督管理的部门应当加强特种设备安全宣传教育，普及特种设备安全知识，增强社会公众的特种设备安全意识。

第十二条　任何单位和个人有权向负责特种设备安全监督管理的部门和有关部门举报涉及特种设备安全的违法行为，接到举报的部门应当及时处理。

第十三条　特种设备生产、经营、使用单位及其主要负责人对其生产、经营、使用的特种设备安全负责。

特种设备生产、经营、使用单位应当按照国家有关规定配备特种设备安全管理人员、检测人员和作业人员，并对其进行必要的安全教育和技能培训。

第十四条　特种设备安全管理人员、检测人员和作业人员应当按照国家有关规定取得相应资格，方可从事相关工作。特种设备安全管理人员、检测人员和作业人员应当严格执行安全技术规范和管理制度，保证特种设备安全。

第十五条　特种设备生产、经营、使用单位对其生产、经营、使用的特种设备应当进行自行检测和维护保养，对国家规定实行检验的特种设备应当及时申报并接受检验。

第十六条　特种设备采用新材料、新技术、新工艺，与安全技术规范的要求不一致，或者安全技术规范未作要求、可能对安全性能有重大影响的，应当向国务院负责特种设备安全监督管理的部门申报，由国务院负责特种设备安全监督管理的部门及时委托安全技术咨询机构或者相关专业机构进行技术评审，评审结果经国务院负责特种设备安全监督管理的部门批准，方可投入生产、使用。

国务院负责特种设备安全监督管理的部门应当将允许使用的新材料、新技术、新工艺的有关技术要求，及时纳入安全技术规范。

第二十一条　特种设备出厂时，应当随附安全技术规范要求的设计文件、产品质量合格证明、安装及使用维护保养说明、监督检验证明等相关技术资料和文件，并在特种设备显著位置设置产品铭牌、安全警示标志及其说明。

第二十二条　电梯的安装、改造、修理，必须由电梯制造单位或者其委托的依照本法取得相应许可的单位进行。电梯制造单位委托其他单位进行电梯安装、改造、修理的，应当对其安装、改造、修理进行安全指导和监控，并按照安全技术规范的要求进行校验和调试。电梯制造单位对电梯安全性能负责。

第二十三条　特种设备安装、改造、修理的施工单位应当在施工前将拟进行的特种设备安装、改造、修理情况书面告知直辖市或者设区的市级人民政府负责特种设备安全监督管理的部门。

第二十四条　特种设备安装、改造、修理竣工后，安装、改造、修理的施工单位应当在验收后三十日内将相关技术资料和文件移交特种设备使用单位。特种设备使用单位应当将其存入该特种设备的安全技术档案。

第二十五条　锅炉、压力容器、压力管道元件等特种设备的制造过程和锅炉、压力容器、压力管道、电梯、起重机械、客运索道、大型游乐设施的安装、改造、重大修理过程，应当经特种设备检验机构按照安全技术规范的要求进行监督检验；未经监督检验或者监督检验不合格的，不得出厂或者交付使用。

第三十条 进口的特种设备应当符合我国安全技术规范的要求，并经检验合格；需要取得我国特种设备生产许可的，应当取得许可。

进口特种设备随附的技术资料和文件应当符合本法第二十一条的规定，其安装及使用维护保养说明、产品铭牌、安全警示标志及其说明应当采用中文。

特种设备的进出口检验，应当遵守有关进出口商品检验的法律、行政法规。

第三十一条 进口特种设备，应当向进口地负责特种设备安全监督管理的部门履行提前告知义务。

第四十五条 电梯的维护保养应当由电梯制造单位或者依照本法取得许可的安装、改造、修理单位进行。

电梯的维护保养单位应当在维护保养中严格执行安全技术规范的要求，保证其维护保养的电梯的安全性能，并负责落实现场安全防护措施，保证施工安全。

电梯的维护保养单位应当对其维护保养的电梯的安全性能负责；接到故障通知后，应当立即赶赴现场，并采取必要的应急救援措施。

第四十六条 电梯投入使用后，电梯制造单位应当对其制造的电梯的安全运行情况进行跟踪调查和了解，对电梯的维护保养单位或者使用单位在维护保养和安全运行方面存在的问题，提出改进建议，并提供必要的技术帮助；发现电梯存在严重事故隐患时，应当及时告知电梯使用单位，并向负责特种设备安全监督管理的部门报告。电梯制造单位对调查和了解的情况，应当作出记录。

第四十七条 特种设备进行改造、修理，按照规定需要变更使用登记的，应当办理变更登记，方可继续使用。

第七十四条 违反本法规定，未经许可从事特种设备生产活动的，责令停止生产，没收违法制造的特种设备，处十万元以上五十万元以下罚款；有违法所得的，没收违法所得；已经实施安装、改造、修理的，责令恢复原状或者责令限期由取得许可的单位重新安装、改造、修理。

第七十八条 违反本法规定，特种设备安装、改造、修理的施工单位在施工前未书面告知负责特种设备安全监督管理的部门即行施工的，或者在验收后三十日内未将相关技术资料和文件移交特种设备使用单位的，责令限期改正；逾期未改正的，处一万元以上十万元以下罚款。

第九十二条 违反本法规定，特种设备安全管理人员、检测人员和作业人员不履行岗位职责，违反操作规程和有关安全规章制度，造成事故的，吊销相关人员的资格。

第一百零一条 本法自 2014 年 1 月 1 日起施行。

第二节 《特种设备安全监察条例》条文摘录

制定《特种设备安全监察条例》，就是要从制度上保证特种设备生产、使用单位明确在特种设备安全方面的义务和法律责任，有序开展生产经营活动，避免和减少安全事故，从而促进和保障经济的发展。

第一条　为了加强特种设备的安全监察，防止和减少事故，保障人民群众生命和财产安全，促进经济发展，制定本条例。

第二条　本条例所称特种设备是指涉及生命安全、危险性较大的锅炉、压力容器（含气瓶，下同）、压力管道、电梯、起重机械、客运索道、大型游乐设施和场（厂）内专用机动车辆。

前款特种设备的目录由国务院负责特种设备安全监督管理的部门（以下简称国务院特种设备安全监督管理部门）制订，报国务院批准后执行。

第三条　特种设备的生产（含设计、制造、安装、改造、维修，下同）、使用、检验检测及其监督检查，应当遵守本条例，但本条例另有规定的除外。

军事装备、核设施、航空航天器、铁路机车、海上设施和船舶以及矿山井下使用的特种设备、民用机场专用设备的安全监察不适用本条例。

房屋建筑工地和市政工程工地用起重机械、场（厂）内专用机动车辆的安装、使用的监督管理，由建设行政主管部门依照有关法律、法规的规定执行。

第四条　国务院特种设备安全监督管理部门负责全国特种设备的安全监察工作，县以上地方负责特种设备安全监督管理的部门对本行政区域内特种设备实施安全监察（以下统称特种设备安全监督管理部门）。

第十四条　电梯及其安全附件、安全保护装置的制造、安装、改造单位，应当经国务院特种设备安全监督管理部门许可，方可从事相应的活动。

前款特种设备的制造、安装、改造单位应当具备下列条件：

（一）有与特种设备制造、安装、改造相适应的专业技术人员和技术工人；

（二）有与特种设备制造、安装、改造相适应的生产条件和检测手段；

（三）有健全的质量管理制度和责任制度。

第十五条　特种设备出厂时，应当附有安全技术规范要求的设计文件、产品质量合格证明、安装及使用维修说明、监督检验证明等文件。

第十六条　电梯的维修单位，应当有与特种设备维修相适应的专业技术人员和技术工人以及必要的检测手段，并经省、自治区、直辖市特种设备安全监督管理部门许可，方可从事相应的维修活动。

第十七条　电梯的安装、改造、维修，必须由电梯制造单位或者其通过合同委托、同意的依照本条例取得许可的单位进行。电梯制造单位对电梯质量以及安全运行涉及的质量问题负责。

特种设备安装、改造、维修的施工单位应当在施工前将拟进行的特种设备安装、改造、维修情况书面告知直辖市或者设区的市的特种设备安全监督管理部门，告知后即可施工。

第十八条　电梯井道的土建工程必须符合建筑工程质量要求。电梯安装施工过程中，电梯安装单位应当遵守施工现场的安全生产要求，落实现场安全防护措施。电梯安装施工过程中，施工现场的安全生产监督，由有关部门依照有关法律、行政法规的规定执行。

电梯安装施工过程中，电梯安装单位应当服从建筑施工总承包单位对施工现场的安全生产管理，并订立合同，明确各自的安全责任。

第十九条　电梯的制造、安装、改造和维修活动，必须严格遵守安全技术规范的要求。电梯制造单位委托或者同意其他单位进行电梯安装、改造、维修活动的，应当对其安装、改造、维修活动进行安全指导和监控。电梯的安装、改造、维修活动结束后，电梯制造单位应当按照安全技术规范的要求对电梯进行校验和调试，并对校验和调试的结果负责。

第二十六条　特种设备使用单位应当建立特种设备安全技术档案。安全技术档案应当包括以下内容：

（一）特种设备的设计文件、制造单位、产品质量合格证明、使用维护说明等文件以及安装技术文件和资料；

（二）特种设备的定期检验和定期自行检查的记录；

（三）特种设备的日常使用状况记录；

（四）特种设备及其安全附件、安全保护装置、测量调控装置及有关附属仪器仪表的日常维护保养记录；

（五）特种设备运行故障和事故记录；

（六）高耗能特种设备的能效测试报告、能耗状况记录以及节能改造技术资料。

第二十七条　特种设备使用单位应当对在用特种设备进行经常性日常维护保养，并定期自行检查。

特种设备使用单位对在用特种设备应当至少每月进行一次自行检查，并作出记录。特种设备使用单位在对在用特种设备进行自行检查和日常维护保养时发现异常情况的，应当及时处理。

第二十八条　特种设备使用单位应当按照安全技术规范的定期检验要求，在安全检验合格有效期届满前1个月向特种设备检验检测机构提出定期检验要求。

未经定期检验或者检验不合格的特种设备，不得继续使用。

第二十九条　特种设备出现故障或者发生异常情况，使用单位应当对其进行全面检查，消除事故隐患后，方可重新投入使用。

第三十一条　电梯的日常维护保养必须由依照本条例取得许可的安装、改造、维修单位或者电梯制造单位进行。

电梯应当至少每15日进行一次清洁、润滑、调整和检查。

第三十二条　电梯的日常维护保养单位应当在维护保养中严格执行国家安全技术规范的要求，保证其维护保养的电梯的安全技术性能，并负责落实现场安全防护措施，保证施工安全。

电梯的日常维护保养单位，应当对其维护保养的电梯的安全性能负责。接到故障通知后，应当立即赶赴现场，并采取必要的应急救援措施。

第三十三条　电梯为公众提供服务的特种设备运营使用单位，应当设置特种设备安全管理机构或者配备专职的安全管理人员。

第六十一条　有下列情形之一的，为特别重大事故：

（一）特种设备事故造成30人以上死亡，或者100人以上重伤（包括急性工业中毒，下同），或者1亿元以上直接经济损失的；

（二）600兆瓦以上锅炉爆炸的；

（三）压力容器、压力管道有毒介质泄漏，造成15万人以上转移的；

（四）客运索道、大型游乐设施高空滞留100人以上并且时间在48小时以上的。

第六十二条　有下列情形之一的，为重大事故：

（一）特种设备事故造成 10 人以上 30 人以下死亡，或者 50 人以上 100 人以下重伤，或者 5000 万元以上 1 亿元以下直接经济损失的；

（二）600 兆瓦以上锅炉因安全故障中断运行 240 小时以上的；

（三）压力容器、压力管道有毒介质泄漏，造成 5 万人以上 15 万人以下转移的；

（四）客运索道、大型游乐设施高空滞留 100 人以上并且时间在 24 小时以上 48 小时以下的。

第六十三条 有下列情形之一的，为较大事故：

（一）特种设备事故造成 3 人以上 10 人以下死亡，或者 10 人以上 50 人以下重伤，或者 1000 万元以上 5000 万元以下直接经济损失的；

（二）锅炉、压力容器、压力管道爆炸的；

（三）压力容器、压力管道有毒介质泄漏，造成 1 万人以上 5 万人以下转移的；

（四）起重机械整体倾覆的；

（五）客运索道、大型游乐设施高空滞留人员 12 小时以上的。

第六十四条 有下列情形之一的，为一般事故：

（一）特种设备事故造成 3 人以下死亡，或者 10 人以下重伤，或者 1 万元以上 1000 万元以下直接经济损失的；

（二）压力容器、压力管道有毒介质泄漏，造成 500 人以上 1 万人以下转移的；

（三）电梯轿厢滞留人员 2 小时以上的；

（四）起重机械主要受力结构件折断或者起升机构坠落的；

（五）客运索道高空滞留人员 3.5 小时以上 12 小时以下的；

（六）大型游乐设施高空滞留人员 1 小时以上 12 小时以下的。

除前款规定外，国务院特种设备安全监督管理部门可以对一般事故的其他情形做出补充规定。

第七十一条 本章所称的"以上"包括本数，所称的"以下"不包括本数。

第七十五条 未经许可，擅自从事电梯及其安全附件、安全保护装置的制造、安装、改造活动的，由特种设备安全监督管理部门予以取缔，没收非法制造的产品，已经实施安装、改造的，责令恢复原状或者责令限期由取得许可的单位重新安装、改造，处 10 万元以上 50 万元以下罚款；触犯刑律的，对负有责任的主管人员和其他直接责任人员依照刑法关于生产、销售伪劣产品罪、非法经营罪、重大责任事故罪或者其他罪的规定，依法追究刑事责任。

第七十六条 特种设备出厂时，未按照安全技术规范的要求附有设计文件、产品质量合格证明、安装及使用维修说明、监督检验证明等文件的，由特种设备安全监督管理部门责令改正；情节严重的，责令停止生产、销售，处违法生产、销售货值金额 30% 以下罚款；有违法所得的，没收违法所得。

第七十七条 未经许可，擅自从事电梯的维修或者日常维护保养的，由特种设备安全监督管理部门予以取缔，处 1 万元以上 5 万元以下罚款；有违法所得的，没收违法所得；触犯刑律的，对负有责任的主管人员和其他直接责任人员依照刑法关于非法经营罪、重大责任事故罪或者其他罪的规定，依法追究刑事责任。

第七十八条 电梯的安装、改造、维修的施工单位，在施工前未将拟进行的特种设备安装、改造、维修情况书面告知直辖市或者设区的市的特种设备安全监督管理部门即行施工的，或者在验收后 30 日内未将有关技术资料移交电梯的使用单位的，由特种设备安全监督管理部门责令限期改正；逾期未改正的，处 2000 元以上 1 万元以下罚款。

第七十九条　电梯的安装、改造、重大维修过程，未经国务院特种设备安全监督管理部门核准的检验检测机构按照安全技术规范的要求进行监督检验的，由特种设备安全监督管理部门责令改正，已经出厂的，没收违法生产、销售的产品，已经实施安装、改造、重大维修的，责令限期进行监督检验，处 5 万元以上 20 万元以下罚款；有违法所得的，没收违法所得；情节严重的，撤销制造、安装、改造或者维修单位已经取得的许可，并由工商行政管理部门吊销其营业执照；触犯刑律的，对负有责任的主管人员和其他直接责任人员依照刑法关于生产、销售伪劣产品罪或者其他罪的规定，依法追究刑事责任。

第八十一条　电梯制造单位有下列情形之一的，由特种设备安全监督管理部门责令限期改正；逾期未改正的，予以通报批评：

（一）未依照本条例第十九条的规定对电梯进行校验、调试的；

（二）对电梯的安全运行情况进行跟踪调查和了解时，发现存在严重事故隐患，未及时向特种设备安全监督管理部门报告的。

第九十条　特种设备作业人员违反特种设备的操作规程和有关的安全规章制度操作，或者在作业过程中发现事故隐患或者其他不安全因素，未立即向现场安全管理人员和单位有关负责人报告的，由特种设备使用单位给予批评教育、处分；情节严重的，撤销特种设备作业人员资格；触犯刑律的，依照刑法关于重大责任事故罪或者其他罪的规定，依法追究刑事责任。

第九十九条　本条例下列用语的含义是：

（四）电梯，是指动力驱动，利用沿刚性导轨运行的箱体或者沿固定线路运行的梯级（踏步），进行升降或者平行运送人、货物的机电设备，包括载人（货）电梯、自动扶梯、自动人行道等。

特种设备包括其所用的材料、附属的安全附件、安全保护装置和与安全保护装置相关的设施。

第一百零二条　特种设备行政许可、检验检测，应当按照国家有关规定收取费用。

第一百零三条　本条例自 2003 年 6 月 1 日起施行。1982 年 2 月 6 日国务院发布的《锅炉压力容器安全监察暂行条例》同时废止。

第三节　《特种设备作业人员监督管理办法》条文摘录

2005 年 1 月 10 日国家质量监督检验检疫总局令第 70 号发布，2011 年 5 月 3 日国家质量监督检验检疫总局令第 140 号修订。

第一条　为了加强特种设备作业人员监督管理工作，规范作业人员考核发证程序，保障特种设备安全运行，根据《中华人民共和国行政许可法》、《特种设备安全监察条例》和《国务院对确需保留的行政审批项目设定行政许可的决定》，制定本办法。

第二条　锅炉、压力容器（含气瓶）、压力管道、电梯、起重机械、客运索道、大型游乐设施、场（厂）内专用机动车辆等特种设备的作业人员及其相关管理人员统称特种设备作业人员。

从事特种设备作业的人员应当按照本办法的规定，经考核合格取得《特种设备作业人员证》，方可从事相应的作业或者管理工作。

第三条　国家质量监督检验检疫总局（以下简称国家质检总局）负责全国特种设备作业人员的监督管理，县以上质量技术监督部门负责本辖区内的特种设备作业人员的监督管理。

第四条　申请《特种设备作业人员证》的人员，应当首先向省级质量技术监督部门指定的特种设备作业人员考试机构（以下简称考试机构）报名参加考试。

第五条　特种设备生产、使用单位（以下统称用人单位）应当聘（雇）用取得《特种设备作业人员证》的人员从事相关管理和作业工作，并对作业人员进行严格管理。

特种设备作业人员应当持证上岗，按章操作，发现隐患及时处置或者报告。

第六条　特种设备作业人员考核发证工作由县以上质量技术监督部门分级负责。省级质量技术监督部门决定具体的发证分级范围，负责对考核发证工作的日常监督管理。

申请人经指定的考试机构考试合格的，持考试合格凭证向考试场所所在地的发证部门申请办理《特种设备作业人员证》。

第七条　特种设备作业人员考试机构应当具备相应的场所、设备、师资、监考人员以及健全的考试管理制度等必备条件和能力，经发证部门批准，方可承担考试工作。

发证部门应当对考试机构进行监督，发现问题及时处理。

第八条　特种设备作业人员考试和审核发证程序包括：考试报名、考试、领证申请、受理、审核、发证。

第九条　发证部门和考试机构应当在办公处所公布本办法、考试和审核发证程序、考试作业人员种类、报考具体条件、收费依据和标准、考试机构名称及地点、考试计划等事项。其中，考试报名时间、考试科目、考试地点、考试时间等具体考试计划事项，应当在举行考试之日 2 个月前公布。

有条件的应当在有关网站、新闻媒体上公布。

第十条　申请《特种设备作业人员证》的人员应当符合下列条件：

（一）年龄在 18 周岁以上；

（二）身体健康并满足申请从事的作业种类对身体的特殊要求；

（三）有与申请作业种类相适应的文化程度；

（四）具有相应的安全技术知识与技能；

（五）符合安全技术规范规定的其他要求。

作业人员的具体条件应当按照相关安全技术规范的规定执行。

第十一条　用人单位应当对作业人员进行安全教育和培训，保证特种设备作业人员具备必要的特种设备安全作业知识、作业技能和及时进行知识更新。作业人员未能参加用人单位培训的，可以选择专业培训机构进行培训。

作业人员培训的内容按照国家质检总局制定的相关作业人员培训考核大纲等安全技术规范执行。

第十二条　符合条件的申请人员应当向考试机构提交有关证明材料，报名参加考试。

第十三条　考试机构应当制订和认真落实特种设备作业人员的考试组织工作的各项规章

制度，严格按照公开、公正、公平的原则，组织实施特种设备作业人员的考试，确保考试工作质量。

第十四条　考试结束后，考试机构应当在20个工作日内将考试结果告知申请人，并公布考试成绩。

第十五条　考试合格的人员，凭考试结果通知单和其他相关证明材料，向发证部门申请办理《特种设备作业人员证》。

第十六条　发证部门应当在5个工作日内对报送材料进行审查，或者告知申请人补正申请材料，并作出是否受理的决定。能够当场审查的，应当当场办理。

第十七条　对同意受理的申请，发证部门应当在20个工作日内完成审核批准手续。准予发证的，在10个工作日内向申请人颁发《特种设备作业人员证》；不予发证的，应当书面说明理由。

第十八条　特种设备作业人员考核发证工作遵循便民、公开、高效的原则。为方便申请人办理考核发证事项，发证部门可以将受理和发放证书的地点设在考试报名地点，并在报名考试时委托考试机构对申请人是否符合报考条件进行审查，考试合格后发证部门可以直接办理受理手续和审核、发证事项。

第十九条　持有《特种设备作业人员证》的人员，必须经用人单位的法定代表人（负责人）或者其授权人雇（聘）用后，方可在许可的项目范围内作业。

第二十条　用人单位应当加强对特种设备作业现场和作业人员的管理，履行下列义务：

（一）制订特种设备操作规程和有关安全管理制度；

（二）聘用持证作业人员，并建立特种设备作业人员管理档案；

（三）对作业人员进行安全教育和培训；

（四）确保持证上岗和按章操作；

（五）提供必要的安全作业条件；

（六）其他规定的义务。

用人单位可以指定一名本单位管理人员作为特种设备安全管理负责人，具体负责前款规定的相关工作。

第二十一条　特种设备作业人员应当遵守以下规定：

（一）作业时随身携带证件，并自觉接受用人单位的安全管理和质量技术监督部门的监督检查；

（二）积极参加特种设备安全教育和安全技术培训；

（三）严格执行特种设备操作规程和有关安全规章制度；

（四）拒绝违章指挥；

（五）发现事故隐患或者不安全因素应当立即向现场管理人员和单位有关负责人报告；

（六）其他有关规定。

第二十二条　《特种设备作业人员证》每4年复审一次。持证人员应当在复审期届满3个月前，向发证部门提出复审申请。对持证人员在4年内符合有关安全技术规范规定的不间断作业要求和安全、节能教育培训要求，且无违章操作或者管理等不良记录、未造成事故的，发证部门应当按照有关安全技术规范的规定准予复审合格，并在证书正本上加盖发证部门复审合格章。

复审不合格、逾期未复审的，其《特种设备作业人员证》予以注销。

第二十三条　有下列情形之一的，应当撤销《特种设备作业人员证》：

（一）持证作业人员以考试作弊或者以其他欺骗方式取得《特种设备作业人员证》的；

（二）持证作业人员违反特种设备的操作规程和有关的安全规章制度操作，情节严重的；

（三）持证作业人员在作业过程中发现事故隐患或者其他不安全因素未立即报告，情节严重的；

（四）考试机构或者发证部门工作人员滥用职权、玩忽职守、违反法定程序或者超越发证范围考核发证的；

（五）依法可以撤销的其他情形。

违反前款第（一）项规定的，持证人3年内不得再次申请《特种设备作业人员证》。

第二十四条　《特种设备作业人员证》遗失或者损毁的，持证人应当及时报告发证部门，并在当地媒体予以公告。查证属实的，由发证部门补办证书。

第二十五条　任何单位和个人不得非法印制、伪造、涂改、倒卖、出租或者出借《特种设备作业人员证》。

第二十六条　各级质量技术监督部门应当对特种设备作业活动进行监督检查，查处违法作业行为。

第二十七条　发证部门应当加强对考试机构的监督管理，及时纠正违规行为，必要时应当派人现场监督考试的有关活动。

第二十八条　发证部门要建立特种设备作业人员监督管理档案，记录考核发证、复审和监督检查的情况。发证、复审及监督检查情况要定期向社会公布。

发证部门应当在发证或者复审合格后20个工作日内，将特种设备作业人员相关信息录入国家质检总局特种设备作业人员公示查询系统。

第二十九条　特种设备作业人员考试报名、考试、领证申请、受理、审核、发证等环节的具体规定，以及考试机构的设立、《特种设备作业人员证》的注销和复审等事项，按照国家质检总局制定的特种设备作业人员考核规则等安全技术规范执行。

第三十条　申请人隐瞒有关情况或者提供虚假材料申请《特种设备作业人员证》的，不予受理或者不予批准发证，并在1年内不得再次申请《特种设备作业人员证》。

第三十一条　有下列情形之一的，责令用人单位改正，并处1000元以上3万元以下罚款：

（一）违章指挥特种设备作业的；

（二）作业人员违反特种设备的操作规程和有关的安全规章制度操作，或者在作业过程中发现事故隐患或者其他不安全因素未立即向现场管理人员和单位有关负责人报告，用人单位未给予批评教育或者处分的。

第三十二条　非法印制、伪造、涂改、倒卖、出租、出借《特种设备作业人员证》，或者使用非法印制、伪造、涂改、倒卖、出租、出借《特种设备作业人员证》的，处1000元以下罚款；构成犯罪的，依法追究刑事责任。

第三十三条　发证部门未按规定程序组织考试和审核发证，或者发证部门未对考试机构严格监督管理影响特种设备作业人员考试质量的，由上一级发证部门责令整改；情节严重的，其负责的特种设备作业人员的考核工作由上一级发证部门组织实施。

第三十四条　考试机构未按规定程序组织考试工作，责令整改；情节严重的，暂停或者撤销其批准。

第三十五条　发证部门或者考试机构工作人员滥用职权、玩忽职守、以权谋私的，应当依法给予行政处分；构成犯罪的，依法追究刑事责任。

第三十六条　特种设备作业人员未取得《特种设备作业人员证》上岗作业，或者用人单位未对特种设备作业人员进行安全教育和培训的，按照《特种设备安全监察条例》第八十六条的规定对用人单位予以处罚。

第三十七条　《特种设备作业人员证》的格式、印制等事项由国家质检总局统一规定。

第三十八条　考试收费按照财政和价格主管部门的规定执行。

第三十九条　本办法不适用于从事房屋建筑工地和市政工程工地起重机械、场（厂）内专用机动车辆作业及其相关管理的人员。

第四十条　本办法由国家质检总局负责解释。

第四十一条　本办法自 2005 年 7 月 1 日起施行。原有规定与本办法要求不一致的，以本办法为准。

第四节
TSG Z6001—2019《特种设备作业人员考核规则》条文摘录

第一条　为了规范特种设备作业人员考核工作，根据《中华人民共和国特种设备安全法》《特种设备安全监察条例》《特种设备作业人员监督管理办法》，制定本规则。

第二条　本规则适用于国家市场监督管理总局制定发布的《特种设备作业人员资格认定分类与项目》范围内特种设备作业人员（含安全管理人员）资格的考核工作。

特种设备焊接作业人员的资格考核工作应当同时满足相关安全技术规范的要求。

第三条　特种设备作业人员应当按照本规则的要求，取得《特种设备安全管理和作业人员证》后，方可从事相应的作业活动。

第四条　特种设备作业人员考核发证工作由县级以上地方市场监督管理部门分级负责。具体发证机关及发证项目由省级市场监督管理部门确定并公布。

第五条　发证机关委托考试机构组织考试，或者自行组织考试。

第六条　省级市场监督管理部门负责制定考试机构的具体条件和委托要求。

设区的市级市场监督管理部门或发证机关按照考试机构的具体条件在全国范围内选择并推荐考试机构，省级市场监督管理部门统筹形成本省考试机构备选库并公布，考试机构备选库应当覆盖本省所有的发证项目。

发证机关通过购买服务或其他方式，从考试机构备选库内选择考试机构并委托考试，向社会公布其委托的考试机构名称、地址、联系方式和考试项目。

第七条　对于氧舱、大型游乐设施、客运索道、安全阀等作业人员较少的项目，由省级市场监督管理部门发证；省级市场监督管理部门确定由设区的市级市场监督管理部门或者县级市场监督管理部门发证的，由省级市场监督管理部门统一确定考试机构。

第八条　国家市场监督管理总局负责全国特种设备作业人员考核工作的监督管理，县级以上地方市场监督管理部门负责本行政区域内特种设备作业人员考核工作的监督管理和对考试机构进行监督检查。

第九条　考试机构应当满足下列基本条件：

（一）具有法人资质；

（二）有常设的组织管理部门和固定办公场所，专职人员不少于3名；

（三）建立考试管理制度，包括保密、命题、试卷运输、现场考试、阅卷、结果上报、档案、应急预案、题库管理等制度，并且能有效实施；

（四）根据相应考试大纲，明确考试范围、考试方式和合格指标；

（五）设立现场考试基地及考点，具备满足相应考试大纲要求的场所、设备设施和能力；

（六）具有满足考试需要的考试管理人员和考评人员。考评人员应当具备大专以上学历和本专业5年以上工作经历，具有丰富的实践操作经验，熟悉考试程序、考试管理、考试内容及评分要求，并且具有相应的作业人员资格；

（七）考试现场应当配备信息化人证比对系统，并且留存考试影像资料；必要时应在考试机位设置自动视频抓拍系统。

第十条　考试机构主要职责：

（一）公布考试机构的报名方式和考试地点、考试计划、考试种类和作业项目、报名要求、考试程序等；

（二）公布理论知识考试和实际操作技能考试的范围、项目；

（三）按照考试大纲的要求进行理论知识考试和实际操作技能考试；

（四）公布和上报考试结果；

（五）建立特种设备作业人员考试档案；

（六）向发证机关提交年度工作总结等。

第十一条　考试机构应当在本机构的考点和考试基地，对符合条件的报名人员进行理论知识考试和实际操作技能考试。因特殊原因，需要利用非本机构的考试基地进行考试的，应当事先报发证机关书面同意。

考试机构不得从事委托考试项目的培训工作。

第十二条　各种类特种设备作业人员考试大纲见本规则附件。

第十三条　特种设备作业人员考核程序包括申请、受理、考试和发证。

第十四条　申请人应当符合下列条件：

（一）年龄18周岁以上且不超过60周岁，并且具有完全民事行为能力；

（二）无妨碍从事作业的疾病和生理缺陷，并且满足申请从事的作业项目对身体条件的要求；

（三）具有初中以上学历，并且满足相应申请作业项目要求的文化程度；

（四）符合相应的考试大纲的专项要求。

第十五条　申请人应当向工作所在地或者户籍（户口或者居住证）所在地的发证机关提交下列申请资料：

（一）《特种设备作业人员资格申请表》（1份）；

（二）近期2寸正面免冠白底彩色照片（2张）；

（三）身份证明（复印件1份）；

（四）学历证明（复印件1份）；

（五）体检报告（1份，相应考试大纲有要求的）。

申请人也可通过发证机关指定的网上报名系统填报申请，并且附前款要求提交的资料的扫描文件（PDF或者JPG格式）。

第十六条　发证机关在收到申请后的5个工作日内，应当作出是否受理的决定。需要申请人补充材料的，应当一次性告知申请人需要补正的内容。

予以受理的，发证机关应当告知申请人受理结果。申请人持受理结果到发证机关委托的考试机构报名，并按时参加考试。

不予以受理的，发证机关应当告知申请人不予受理结果，并说明原因。

第十七条　考试机构应当于考试前2个月公布考试时间、地点、作业项目等事项，需要更改考试时间、地点、作业项目的，应当及时通知已报名的申请人员。

第十八条　省级市场监督管理部门负责建立考试题库，或者采用全国统一考试题库；题库中的试题应当覆盖考试大纲全部知识点，每份试卷中考试试题的数量不超过题库试题总量的5%。

第十九条　考试机构应当按照相应考试大纲的要求组织考试，遵循公开、公平、公正原则，严格执行考试管理制度，确保考试工作质量。

第二十条　特种设备作业人员的考试包括理论知识考试和实际操作技能考试，特种设备安全管理人员只进行理论知识考试。

考试实行百分制，单科成绩达到70分为合格；每科均合格，评定为考试合格。

第二十一条　考试成绩有效期1年。单项考试科目不合格者，1年内可以向原考试机构申请补考1次。两项均不合格或者补考不合格者，应当向发证机关重新提出考核申请。

第二十二条　考试机构应当在考试结束后的20个工作日内公布考试合格人员名单，并将考试结果报送发证机关。申请人向考试机构查询成绩的，考试机构应当告知。

第二十三条　发证机关自行组织考试的，应当符合以上要求。

第二十四条　发证机关应当在收到考试结果后的20个工作日内完成审批发证工作。

第二十五条　持证人员应当在持证项目有效期届满的1个月以前，向工作所在地或者户籍（户口或者居住证）所在地的发证机关提出复审申请，并提交下列资料：

（一）《特种设备作业人员资格复审申请表》（1份）；

（二）《特种设备安全管理和作业人员证》（原件）。

第二十六条　满足下列要求的，复审合格：

（一）年龄不超过65周岁；

（二）持证期间，无违章作业、未发生责任事故；

（三）持证期间，《特种设备安全管理和作业人员证》的聘用记录中所从事持证项目的作业时间连续中断未超过1年。

第二十七条　发证机关办理复审时，应当登录"全国特种设备公示信息查询平台"，核实《特种设备安全管理和作业人员证》的真实性和有效性；无法核实的，申请人应当重新申请取证或者回原发证机关提交复审申请。

第二十八条　发证机关办理复审时，能够当场办理的，应当当场办理完成；需要补正申请材料的，应当一次性告知。复审不合格的，应当说明理由。发证机关应当在10个工作日内完成复审工作。

第二十九条　复审不合格、证书有效期逾期未申请复审的持证人员，需要继续从事该项目作业活动的，应当重新申请取证。

第三十条　特种设备焊接作业人员按照相应的安全技术规范的规定复审。

第三十一条　考试机构应当建立申请人员考试档案，包括考试人员名单及成绩、考试试卷、实际操作技能考试记录、考试现场记录（含考试现场影像）等。考试现场影像资料保存期不少于 3 年，其他档案保存期不少于 10 年。

第三十二条　发证机关应当建立特种设备作业人员发证档案，包括《特种设备作业人员资格申请表》《特种设备作业人员资格复审申请表》、受理结果、考试机构上报的考试结果、审批记录、结果发布的文件、发放记录等。档案保存期不少于 10 年。

对于提供虚假材料及承诺的、考试作弊的，以及违反操作规程和有关安全规章制度造成事故的，由发证机关记入特种设备作业人员发证档案。

第三十三条　发证机关应当在发证（复审）后的 20 个工作日内，将取证（复审）人员信息上传"全国特种设备公示信息查询平台"。

第三十四条　《特种设备安全管理和作业人员证》遗失或者损毁的，持证人员应当向原发证机关申请补发，并提交身份证明、遗失或者损毁的书面声明及近期 2 寸正面免冠白底彩色照片。原持证项目有效期不变。

第三十五条　申请人对考试结果有异议，可以在考试结果发布后的 1 个月以内向考试机构提出复核要求，考试机构应当在收到复核申请的 20 个工作日以内予以答复；对考试机构答复结果有异议的，可以书面向发证机关提出申诉。

发证机关自行组织考试的，申请人向发证机关提出复核要求。

第三十六条　《特种设备安全管理和作业人员证》可加印二维码。

第三十七条　本规则所称的"以上"包括本数；所称的"不超过"，不包括本数。

第三十八条　本规则由国家市场监督管理总局负责解释。

第三十九条　本规则自 2019 年 6 月 1 日起施行，下列安全技术规范和文件同时废止：

（1）《特种设备作业人员考核规则》（TSG Z6001—2013，2013 年 1 月 16 日质检总局颁布，国家市场监督管理总局 2019 年第 8 号公告附件 2 进行修订）；

（2）《特种设备质量管理负责人考核大纲（试行）》（2013 年 2 月 7 日，国质检特函〔2013〕84 号附件 1）；

（3）《特种设备安全管理负责人考核大纲（试行）》（2013 年 2 月 7 日，国质检特函〔2013〕84 号附件 2，2017 年第 1 号修改单）；

（4）《场（厂）内专用机动车辆作业人员考核大纲（试行）》（2013 年 2 月 7 日，国质检特函〔2013〕84 号附件 3）；

（5）《锅炉安全管理人员和操作人员考核大纲》（TSG G6001—2009，2009 年 12 月 29 日质检总局颁布）；

（6）《锅炉水处理作业人员考核大纲》（TSG G6003—2008，2008 年 2 月 21 日质检总局颁布）；

（7）《压力容器安全管理人员和操作人员考核大纲》（TSG R6001—2011，2011 年 5 月 10 日质检总局颁布）；

（8）《医用氧舱维护管理人员考核大纲》（TSG R6002—2006，2006 年 4 月 19 日质检总局颁布）；

（9）《气瓶充装人员考核大纲》（TSG R6004—2006，2006 年 4 月 19 日质检总局颁布）；

（10）《电梯安全管理人员和作业人员考核大纲》（TSG T6001—2007，2007 年 8 月 8 日质检总局颁布）；

（11）《起重机械安全管理人员和作业人员考核大纲》（国质检特〔2013〕680 号，2014 年 3 月 1 日起施行）；

（12）《客运索道安全管理人员和作业人员考核大纲》（TSG S6001—2008，2008 年 2 月 21 日质检总局颁布）；

（13）《大型游乐设施安全管理人员和作业人员考核大纲》（TSG Y6001—2008，2008 年 2 月 21 日质检总局颁布）；

（14）《安全阀维修人员考核大纲》（TSG ZF002—2005，2005 年 11 月 8 日质检总局颁布）；

（15）《压力容器压力管道带压密封作业人员考核大纲》（TSG R6003—2006，2006 年 4 月 19 日质检总局颁布）；

（16）《压力管道安全管理人员和操作人员考核大纲》（TSG D6001—2006，2006 年 4 月 19 日质检总局颁布）。

本规则施行之前发布的其他与特种设备作业人员考核相关的通知文件等，其要求与本规则不一致的，以本规则为准。

第五节

TSG 08—2017《特种设备使用管理规则》条文摘录

1.1 目的

为规范特种设备使用管理，保障特种设备安全经济运行，根据《中华人民共和国特种设备安全法》《中华人民共和国安全生产法》《中华人民共和国节约能源法》和《特种设备安全监察条例》，制定本规则。

1.2 适用范围

本规则适用于《特种设备目录》范围内特种设备的安全与节能管理。

2.1 使用单位含义

2.1.1 一般规定

本规则所指的使用单位，是指具有特种设备使用管理权的单位（注 2-1）或者具有完全民事行为能力的自然人，一般是特种设备的产权单位（产权所有人，下同），也可以是产权单位通过符合法律规定的合同关系确立的特种设备实际使用管理者。特种设备属于共有的，共有人可以委托物业服务单位或者其他管理人管理特种设备，受托人是使用单位；共有人未委托的，实际管理人是使用单位；没有实际管理人，共有人是使用单位。

特种设备用于出租的，出租期间，出租单位是使用单位；法律另有规定或者当事人合同约定的，从其规定或者约定。

注 2-1：单位包括公司、子公司、机关事业单位、社会团体等具有法人资格的单位和具有营业执照的分公司、个体工商户等。

2.1.2　特别规定

新安装未移交业主的电梯，项目建设单位是使用单位；委托物业服务单位管理的电梯，物业服务单位是使用单位；产权单位自行管理的电梯，产权单位是使用单位。

2.3　特种设备安全管理机构

2.3.1　职责

特种设备安全管理机构是指使用单位中承担特种设备安全管理职责的内设机构。

2.3.2　机构设置

符合下列条件之一的特种设备使用单位，应当根据本单位特种设备的类别、品种、用途、数量等情况设置特种设备安全管理机构，逐台落实安全责任人：

（2）使用为公众提供运营服务电梯的（注2-2），或者在公众聚集场所（注2-3）使用30台以上（含30台）电梯的；

（5）使用特种设备（不含气瓶）总量50台以上（含50台）的。

注2-2：为公众提供运营服务的特种设备使用单位，是指以特种设备作为经营工具的使用单位。

注2-3：公众聚集场所，是指学校、幼儿园、医疗机构、车站、机场、客运码头、商场、餐饮场所、体育场馆、展览馆、公园、宾馆、影剧院、图书馆、儿童活动中心、公共浴池、养老机构等。

2.4　管理人员和作业人员

2.4.1　主要负责人

主要负责人是指特种设备使用单位的实际最高管理者，对其单位所使用的特种设备安全节能负总责。

2.4.2　安全管理人员

2.4.2.1　安全管理负责人

特种设备使用单位应当配备安全管理负责人。特种设备安全管理负责人是指使用单位最高管理层中主管本单位特种设备使用安全管理的人员。按照本规则要求设置安全管理机构的使用单位安全管理负责人，应当取得相应的特种设备安全管理人员资格证书。

2.4.2.2.2　安全管理员配备

特种设备使用单位应当根据本单位特种设备的数量、特性等配备适当数量的安全管理员。使用各类特种设备（不含气瓶）总量20台以上（含20台）的应当配备专职安全管理员，并且取得相应的特种设备安全管理人员资格证书，20台以下的使用单位可以配备兼职安全管理员，也可以委托具有特种设备安全管理人员资格的人员负责使用管理，但是特种设备安全使用的责任主体仍然是使用单位。

2.7　维护保养与检查

2.7.1　经常性维护保养

使用单位应当根据设备特点和使用状况对特种设备进行经常性维护保养，维护保养应当符合有关安全技术规范和产品使用维护保养说明的要求。对发现的异常情况及时处理，并且作出记录，保证在用特种设备始终处于正常使用状态。使用单位应当选择具有相应电梯维保资质的单位签订维保合同实施维护保养。

2.7.2　定期自行检查

为保证特种设备的安全运行，特种设备使用单位应当根据所使用特种设备的类别、品种和特性进行定期自行检查。

定期自行检查的时间、内容和要求应当符合有关安全技术规范的规定及产品使用维护保养说明的要求。

2.9　安全警示

电梯的运营使用单位应当将安全使用说明、安全注意事项和安全警示标志置于易于引起乘客注意的位置。

2.10　定期检验

（1）使用单位应当在特种设备定期检验有效期届满的 1 个月以前，向特种设备检验机构提出定期检验申请，并且做好相关的准备工作。

2.11　隐患排查与异常情况处理

2.11.1　隐患排查

使用单位应当按照隐患排查治理制度进行隐患排查，发现事故隐患应当及时消除，待隐患消除后，方可继续使用。

2.11.2　异常情况处理

特种设备在使用中发现异常情况的，作业人员或者维护保养人员应当立即采取应急措施，并且按照规定的程序向使用单位特种设备安全管理人员和单位有关负责人报告。

使用单位应当对出现故障或者发生异常情况的特种设备及时进行全面检查，查明故障和异常情况原因，并且及时采取有效措施，必要时停止运行，安排检验、检测，不得带病运行、冒险作业，待故障、异常情况消除后，方可继续使用。

2.12　应急预案与事故处置

2.12.1　应急预案

按照本规则要求设置特种设备安全管理机构和配备专职安全管理员的使用单位，应当制定特种设备事故应急专项预案，每年至少演练一次，并且作出记录。

2.12.2　事故处置

发生特种设备事故的使用单位，应当根据应急预案，立即采取应急措施，组织抢救，防止事故扩大，减少人员伤亡和财产损失，并按照《特种设备事故报告和调查处理规定》的要求，向特种设备安全监管部门和有关部门报告，同时配合事故调查和做好善后处理工作。

发生自然灾害危及特种设备安全时，使用单位应当立即疏散、撤离有关人员，采取防止危害扩大的必要措施，同时向特种设备安全监管部门和有关部门报告。

第六章
电梯事故案例分析

随着高层建筑的增多,电梯已成为必不可少的垂直运行的交通工具,其安全性能越来越受到各方面的关注。国家将电梯划归危险性较大的特种设备,它客观上存在着诸多不安全因素,伤亡事故频率较高。它的每一起安全事故,除了造成人员的伤亡、设备的损坏及其他经济损失,还会在社会上引起较大的震动,使人们乘坐电梯的安全感受到动摇,给用户在心理上造成阴影。因此,每一位从事与电梯工作有关的人员应共同努力并防患于未然,杜绝事故的发生。

第一节　电梯机房事故案例分析

在机房作业时,除注意自身安全,穿戴好防护用品,不要触电,还应有人统一调度,避免上下同时作业。人员在垂直方向重叠作业是违反检修操作规程的。在电梯调试和检修时如需在机房操作,应先与轿厢内人员联系,并在机房关闭层门、轿门,并切断门机回路方可进行。

案例1　电梯制造厂技术员违章穿戴操作电器导致触电死亡

某电梯制造厂技术人员张某与龚某校验一台电梯控制屏时,发现控制回路还存在问题,有误动作产生,于是两人回到办公室看图纸分析原因,看完后又回到车间继续校验。为排除控制回路失控问题,张某在控制屏的前面,分别在 JX 和 JXF 线圈的进端用电线指向控制屏的反面,由龚某检查线路去向是否正确。经检查线路是正确的,结果张某一时不知问题在哪里,就坐在一旁看图纸。大约十多秒后,突然听到龚某的叫声,张某立即转身将电源切断。事故发生后,对龚某做了人工呼吸,又送至医院,但他终因伤势过重死亡。

事故原因分析: 受害者未按安全要求穿戴工作服与绝缘鞋,违章穿短袖上衣、短裤、风凉鞋,致使右膝关节上方偏内侧处触及控制屏内的电源相线,导致触电死亡。对于调试人员操作时直接接触带电体造成的触电事故,采取穿戴有效的绝缘手套、绝缘鞋、工作服进行隔离的方法可有效防止。同时,作为调试人员及操作者,应清楚了解控制屏的基本构造和哪些是带电体,以及调试操作的安全注意事项。

案例2　蜗轮齿断裂引起的轿厢冲顶

一电梯承载 1 人从 4 楼向 1 楼运行过程中,在 2 楼附近反向并快速冲顶。现场勘验发现:轿厢冲顶,轿顶护栏支撑杆撞破轿顶地板插入轿厢内;蜗轮齿全部断裂,蜗杆齿完好,变速箱外壳完好；对重架落在对重缓冲器上，钢丝绳松弛，全部脱离对重反绳轮，导靴脱离导轨；限速器处于动作状态；电梯无上行超速保护装置；机房勘验没有发现可能出现异常冲击的迹象。事故现场照片如图 6-1 所示。

图　6-1

对全部 67 个蜗轮断齿进行失效分析后得知：材料为高铝铸造锌合金；断齿中心部位存在数量较多、尺寸较大的气孔、疏松、缩松、夹杂物等缺陷；微观分析表明轮齿断裂为冲击载荷作用引起的解理断裂。

综合以上分析，事故发生起因较大可能是由于蜗轮齿圈的制造缺陷使得其轮齿抗冲击能力较差，在电梯运行过程中轮齿发生冲击断裂，导致轿厢失控冲顶。对于该设备的修复，如果蜗轮齿圈继续采用高铝铸造锌合金，由于工艺原因不能保证其机械性能，建议更换为传统材料制造的蜗轮齿圈。

案例 3　由于操作不熟练，底坑作业被撞伤

某厂在检修底坑设施的同时，又在机房调整制动器，由于操作不熟练，松闸后使对重快速下滑，机房内人员惊慌失措未采取有效措施，导致底坑作业人员被撞伤。

案例 4　电梯在检修中不慎起动导致一人被挤死

某大学的乘客电梯正在检修，操作人员在机房手动操作，没有先关闭层门、轿门，即将电梯起动，由于未和轿厢内人员联系，轿内人员恰好从轿厢内往外走，结果一人被当场挤死。

案例 5 一维修人员在电梯轿厢因故外跳，坠入井道摔死

某大学宿舍的乘客电梯，维修人员在调整电梯制动器时，将制动器打开后没有复位就送电投入运行。一维修人员在电梯轿顶作业，当电梯运行至 1 楼，因无制动器，直接撞到了缓冲器上，又因对重重于轿厢，电梯继而向上滑行，并且越滑越快，站在轿顶的维修人员因害怕，打开层门向外跳时坠入井道，当场摔死。

案例 6 电梯冲顶事故

一幢 24 层楼的电梯，由于维修人员在作业时忘记拔出开闸扳手，随着电梯运行的震颤，扳手越插越紧，最终导致制动器无法闭合。这时电梯回到 1 层，维修人员正欲从轿顶撤出，却发现电梯自动上行，正犹豫间只见电梯移动越来越快。他按下轿顶急停开关，但无济于事，维修人员无计可施。电梯失控，加速冲向 24 层，维修人员立即将身体收拢，蜷伏在轿顶的最低处。轰隆一声巨响，轿厢冲顶震动了整个大楼。维修人员的性命保住了，但轿顶复绕轮被楼板击碎，机房顶面拱起一个大大的鼓包。

事故原因分析：机房事故主要发生在安装或检修作业中。在机房作业时，除注意自身安全，穿戴好防护用品，不要触电外，还应有人统一调度，避免上下同时作业。人员在垂直方向重叠作业是违反检修操作规程的。在电梯调试和检修时如需在机房操作，应先与轿厢内人员联系，在关闭层门、轿门，并切断门机回路后方可进行。制动器是电梯的"刹车"，在检修时，经常需调整制动器间隙，在停电或故障关人时，也需打开制动器用手轮盘车，在进行操作时，需谨慎小心，如发现异常应立即复位。对于可使制动器卡阻无法闭合的开闸扳手，使用完毕应及时拔出开闸扳手。

第二节 电梯井道事故案例分析

井道是电梯事故主要的发生地点，大部分电梯事故都发生在井道内，包括坠落事故、冲顶或蹲底事故、困人事故等。

案例 1 轿厢蹲底，乘客受伤

某写字楼 19 楼刚结束业务培训，约 150 名员工欲乘写字楼内的 3 台电梯下到 1 楼。已运送完第一批乘客准备返回 19 楼的 A1 号乘客电梯（以下简称事故电梯），在 21 名乘客进入轿厢后，高速滑行到-1 楼，并发生了轿厢蹲底事故，导致 12 名乘客轻伤。

事故现场：事故电梯的额定载重量为 1000kg，额定乘客人数为 13 人，额定速度为 2.5m/s，为 23 层 21 站的曳引式乘客电梯。

使用单位在电梯安装验收合格后，对事故电梯做了如下装修：轿厢地板增加大理石，轿顶增设空调设备等，后来又对轿壁增加了不锈钢装饰板。对电梯进行平衡系数试验，该事故电梯的平衡系数是 0.01。

下端站（地下室-1 楼）层门呈"八"字形打开（见图 6-2）；轿厢停止于下端站平面以下 800mm 位置；靠近轿厢后壁处的大理石地板开裂；靠近轿厢后壁空调口下方地板上有一块 270mm×160mm 的梯形的对重块碎块，重量为 8.4kg；空调进风管有一节在地板上；轿厢吊顶脱落。

图　6-2

　　轿顶反绳轮沿逆时针方向旋转移位；反绳轮上两条悬挂钢丝绳脱槽；一台已移位的空调主机搁置于轿顶（见图6-3）；轿顶有两块对重块，分别在靠近左边导轨和反绳轮右边的轿顶上；轿顶护栏严重扭曲。

图　6-3

对重停于上端站位置；导靴脱落；对重块固定装置及固定螺栓脱落，固定螺栓处对重架扭曲；对重架内有三块对重块断裂，其中最上一块裂块呈斜置状态（见图6-4）；井道顶部有一撞痕；对重架上对重块为36块（该类型对重块标称重量为37.5kg）。

图　6-4

曳引轮上两条曳引钢丝绳脱槽：第四根叠压在第一根绳上，第五根脱离曳引轮挂在曳引机座上，如图6-5所示。曳引机座变形。曳引钢丝绳和曳引轮槽没有明显的磨损。

图　6-5

机房里装有某能量反馈装置（见图6-6）；电梯控制柜中接至制动电阻的电线被切断并包扎一起。

图　6-6

　　轿厢安全钳及电气开关（非自动复位）没有动作迹象（见图6-7）；轿厢安全钳及下滚动式导向装置（滚轮导靴）均脱离导轨。

图 6-7

　　轿厢底梁和缓冲器碰板严重变形，底梁上拱70mm（见图6-8），缓冲器碰板相对底梁凹陷20mm；轿底称量装置变形；超载开关破裂。

　　轿厢液压缓冲器已损坏，垂直偏差达22°，如图6-9所示。

图 6-8　　　　　　　　　　　　　　　　图 6-9

　　拆卸曳引机制动器闸瓦发现：左闸瓦几乎未磨损，厚度为5mm，上方约1/3面积无摩擦痕迹（见图6-10）；右闸瓦磨损非常不均，上方为轻微磨损，厚度为4.5mm，下方已经完全磨完，已导致右制动臂的金属与制动轮直接摩擦，如图6-10所示。

　　限速器电气开关处于动作状态，限速器缺一个压紧滚轮，钢丝绳夹块缺少一块，固定螺栓缺一颗，如图6-11所示。对该限速器进行动作速度校验：加速到3.05m/s时电气开关动作，之后继续加速到6m/s，限速器没有（机械）动作。

图 6-10

图 6-11

对超载保护进行了验证：在机房控制柜内短接操作，轿厢内的超载指示灯亮且有蜂鸣器响，电梯不关门、不启动运行；将电梯停于下端站进行加载试验，在超载之前，有两次轿厢下沉约 15mm，电梯都启动了再平层运行；加载到 1050kg 时，超载指示灯亮且有蜂鸣器响；在超载之后，继续加载到 150% 额定载重量，电梯轿厢下沉过程中，未再次启动再平层运行。

轿门及 19 楼层门锁电气开关验证有效。检修运行电梯，曳引机制动器能正常开启，没有拖闸现象。

事故原因分析：

（1）直接原因　由于超载及曳引机制动器制动闸瓦严重磨损、制动力严重不足无法制停电梯；同时，限速器-安全钳未动作，电梯在制动的情况下从 19 楼向-1 楼溜车，超速蹲底，由于冲击和轿顶杂物、对重块碎块跌落轿厢致部分乘客受轻伤。

（2）间接原因

1）电梯在验收检验合格后，电梯使用单位在轿厢地板增设了大理石，在轿壁增设了镜面反光板，在轿顶增设了空调设备等，增加了轿厢重量，没有对电梯受力状况进行验算，没有采取增加对重块等措施，使电梯平衡系数严重不足，导致轿厢侧超载程度相对加重。

2）维保单位在最后一次更换电梯曳引机制动器闸瓦后，没有适当调整制动力矩，制动力矩差异非常大，主要依靠右制动臂制动。而右制动臂闸瓦上下磨损也严重不平衡，制动闸瓦下端完全磨损完毕，变成金属与金属摩擦，导致电梯制动力矩严重不足。

3）限速器压紧滚轮、钢丝绳夹块等零件的缺失，导致电梯超速以后，限速器无法通过限速器钢丝绳使安全钳动作来制停轿厢。

4）电梯使用单位在没有告知维保单位的情况下，请某电气公司在电梯电力驱动系统中增设了能量反馈装置，并且切断了电梯制动电阻的接线，给电梯的运行带来影响。

5）在第20名乘客进入电梯轿厢后，第21名乘客进入轿厢前，电梯轿厢内已经有超载报警，但第21名乘客继续进入轿厢，导致电梯进一步超载。

案例 2 某厂电梯检修人员头碰地坎牛腿身亡

某厂电梯检修人员站在轿顶检查门刀与门球配合情况，要求操作人员慢车运行。操作人员没听清，误以为快车运行，致使检修人员头碰地坎牛腿身亡。

案例 3 一外单位人员从电梯层门口摔进井道身亡

某单位办公楼一乘客电梯，一外单位人员来联系工作，与该单位一名工作人员乘上电梯，该电梯突然停在两个楼层之间，该工作人员在轿厢内强行打开轿门和层门跳出，外单位人员跟着跳出时从层门口摔进井道身亡。

案例 4 电梯检修人员在无防备情况下坠落底坑身亡

某厂检修电梯，检修人员在轿顶检查保养电梯时，电梯司机在轿厢内快车启动电梯运行，检修人员在无防备的情况下坠落底坑身亡。

案例 5 一电梯司机误从轿顶坠落底坑身亡

某冷库，一电梯司机在电梯运行时发觉轿顶声音异常，便找来一名工人代开电梯，自己上轿顶检查。当她指示电梯向上运行时，自己头部已超出轿厢外沿，结果头被导轨支架卡住，从轿顶坠落底坑身亡。

案例 6 电梯检修人员在底坑检修被撞死

某厂电梯维修人员在检修电梯底坑的缓冲装置时，同时有人分别检修轿厢和机房设施，在无联系警告的情况下，电梯快车下行，结果在底坑的检修人员被撞死。

事故原因分析：

从上面的案例2~案例6可以看出，井道事故多发生在检修作业中，都由违章操作所造成。所以，在检修电梯时，应严格遵守维修保养制度。

1）进行维修作业时，应由两人以上进行，非维修人员不得擅自进行维修作业。如需在轿顶或底坑进行维修，轿内配合人员也应是电梯维修工或专职电梯司机。

2）在轿顶进行检修或保养时，应打开轿顶照明，并将轿顶的开关拨到检修位置，由轿顶检修人员操作电梯运行。停车后，应将安全开关断开，以确保安全。

3）严禁维修人员从井道外探身到轿厢内和轿顶，或从轿厢内和轿顶探身至井道外进行检修工作。

4）严禁在井道上下方向同时进行检修作业，在井道或底坑有人作业时，作业人员上方（包括机房内）不得进行任何其他操作。

案例 7　女子遇电梯故障强行扒门逃生从 10m 处坠下身亡

某大酒店发生了一起事故：一名女子在坐电梯时，电梯出现故障，她强行扒开电梯门逃生，结果掉到了 10 多米深的电梯井道内身亡。在酒店的电梯监控室可以看到，该女子在走进电梯后，电梯便出现故障，停在半空。女子先是打电话求助，但似乎没有打通。随后她重重地敲了一下电梯门，并连续按电梯上的按钮。这时女子开始用手扒门，她艰难地把电梯门扒开，发现面前是一堵墙。接下来，她开始第二次扒门，这次她发现脚下还有一道电梯门，并把这道门也打开了。她伸进头去间隙处看了看，但她并没有看到下面是一个长长的黑洞。她迟疑了一会儿，开始第三次扒门，这次她很熟练地打开了两道门，并钻了进去。虽然有一道门在她的腰上夹了一下，但这并没有阻止她做完这个动作。最后，电梯门关上了，这个女子也在监控画面中消失了，这时离她走进电梯只过了 8min。

案例 8　男子从电梯中坠入电梯井道

一男子从电梯中坠入电梯井道，下坠高度有近 10 层楼高。该男子最终在医院抢救无效死亡。当时该男子和另外一人一起乘坐电梯上楼，在 7 楼和 8 楼中间电梯出现故障被困，当时电梯里没有信号，手机打不出去。将近半个小时后，该男子求生心切，将电梯门撬开往外爬，一失手就坠了下去。

案例 9　女工搭乘电梯时一脚踏空

某工厂的一位工人，在搭乘载货电梯时，一脚踏空，从 4 楼电梯口一直摔到 1 楼，当场死亡。该企业一位负责人介绍，当天下午 5 时左右，这名女工在 4 楼包装好货物后，就把货物推到载货电梯口，而此时载货电梯停在 1 楼。女工可能觉得走楼梯麻烦，打算人货一起搭乘电梯下来。经过电梯门口时，发现电梯门开着，没往下看就一脚踏进去，结果一脚踏空，从 4 楼电梯口一直摔到 1 楼。负责人说，公司有过规定，载货电梯是严禁乘人的，该名女工来该厂才半年，从事的是包装工种，对相关规定不是很了解。

案例 10　看房业主掉入电梯井道

某在建大厦发生一起事故：一名前去看房的业主失足掉入电梯井道内死亡。这名男子是去看房的，当时他在 1 楼准备乘电梯上楼，谁知在轿厢没下来的情况下，他竟走进了电梯口，一脚踏空从 1 楼跌到地下 3 层。事故发生地能见度极低，电梯口没有任何警示标志，而仅有的"危险"标志也已被撕毁。事发后，管理人员在现场支起了一盏"小太阳"取暖器照明。有关方面表示，业主如果有必要进入未完工的大厦，应采取安全措施，以免发生事故。

事故原因分析：

1）以上的案例7~案例10均属于乘客自身处置不当，误入井道造成坠落事故。

2）案例7和案例8均是乘客自行撬门，因电梯未在平层位置，向下爬出时，腿部进入井道，失足坠落造成死亡。

3）案例9和案例10均是在电梯层门敞开、无人把守、又没有悬挂标志牌和设立防护栏的情况下，误以为层门开着轿厢就在该层，而误入井道造成事故。

事故思考：

1）案例7和案例8提醒电梯乘客，在电梯内遇到紧急情况被困时，一定要冷静，不要私自扒门爬出。

2）案例9和案例10提醒乘客，在进入电梯轿厢前一定要注意观察，确认轿厢在该层站后再进入。

3）作为电梯的管理者，一方面，要把对乘客宣传乘梯安全知识作为责任和义务，应将乘梯须知及安全注意事项告知乘客，如：乘坐电梯发生故障时，千万不要惊慌，不要乱动乱按，应拨打电话求助或通过叩击轿门、壁板等方式与外界取得联系，并等待电梯维修操作人员进行救援，不可自行扒门爬出电梯。

另一方面，当电梯出现困人事故时，一定要早发现、早联系、早处置，必须在接到通知15min内赶到现场。

4）在未正常使用或维修停用的电梯旁，一定要悬挂或竖立"危险停用"或"维修禁用"的标志牌，如存在乘客进入井道的危险，应加设防护栏（栏高>150cm）以此提醒电梯乘客，不要误入电梯井道，以免发生坠落事故。

案例11　困梯时，不要慌不择路

某工厂仓库内，一女工乘交流双速载货电梯上楼，一男子恶作剧将包括电梯主电源在内的全楼电闸拉下。过了一段时间，该男子觉得目的已经达到，就合上电闸。电梯恢复正常运行后，将女工挤死在井道内。原来该女工以为停电，在呼救无应的情况下，踩着轿内的司机座凳从安全窗爬上轿顶，并将安全窗关上，准备扒门出去，这时电梯恢复运行就发生了事故。

案例12　私自乘梯、私自修理被轧

某刃具厂有一台按钮选层自动门电梯，层门机械经常与轿门上的开门门刀碰擦，又不能彻底修复，经常带病运行。有一天电梯司机脱岗，3名男工人擅自将电梯从3楼开往1楼。经过2楼时，电梯突然发生故障，停止运行。轿门打不开，呼叫又无人听到，因而3人中的1人从安全窗爬了出去。为了站立方便，该工人又将安全窗盖好。他一只脚踏在轿顶上，另一只脚踏在2楼层门边进行检查修理。此时电梯突然上升，将此工人轧在轿厢与2楼层门之间，致其当场死亡。

案例13　轿厢顶部发生的事故

某娱乐中心突发事故：该娱乐中心请来的一名工人站在电梯轿厢顶部维护相邻靠窗的霓

虹灯时，电梯突然启动，向下运行的对重装置将他的头撞伤，该工人当场死亡。

事故原因分析：

1）从案例 11 和案例 12 可以判定，那名女工与男工人从轿厢安全窗爬出后，将安全窗关闭，由于电梯安全回路导通，电梯电源上电或接通电源后，又在轿顶用手使层门锁复位，电梯开始运行，导致处在电梯层门与轿门之间的女工及那名男工人被挤压在电梯轿厢与层门之间。

2）案例 13 是该工人违章操作所致。首先，该工人不应自行上到轿厢顶部，应在专门的电梯维护部门监督下进行。其次，在轿顶修理前，应先将电梯的急停、检修开关全部按下，在确认电梯无法自动运行的情况下，才能开始维修。

事故思考：

1）无知者无畏，对电梯构造及运行原理不熟悉的一些人才敢扒门、爬窗、站在轿顶，最终也带给他们无法弥补的伤害。通过这件事，电梯管理者应该更加清醒地认识到，帮助乘客了解并掌握乘梯安全知识是十分重要和必要的。

2）当乘客被困在电梯里时，如果没有受过训练的电梯救生人员在场，不要擅自爬出电梯，千万不要尝试强行扳开电梯轿门。电梯若有紧急出口（如安全窗），也不要轻易爬上去，因为如果安全窗意外关上，电梯会突然开动，令站在轿顶的人失去平衡从轿顶滑下，被挤压在电梯轿厢与层门或轿厢与井道之间，造成重伤甚至死亡。

3）作为电梯的管理者，必须加强管理，绝对禁止非专业人员进入井道、机房、底坑进行任何工作。若需在轿顶进行作业时，也不得将两只脚分别站在可能相对运动的部位进行检修工作，以免电梯突然启动造成事故。

案例 14　电梯无人维保导致女工摔入井道

某鞋业有限公司一女工在夜班下班后，准备用单速载货电梯运垃圾到 1 楼。该女工误认为电梯轿厢已经从 1 楼到达 3 楼，便打开电梯层门跨入，结果摔入电梯井道，造成重伤。事故主要原因是该电梯使用单位违反电梯管理规定，电梯未经检测便投入使用，也没有与有资质的维修保养单位签订维修保养合同，造成电梯处于无维修保养状态，在电梯层门电气机械联锁装置出现故障后没有被及时发现和维修。

案例 15　电梯司机违规操作致人坠落底坑

某机械厂金工车间主任准备从 3 楼到 1 楼去找车间检验员来检验一批零件，按了几次召唤按钮，电梯显示装置的灯不亮，只听到井道内有电梯运行的响声。原来此刻电梯正在检修，故而电梯司机（无操作证）没有将指层灯开关打开，后来多次听到 3 楼呼叫，就把电梯开往 3 楼。当电梯从上往下运行将到达 3 楼时，电梯司机停下电梯拉开层门 50cm 左右准备相告不能载客，想不到该主任见 3 楼层门徐徐打开就立即跨了进去，结果从轿厢底部坠落底坑，当场死亡。

事故原因分析：

1）管理上有缺陷。电梯驾驶系特种作业，该厂对电梯司机没有进行严格正规的技术培训。电梯的安全使用规程虽有，但没有挂出，乘电梯比较混乱，导致事故发生。

2）违章作业。电梯司机在电梯未到位、轿门开着的情况下，弯腰用手拨动门锁打开了 3 楼层门，导致该主任误以为轿厢到位而一脚踏空跌入井道致死。

电梯层门事故案例分析

电梯在投入使用前应该由相关检验部门检验合格办理验收手续后方能使用。在维修时要在各层挂上"正在维修，电梯停用"的警示牌，并且在电梯正式投入使用后，有人值守的电梯要有专业人员操控，自动电梯应在首层门厅或轿内张贴"乘客须知"。据初步统计，在电梯事故中，电梯层门被短接导致人员开门后走车时发生剪切、在层门区检修过程中非法操作被意外挤压剪切、电梯被困人员逃生方式错误或判断失误而跌落井道等在电梯层门区发生的事故，占事故总量的63.9%。

案例1　维修工短接门联锁装置，维修电梯时被剪切

某旅馆内的电梯忽然启动，一名正在电梯内进行电梯保养的电梯维修工被卡在电梯内，不幸身亡。事发当日上午，电梯维保公司的两名维保人员前来对电梯实施修理，为了方便修理，将门联锁装置短接。其中一名维保人员因有事临时离开，留下另一名维保人员在轿门、层门开启的情况下继续从事修理工作，轿厢突然运行，造成了此次电梯事故。

案例2　医院电梯短接门联锁装置，患者家属被剪切

某医院一名患者家属在1楼乘坐电梯，电梯层门、轿门都开着，在其跨入电梯时电梯突然上行，将该患者家属夹死在上门楣。

案例3　电梯发生故障失灵，将一名女子夹死

某小区的一部电梯，事发楼层是9楼，据说是电梯出现了故障而失灵，将一名女子夹死。事发时当事女子准备乘电梯下行，当电梯门开启后，这名女子前脚刚踏上电梯轿厢，电梯就突然下降，把她夹在了门缝中。

事故原因分析：案例1~案例3发生事故的原因均是维修工维修电梯时将电梯门联锁装置短接，维修完成后未拆除短接线，就将电梯恢复运行，致使电梯开门运行。

案例4　控制系统的元器件故障，导致电梯停车时制动器未动作

某小区内，业主在推着婴儿车进电梯时，电梯突然启动，婴儿车被电梯夹住，幸好该业主及时把婴儿拽了出来，才未出现伤人事故。

事故原因分析：此电梯事故发生的直接原因是控制电梯提前开门功能的电子元器件发生故障，导致电梯在层站停靠时，制动器保持开闸状态，电梯失去制动而发生剪切事故。

案例5　学生乘电梯摔入电梯井道身亡

某大学教学楼乘客电梯，晚上值班操作人员欲乘电梯从6楼至7楼，因管理人员将电梯锁在检修位置，此人使用检修和应急装置将电梯开至7楼，但6楼层门未关。学生晚自习结束，由于走道光线较暗，有两个学生看见6楼电梯层门未关以为电梯停在该层，便走了进去，其中一人摔入井道身亡。

事故原因分析：值班人员违章使用检修状态下不能正常使用的电梯。电梯管理人员下班

后应锁梯，不能图省事，以为检修状态别人不会开。此台电梯的层门无自动复位装置。按国家规范，轿门带动的自动层门必须有自动复位装置。值班人员如果在轿厢离开层站时，检查层门关闭与否，事故也不会发生。在层门附近，层站的光线不足。在层门附近，层站的自然或人工照明的照度应不低于50lx，以使人员在打开层门进入轿厢时，即使轿厢内无照明，也可看清轿厢是否在该层。

案例6　装卸工误入电梯井道死亡

某厂一台1t电梯，用于运送纸箱包装的货物。在运送货物时，有一装卸工把电梯开走而层门未关，另一装卸工搬运一高过人头的纸箱走向轿厢，因视线被纸箱挡住，不知电梯已被开走，结果人、货一起从3楼坠入底坑而死亡。

事故原因分析：事故发生后，经检查层门未关闭而电梯启动运行的原因是层门安装歪斜，使门锁开关失效。电梯维修工不是解决层门安装缺陷，而是将门锁开关短接，致使门联锁保护失效。电梯司机擅离岗位，让装卸工自行操作也有一定责任。该厂对电梯安全缺乏监督，致使有故障电梯长期使用。

案例7　旅客被电梯门夹住而死亡

某饭店中，一旅客欲乘电梯回房休息，就在他左脚跨进电梯轿厢时，电梯门突然关闭，夹住旅客一半身体，并向上运行至2楼，致使旅客被挤死。

事故原因分析：该事故是由于电梯门锁继电器误动作，致使电梯门系统的安全保护装置失效。电梯保养和维修人员要定期检查门锁继电器的可靠程度。同时，在用的继电器控制的电梯应尽量改造为微机控制的电梯。

案例8　管理人员误入井道而摔伤

某学校教学楼乘客电梯，管理人员将电梯开至1楼关闭层门后离开电梯，后被维修人员用钥匙打开电梯运行至其他楼层进行检修，该管理人员需要再用电梯时，误以为电梯还在1楼，用钥匙打开层门后跨了进去，结果摔入底坑，造成多处粉碎性骨折。

事故原因分析：维修人员在检修电梯时，未在各层挂上"正在检修，电梯停用"的警示牌。电梯管理人员与司机应严格遵守操作规程，开启电梯层门后应看清轿厢确实在本层后方可进入。

案例9　某医院电梯坠落事故

某医院住院楼1号电梯在运行中，当电梯向上运行至10层以上时，电梯司机听到井道内有人惊叫和"扑"的声响，随即电梯在15楼停止并开门，不能继续运行。电梯司机通知了保安和维保单位，结果在电梯井道底坑内发现有人跌落死亡。

事故原因分析：该电梯于当年3月经定期检验合格，并委托某电梯公司（具有电梯作业C级资质）负责电梯的日常维护保养。人员坠落事故发生前一天（即20日）上午，维保单位的维修工易某在维修电梯时短接了层门电气联锁装置，造成20日上午至21日下午事故发生前电梯始终在层门电气联锁装置失效的状态下运行。事故发生前，电梯曾在13楼停靠，关门时层门受异物阻挡无法完全关闭，由于此时验证层门锁闭状态的电气联锁装置已被人为短接失效，当轿门电气联锁装置闭合后电梯启动运行，从而造成13楼层门未锁闭可以开启。在该状态下，13楼病人诸某欲乘电梯，于是打开了层门，误以为轿厢停在13楼，误入井道坠落底坑后死亡。因此，该维保单位的维修工易某违章作业是造成事故发生的直接原因。

案例10　一起发生在电梯井道内的高处坠落事故

某公司对其卖场直销员进行例行培训，培训结束前的20：00左右，市场部工作人员赵某、王某、梁某以及公司保安兼电梯工孟某等6人一起乘坐电梯到4楼赠品库为直销员领赠品。孟某取了挂架和大礼包等赠品后，喊道："我先下去了，一会把电梯给你们放上来！"随即将电梯开到了1楼，但没关4楼的层门。这时，赵某抱着一大堆赠品走向电梯，由于视线被遮挡，未发现4楼电梯已开到1楼，在层门开启的状态下，误踏入电梯井道内，从4楼电梯口坠落到1楼电梯的轿顶上，造成轻度摔伤。

事故原因分析： 发生事故的电梯属于老式载货电梯，有电梯年检合格证，但已过期3年，且无检验和维修保养记录。事故发生后，该公司及时向当地特种设备安全监管部门和有关部门报告了事故情况。

1）电梯安全操作规程不健全，特种设备的润滑保养及日常点检规范不完善。作为特种设备，电梯作业的操作规程、上岗资格等都有专门的技术要求。该公司在岗位配置上存在不合理因素，孟某的工作岗位是保安兼电梯工，由于工作任务不专一，未能认真执行电梯工的基本工作职责，如电梯的日常保养点检记录、交接班制度等。在电梯使用、管理过程中，责任未落实是发生事故的主要原因。

2）该公司对特种设备管理不严格，电梯轿厢层门电气联锁装置失灵，设备带病运行，是发生事故的重要原因。

3）孟某操作电梯过程中忽视安全，不严格执行设备安全操作规程，操作不能关闭层门和联锁装置失灵的设备，导致赵某误踏入电梯井道内摔伤，是发生事故的直接原因。

案例11　仓库职工把电梯轿厢作为通道坠落底坑

某百货商店仓库有1台手动开门2t载货电梯，基站为前后对穿门。仓库工作人员习惯将电梯停在基站，前后门同时打开作为通道，因此经常有推车通行，门框被撞击，致使层门电锁接触不良而影响运行。一个下雨天，电梯司机用应急按钮操作电梯运行，使电梯离开基站，而基站前后门仍敞开。仓库1位职工在电梯停在基站时经过轿厢通道前往卫生间，之后急匆匆低头冒雨返回，而此时电梯已离开基站，于是他一脚踏空坠落底坑，造成2根肋骨骨折。

事故原因分析：
1）该仓库领导对电梯管理不严，层门电锁损坏不及时报修而带病运行。
2）电梯司机用应急按钮在层门开启的情况下违章操作。
3）该仓库违反了电梯的安全规定，把电梯轿厢作为通道。
4）对损坏电梯设备的人员没有追究责任和及时处理。

案例12　电梯司机擅自将层门电锁短接导致自己坠亡

某市医院1台手动开门电梯，层门电锁经常接触不良。一天电梯司机发觉5楼层门电锁损坏，他认为反正过几天电梯维修工就要来保养，因而没有去联系报修。为了不影响电梯的运行，他擅自用导线将层门电锁短接。当早班即将下班时，他把电梯开到5楼，并将层门虚掩留下一门缝，离开轿厢去办私事。此时，5楼一勤杂工擅自启动电梯将一车垃圾用该电梯送往1楼，而5楼层门仍没关严。电梯司机返回时，随手拉开层门一脚跨进，坠落到1楼轿顶当场死亡。

事故原因分析：

1）电梯司机发觉5楼层门电锁损坏，没有及时与电梯维修工联系修复，而是私自处理，使层门电锁失去安全保护作用。

2）电梯司机严重违反安全操作规程，离开轿厢时没有采取相应的安全措施，进入电梯时又不看清楚就匆忙进入。

3）非电梯司机擅自操纵电梯。

案例13　维修人员将层门电锁短接造成他人死亡

某食品厂1台电梯，3楼层门电锁已坏，维修人员用导线将其短接，使它失去保护作用而继续使用。一名女电梯司机（无操作证）与男友约定下班后同去购物。当下班铃响后她将轿厢开到3楼，匆匆忙忙去更衣室，拿好东西后马上再回轿厢。想不到就在短短的时间里，另一职工在门开启的情况下已将电梯开到4楼去了（因3楼层门电锁失效），该女电梯司机一脚踏进井道坠入底坑身亡。

事故原因分析：

1）电梯层门电锁已坏，维修人员未及时修理，仅用导线短接，使电梯处于不安全状态。

2）其他职工擅自开电梯也促成了这起事故的发生。

3）女电梯司机无证操作，不了解电梯停驶规定，离开轿厢时未将层门关闭，致使他人可擅自进入开动电梯。而她又下班心切，匆匆忙忙进入轿厢前未确认轿厢是否停在该层站，直接踏入而坠入底坑。

案例14　乘客在候梯时倚靠电梯层门坠入井道

乘客宋某由于身体疲劳，候梯时右手扶墙，左手倚靠电梯层门，身体向电梯层门方向前倾呈休息状态，恰好给电梯层门施加了一定水平方向的外力，导致16楼层门非正常开启，宋某身体重心失去平衡，坠入井道死亡。

事故说明：乘客在候（乘）梯时踢、撬、扒、倚层门，有可能发生乘客坠入井道或被轿厢剪切等危险，造成人身伤害事故。

案例15　乘客未看清电梯轿厢是否依靠在本层而盲目进入坠落井道

某印染公司杂工吴某乘用载货电梯从1楼运送货物到4楼。当他拉着车准备从4楼回1楼时，电梯轿厢实际已不在4楼，但他在未看清电梯轿厢的情况下盲目进入井道，造成连人带车从4楼坠落至1楼底坑而死亡。

事故说明：乘客在未看清电梯轿厢是否停靠在本层的情况下盲目进入，可能导致人员坠落井道事故的发生。

案例 16　乘客在电梯启动时从轿厢跑出，引发剪切事故

某科技公司电梯发生故障，修理工陈某带朋友丁某前去维修。陈某在机房短接了层门和轿门电气回路后启动在 7 楼的电梯，当时轿门敞开，电梯启动时，一直在轿厢内的丁某突然从轿厢向外跑时被绊倒，然后一直被拖到 3 楼左右，被挤压致死。

事故说明： 电梯在运行或关门过程中，乘客如从电梯轿厢中跑（走）出，易发生剪切事故。

第四节　电梯其他事故案例分析

案例 1　操作不当跌落井道事故

某大厦发生电梯困人事故，值班的保安人员赶到事发现场准备救人，由于操作不当，打开层门后自己跌落电梯井道，造成死亡事故。事故原因是电梯使用单位管理电梯不善，电梯钥匙没有专人（有资质）保管，保安人员没有电梯维修保养操作证，属无证操作。

案例 2　对重坠落事故

某工厂有 1 位工人晚上乘电梯下 1 楼，途中电梯突然停下，再操作还是不能动，但轿厢已接近 1 楼，他就打开轿门，拨动层门锁，打开层门出来了，然后将层门关上回家。第 2 天，1 位电气维修人员去轿厢内检修，刚进去就听见一声巨响，但是轿厢并没有动，后来发现是对重掉下去了。经检查发现曳引钢丝绳被磨断，曳引轮被磨坏，由于限速器动作，轿厢被安全钳夹在空中。

事故原因分析： 这起事故的起因是限速器因某种原因动作，安全钳已夹住导轨，但没有使安全钳联动开关断电。该厂电梯为集选控制，无司机操作，工人走后将电梯层门关上，楼内还储存着信号，曳引机就继续运转。电梯是摩擦传动，这时钢丝绳就在曳引轮上打滑，把钢丝绳磨断，而对重侧没有安全钳，所以对重就坠落下去了。也就是说，电梯的安全钳系统误动作而电气联动开关失效，造成了钢丝绳磨断、对重坠落的事故。

案例 3　电梯失控启动向下运行

某医院有一病人手术后，躺在移动病床上准备送往病房。当病床正在被推进轿厢但未完全进入时，电梯突然失控启动向下运行，电梯司机立即切断电源，电梯停止下行。当时电梯层站地坎正对着手术后的病人头顶，仅差 10mm。

事故原因分析：

1）底坑经常积水，电缆被浸没在水中，引起电缆受潮而导致电梯失控。

2）该电梯带有缺陷工作。类似失控事故，以前也有发生，但电梯司机并没有将这些情况向领导和检修人员汇报，致使故障一直存在。

案例 4　儿童误入未关门的载货电梯，不幸摔死

某商场载货电梯是双开门的，操作人员临时离开未关门和切断电源。一名儿童进入轿

厢，按动按钮，电梯运行到 6 层停站，轿门开启，但 6 层无层门，无法走出来。他看见打开的轿门与墙之间有 30cm 的间隙，就钻了下去，当场摔死。

案例 5　载货电梯超载运行发生故障，操作人员自作主张处置不当造成事故

某仓库载货电梯超载运行，当电梯下降时引起安全钳动作夹住导轨，电梯被迫停车后，操作人员没有立即切断电源，也不通知维修人员检查原因，而是自作主张从安全窗进入桥顶，解除安全钳电气联锁开关，强行启动电梯，使电动机因超载而冒黑烟（主熔丝烧断）。

案例 6　电梯安装错误使电梯突然坠落到底坑，轿厢内 7 人全部受伤

某大楼的一台电梯，轿厢停在 1 楼正在进人，突然坠落到底坑里，电梯里共 7 人，全部受伤。据调查，事故发生时，轿厢停在 1 楼，当最后两个人抬着一袋石膏粉（重 40kg）放在轿厢里时，轿内共重 745kg，还未达到额定载重量。造成这起坠落事故的直接原因是安装单位将悬挂轿厢的钢丝绳悬挂盘装反，且卡板又少一对，在长期运行中由于冲击振动原因，造成钢丝绳悬挂盘从轿厢架横梁下滑脱。

案例 7　操作人员误按检修开关和应急开关使女工摔入电梯井道

某公司的员工乘电梯上班，因电梯司机有事没来，电梯钥匙交给一无证人员，由他来操作电梯。他拿电梯钥匙打开电梯操作按钮后，因不熟悉操作，致使电梯内照明灯都没打开，慌忙中有人按下检修开关和应急开关，并在检修状态下开着门慢车上行，站在电梯门口的一女工身体被电梯夹住后摔入电梯井道，经抢救无效死亡。事故主要原因是操作人员无证上岗，违章操作。

第五节　自动扶梯事故案例分析

近年来自动扶梯事故呈上升趋势，虽然自动扶梯事故死亡率较电梯低，但造成的经济损失和对当事人产生的伤害非常严重。主要是由于自动扶梯使用环境复杂，向公众开放，而不是像电梯一样有专用的空间，增加了使用中发生事故的概率。

案例 1　坠落事故

事故 1：一男童从某百货商场 7 楼的 2 台并行自动扶梯之间的一条宽 23cm 的缝隙中摔到了地下室死亡。该商场从开业至今，一直用花盆挡住自动扶梯缝隙，他们认为花盆底座直径有 28cm，植物高度和自动扶梯差不多，花盆很重，一般掉不下去，所以还是比较安全的。

导致发生坠落事故的直接原因是两台自动扶梯之间存在 230mm 的间隙且没有设置阻挡装置。

GB 16899—2011《自动扶梯和自动人行道的制造与安装安全规范》针对上述危险所采取的防护措施如下：当自动扶梯或自动人行道与墙相邻，且外盖板的宽度大于 125mm 时，在上、下端部应安装阻挡装置阻止人员进入外盖板区域。当自动扶梯或自动人行道为相邻平行布置，且共用外盖板的宽度大于 125mm 时，也应安装这种阻挡装置。该装置应延伸到高度 h_{10}（扶手带下侧边缘和阻挡装置的上缘之间的垂直距离）。

使用单位应该加强安全检查工作，发现自动扶梯之间或其与建筑物的间隙超过安全距离时，应及时采用有效的安全措施防护，并要经专业安全管理人员确认。

事故2 某购物中心发生一起事故：一男孩在妈妈购物结账时，不慎从5楼的自动扶梯处坠落到地下一层，当场死亡。

自动扶梯和玻璃幕墙之间有道大缝隙，且自动扶梯旁边也没有安全保护设施。出事后，商场特地在自动扶梯旁贴了"玻璃易碎，注意安全，请勿依靠，请勿攀爬"的警示标志。

事故发生的原因可能是男孩被运行的扶手带带起夹住，而从扶手装置与建筑物之间的空隙中坠落。

GB 16899—2011《自动扶梯和自动人行道的制造与安装安全规范》针对上述危险所采取的防护措施如下：

如果人员在出入口可能接触到扶手带的外缘并引起危险，例如从扶手装置处跌落，则应采取适当的预防措施。例如：设置固定的阻挡装置以阻止进入该空间；在危险区域内，由建筑物结构形成的固定护栏至少增加到高出扶手带100mm，并位于扶手带外缘80~120mm处。

案例2　与物体发生碰撞、剪切

事故1 某商场发生了一起自动扶梯伤人事故。一男孩独自乘坐自动扶梯玩耍，在自动扶梯行驶过程中，他将头伸到自动扶梯扶手外，被夹在自动扶梯与建筑物之间的夹角中，当场死亡。而就在事发自动扶梯与天花板的夹角处，悬吊着一块"小心碰头"的警示牌，且在每层的自动扶梯入口处还摆放着"自动扶梯乘梯须知"，明示"儿童及其他无民事行为能力人员乘梯应有成年人陪同"。

事故2 某大型卖场内，一男孩不小心将脖子卡入自动扶梯，造成头部和颈部严重受伤。据目击者说，当时，男孩正顺着车库通往卖场的自动扶梯上行，同行的伙伴在楼下大叫男孩的名字，于是男孩双手搭在自动扶梯扶手上伸头向下张望。就在男孩身体向自动扶梯外倾斜时，脖子被卡在了运行中的自动扶梯与墙壁间，并随着自动扶梯的上升被向上拖带了几步。男孩的头颈被包裹在墙上的金属挡板划伤。卖场工作人员见状，立即停下电梯，并迅速将男孩送往医院。

事故原因分析：

1) 直接原因：悬挂的挡板安装方式以及位置不正确，致使自动扶梯与建筑物之间的夹角空间没有被封闭，危险没有被排除。

2) 间接原因：乘客自身违反使用规则，将身体和头部伸出到扶手外导致安全保护措施失效。

案例3　梳齿板夹人

事故1 在某车站A入口处，2岁大的女孩和奶奶下自动扶梯时，右脚不慎卷入自动扶梯的梳齿板下。经消防队1个小时的营救，虽然孩子的腿被取出，但经医生诊断，其伤势严重，可能需要截肢。

事故2 正在某商场8楼购物的一名顾客突然发现，从9楼下到8楼的自动扶梯上，一名男孩举起双手，而手上已经鲜血淋漓。目击者马上到7楼的一家专卖店里拨打了急救电话。120急救车赶到后将受伤男孩送往医院急救。医生检查发现，孩子左手的3根手指和右手的 2 根手指受伤。知情人称，该男孩经常到购物中心捡塑料瓶。

事故 2 原因分析：

1）直接原因：事故发生在自动扶梯出口梯级与梳齿板的相交处，可能是男孩用手捡梳齿处的塑料瓶，而塑料瓶已经夹在交汇处，他试图将塑料瓶拽出时被梯级顺势带入梳齿板，造成手指夹入缝隙中，所以可以认为是梯级与梳齿板之间存在的间隙造成此事故的发生。

2）间接原因：男孩没有遵守使用规则。

GB 16899—2011 针对上述危险所采取的防护措施如下：

1）梳齿板的梳齿应与梯级、踏板或胶带的齿槽相啮合，在梳齿板踏面位置测量梳齿的宽度不应小于 2.5mm。

2）梳齿板的端部应为圆角，其形状应做成使其在与梯级、踏板或胶带之间造成挤夹的风险尽可能降至最低。梳齿端的圆角半径不应大于 2mm。

3）梳齿板的梳齿与踏面齿槽的啮合深度 h_8（见图 2 中剖视图 X）不应小于 4mm。踏面与梳齿齿根之间的间隙 h_6 不应大于 4mm。

4）在梳齿板区段应采取措施以保证梳齿和踏面齿槽正确啮合。如果因梯级或踏板的任何部分下陷而不能再保证与梳齿板的啮合，一个安全装置应使自动扶梯或自动人行道停止运行。

案例 4 "一颗螺栓"引发的事故

事故 1　某地铁站一台提升高度 8m 的自动扶梯正在向上运行时突然发生故障，并逆转向下溜车，造成梯上 14 名乘客摔倒，其中 1 人轻伤。其调查公布的原因是自动扶梯驱动电动机与减速箱之间的弹性联轴器中的橡胶垫损坏，导致齿轮啮合失效，造成自动扶梯及主链下滑。而引起橡胶垫损坏的主要原因是该地铁站较大的客流量和当地的高温天气，使得设备运行工况恶劣，加速橡胶垫的老化。同时该台自动扶梯提升高度达到了 8m，应该按照标准规定设置附加制动器，由于没有设置从而导致了事故的发生。因此，事故的另一个原因是制造环节不符合要求。

事故 2　某购物中心，由于大量人员突然涌入 1 楼通往 2 楼的自动扶梯，使向上运行的自动扶梯逆转向下运行，造成乘客在下出入口处发生挤压，多人受伤。

事故 3　某地铁站一台自动扶梯因故障发生逆行，导致 25 名乘客受到挤压并擦伤。

事故 4　某地铁站一台上行的自动扶梯发生了设备故障，造成梯级失控下滑，导致 1 死 28 伤的严重事故。

事故原因分析：

1）直接原因：上行的自动扶梯，可能因驱动主机固定失效、移位，驱动链松弛，梯级链牵引系统失去约束等原因，在重力作用下转向加速下行。

2）主要原因：附加制动器失效，未能制停梯级的逆转下行。

自动扶梯逆转事故的预防措施如下：

1）加强督促维保单位按照技术规范做好维保工作。

2）定期做好自动扶梯载荷试验。

3）遇大型活动要做好客流的疏导。

案例 5 梯级缺失

某购物中心内一台由 2 楼上行至 3 楼的自动扶梯上发生意外：由于该自动扶梯前晚因检修拆除了一块梯板，未及时安装还原，导致一名准备进入超市购物的老人踩空，坠入自动扶梯内不幸身亡。

事故原因分析：

1) 直接原因：在维修作业没有完成的情况下恢复自动扶梯的正常运行状态。

2) 间接原因：管理者没有履行职责。

由于以前对于梯级缺失的监控并没有强制及明确要求，厂家大多是将监控装置安装在梯级返回分支的中部，当空梯级运行到返回分支中部时监控装置才能起作用。2011 版标准虽然明确了要在上、下端站处都要设置监控装置，使空梯级不管是向上运行，还是向下运行都会在离开梳齿板前被发现并停止其运行。由于该事故自动扶梯在启动前，空梯级已经在梳齿板外的可见梯级面上，只有运行到梳齿板前才可能被监测到，因此，当管理者将自动扶梯插入钥匙旋转后，自动扶梯即可运行，造成事故的发生。

案例 6 检修盖板伤人事故

某百货商场七楼自动扶梯发生一起伤人事故：一女子和她儿子双双被卷入自动扶梯，母亲双手把儿子托举出来，儿子因此获救，但自己掉了下去，不幸死亡。

事故原因分析：

1) 直接原因：自动扶梯两端分别为上机房和下机房，上机房为启动机房，下机房为转向机房，本次事故发生在上机房处。上机房盖板一共由 3 块板组成，靠近梯级的第 1 块为前沿板，后面两块分别为盖板 1 和盖板 2。在正常运行情况下，前沿板与盖板 1 之间紧密连接。发生事故时，当事人踏在已松动翘起的盖板 1 最末端时，盖板发生翻转，当事人坠入上机房驱动站内防护挡板与梯级回转部分的间隙内。

2) 间接原因：商场工作人员发现故障后应急处置措施不当。

据监控视频显示，发生事故 5min 前，该商场工作人员发现盖板有松动翘起现象，报告后未得到有效指令，未采取停梯等有效应急处置措施。该类型自动扶梯涉及的盖板结构设计不合理，容易导致松动和翘起，安全防护措施考虑不足；涉及事故的 3 块盖板尺寸与图纸不符。有关制造单位对出厂产品零部件质量把关不严，导致产品安装成型后 3 块盖板间水平活动范围过大。

事故性质： 系安全生产责任事故。商场未定期对电梯安全隐患进行检查排查，对工作人员未进行安全相关培训学习，相关人员缺乏安全意识。因此，此次事故为电梯安全生产责任事故。

事故防范和整改措施：

1) 定期维修自动扶梯，及时发现问题并解决。

2) 明确安全生产负责人及配备特种设备安全管理人员。

3) 建立特种设备安全责任制，制定特种设备安全规章制度，制定特种设备操作规程和应急预案。

4) 加强日常检查，并作好检查记录。

第七章
电梯应急救援预案及救援方法

电梯应急救援预案

为了保障电梯乘客在乘梯出现紧急情况时能够得到及时解救，帮助人们应对电梯紧急情况，避免因恐慌、非理性操作而导致伤亡事故，最大限度地保障乘客的人身安全以及设备安全，特制定如下电梯应急救援预案和应急处理措施。

一、电梯的应急管理

1）电梯使用管理单位设立的安全管理部门，应根据《特种设备安全监察条例》《中华人民共和国特种设备安全法》及其他相关规定，加强对电梯运行的安全管理。

2）电梯使用管理单位应配备电梯管理人员，落实每台电梯的责任人，配置必备的专业救助工具及24小时不间断的通信设备。

3）电梯使用管理单位应当制定电梯事故应急措施和救援预案。

4）电梯使用管理单位应当与电梯维修保养单位签订维修保养合同，明确电梯维修保养单位的责任。

5）电梯发生异常情况，安全管理责任人应当立即通知电梯维修保养单位，同时由本单位专业人员实施力所能及的处理。

6）电梯使用管理单位应当每年进行至少一次电梯应急预案的演练，并通过在电梯轿厢内张贴宣传品和标明注意事项等方式，宣传电梯安全使用和应对紧急情况的常识。

二、电梯使用管理单位接报电梯紧急情况的处理程序

1）值班人员发现所管理的电梯发生紧急情况或接到求助信号后，应当立即通知本单位专业人员（持证）到现场进行处理，同时通知电梯维修保养单位。

2）值班人员应用电梯配置的通信设备或其他可行的方式，详细告知电梯轿厢内被困人员应注意的事项。

3）值班人员应当了解电梯轿厢所停的位置、被困人数、是否有病人或其他危险因素等情况，如有紧急情况应当立即向有关部门和单位报告。

4）电梯使用管理单位的专业人员（持证）到达现场后可先行实施救援程序，如自行救助有困难，应当配合电梯维修保养单位或电梯救援中心实施救援。

三、电梯的应急救援

1）乘客在遇到电梯紧急情况时，应当采取以下求救和自我保护措施：

① 通过警铃、对讲系统、移动电话或电梯轿厢内的提示方式进行救援。

② 与电梯轿门保持一定距离，以防轿门突然打开。

③ 在救援人员达到现场前不得撬砸电梯轿门或攀爬安全窗，不得将身体任何部位伸出电梯轿厢外。

④ 保持镇静，可做抱头屈膝，以减轻电梯急停时对人体造成的伤害。

2）到达现场的救援专业人员应当先判别电梯轿厢所处的位置再实施救援。

3）电梯轿厢高于或低于平层位置 0.5m 以上时，执行如下救援程序：

① 至少需要 2 名专业人员（持证）迅速赶往机房。

② 关闭电梯总电源（应保留照明电源），然后根据平层图的标示判断电梯轿厢所处楼层。

③ 由一人安装盘车手轮，确认安装完毕后，由一人握持盘车手轮，一人用松闸扳手缓慢松闸，再根据轿厢所在位置的就近楼层缓慢盘车至平层位置，松开松闸扳手。

④ 用层门开锁钥匙打开电梯层门、轿门。

⑤ 疏导乘客离开轿厢，防止乘客因恐慌引发的骚乱。

⑥ 重新关好电梯层门、轿门。

⑦ 在电梯没有排除故障前，应在各层门处设置禁用电梯的指示牌。

4）电梯轿厢高于或低于平层位置 0.5m 以内时，执行如下救援程序：

① 关闭电梯总电源（应保留照明电源）。

② 用层门开锁钥匙打开电梯层门、轿门。

③ 疏导乘客离开轿厢，防止乘客因恐慌引发的骚乱。

④ 重新关好电梯层门、轿门。

⑤ 在电梯没有排除故障前，应在各层门处设置禁用电梯的指示牌。

四、紧急状态时对电梯的处理

1）发生火灾时，电梯采取如下应急措施：

① 立即向消防部门报警。

② 由专业人员（持证）按下电梯的消防按钮（电梯为消防员电梯），使电梯进入消防运行状态，以供消防人员使用；对于非消防员电梯，应立即将电梯直驶至首层并切断电源，或将电梯停于火灾尚未蔓延的楼层。在乘客离开电梯轿厢后，将电梯置于停止运行状态，用手关闭电梯轿厢层门、轿门，切断电梯总电源（包括照明电源）。

③ 井道内或电梯轿厢发生火灾时，立即停止运行，疏导乘客安全撤离，切断电源，用灭火器进行灭火。

④ 有共用井道的电梯发生火灾时，应当立即将其余尚未发生火灾的电梯停于远离火灾蔓延区，或交给消防人员使用。

⑤ 相邻建筑物发生火灾时，应当立即停止运行电梯，以避免因火灾停电造成的困人事故。

2）发生地震时，电梯采取如下应急措施：

① 已发布地震预报的，应根据地方政府发布的紧急处理措施，决定是否停用电梯及何时停用。

② 震前没有发生临震预报而突发地震的，如强度较大在电梯内有震感时，应立即停止运行，疏导乘客安全撤离。

③ 地震后应当由专业人员（持证）对电梯进行检查和试运行，正常后方可恢复使用。

3）发生湿水时，在对建筑设施及时采取堵漏措施的同时，电梯还应采取如下应急措施：

① 当楼层发生水淹而使井道或底坑进水时，应当将电梯轿厢停于进水层的上两层，切断总电源。

② 如机房进水较多，应立即停止运行，切断进入机房的所有电源，并及时处理漏水的情况。

③ 对已经湿水的电梯，要及时进行除水除湿处理，在确认已经处理后，经试运行无异常后，方可恢复使用。

④ 电梯恢复使用后，要详细填写湿水检查报告，对湿水原因、处理方法、防范措施等记录清楚并存档。

五、事故善后处理工作

① 如有乘客重伤，应当按事故报告程序进行紧急事故报告。

② 向乘客了解事故发生的经过，会同事故调查部门调查电梯故障原因，协助做好相关的取证工作。

③ 如属电梯故障所致，应当督促电梯维修保养单位尽快检查并修复。

④ 及时向相关部门提交事故情况汇报资料。

第二节　电梯事故应急救援方法

一、注意事项

1）本方法仅供参考，请根据本单位实际情况制定相应的应急救援方法。

2）应急救援小组成员应持有特种设备主管部门颁发的特种设备作业人员证。

3）救援人员 2 人以上。

4）应急救援设备、工具：层门开锁钥匙、盘车手轮或盘车装置、松闸装置、常用五金工具、照明器材、通信设备、单位内部应急组织通信录、安全防护用具、警示牌等。

5）在救援的同时还要保证自身安全。

6）首先断开电梯主开关，以避免在救援过程中突然恢复供电而导致意外的发生。

7）通过电梯紧急报警装置或其他通信方式与被困乘客保持通话，安抚被困乘客，可以采用以下安抚语言："乘客们，你们好！很抱歉，电梯暂时发生了故障，请大家保持冷静，安心地在轿厢内等候救援，专业救援人员已经开始工作，请听从我们的安排。谢谢您的配合！"

8）若确认有乘客受伤或有可能有乘客会受伤等情况，则应立即同时通报 120 急救中心，以使急救中心做出相应行动。

二、非开锁区困人应急救援方法

（一）电梯非开锁区停电困人

通过与轿厢内被困乘客的通话，以及通过与现场其他相关人员的询问或与监控中心的信息沟通等渠道，初步确定轿厢的大致位置。在保证安全的情况下，用电梯专用层门开锁钥匙打开所初步确认的轿厢所在层楼的上一层层门（若初步确认轿厢在顶层，则打开顶层的层门）。打开层门后，若在开锁区，则直接开门放人；若不在开锁区，则仔细确认电梯轿厢确切位置，根据不同类型电梯进行下一步操作。

1. 有机房电梯的操作

1）救援人员在机房通过紧急报警装置或其他通信方式与被困乘客保持通话，告知被困乘客将缓慢移动轿厢。

2）仔细阅读有机房电梯松闸盘车作业指导或紧急电动运行作业指导，严格按照相关的作业指导进行救援操作。

3）根据电梯轿厢移动距离，判断电梯轿厢进入平层区后，停止盘车作业或紧急电动运行。

4）根据轿厢实际所在层楼，用层门开锁钥匙打开相应层门，救出被困乘客。

2. 无机房电梯的操作

1）救援人员通过紧急报警装置或其他通信方式与被困乘客保持通话，告知被困乘客将缓慢移动轿厢。

2）仔细阅读无机房电梯紧急松闸救援作业指导（根据轿厢与对重是否平衡，进行相关的操作）或紧急电动运行作业指导，严格按照相关的作业指导进行救援操作。

3）根据电梯轿厢移动距离，判断电梯轿厢进入平层区后，停止盘车作业或紧急电动运行。

4）根据轿厢实际所在层楼，用层门开锁钥匙打开相应层门，救出被困乘客。

（二）电梯非开锁区冲顶困人

通过与轿厢内被困乘客的通话，以及通过与现场其他相关人员的询问或与监控中心的信息沟通等渠道，初步确定轿厢的大致位置。在保证安全的情况下，用电梯专用层门开锁钥匙打开所初步确认的轿厢所在层楼的上一层层门（若初步确认轿厢在顶层，则打开顶层的层门）。打开层门后，若在开锁区，则直接开门放人。打开层门后，确认电梯轿厢地板在顶层门区地平面以上较大距离，即冲顶情况，则根据不同类型电梯进行下一步操作。

1. 有机房电梯的操作

1）救援人员在机房通过电梯紧急报警装置或其他通信方式与被困乘客保持通话，告知被困乘客将缓慢移动轿厢。

2）观察电梯曳引机上的钢丝绳，如果发现没有紧绷，则可能是轿厢在冲顶后对重压上缓冲器，然后轿厢向下坠落，引起了安全钳动作。此时，必须先释放安全钳，然后进行后续操作。

3）仔细阅读有机房电梯松闸盘车（向轿厢下行方向盘车）作业指导或紧急电动运行（向轿厢下行方向）作业指导，严格按照相关的作业指导进行救援操作。

4）根据电梯轿厢移动距离，判断电梯轿厢进入顶层平层区后，停止盘车作业或紧急电动运行。

5）在顶层用层门开锁钥匙打开相应层门，救出被困乘客。

2. 无机房电梯的操作

1）救援人员通过电梯紧急报警装置或其他通信方式与被困乘客保持通话，告知被困乘客将缓慢移动轿厢。

2）仔细阅读无机房电梯紧急电动运行作业指导，严格按照相关的作业指导进行救援操作（向轿厢下行方向）。一般在冲顶情况下，应该是轿厢较轻，不适宜进行手动松闸救援。另外由于各种原因，也不适宜进行增加轿厢重量进行救援。

3）根据电梯轿厢移动距离，判断电梯轿厢进入平层区后，停止紧急电动运行。

4）在顶层用层门开锁钥匙打开相应层门，救出被困乘客。

（三）电梯非开锁区蹲底困人

通过与轿厢内被困乘客的通话，以及通过与现场其他相关人员的询问或与监控中心的信息沟通等渠道，初步确定轿厢的大致位置。在保证安全的情况下，用电梯专用层门开锁钥匙打开所初步确认的轿厢所在层楼的上一层层门（若初步确认轿厢在顶层，则打开顶层的层门）。打开层门后，若在开锁区，则直接开门放人。打开层门后，确认电梯轿厢地板在底层门区地平面以下较大距离，即蹲底情况，则根据不同类型电梯进行下一步操作。

1. 有机房电梯的操作

1）救援人员在机房通过电梯紧急报警装置或其他通信方式与被困乘客保持通话，告知被困乘客将缓慢移动轿厢。

2）仔细阅读有机房电梯松闸盘车（向轿厢上行方向盘车）作业指导或紧急电动运行（向轿厢上行方向）作业指导，严格按照相关的作业指导进行救援操作。

3）根据电梯轿厢移动距离，判断电梯轿厢进入底层平层区后，停止盘车作业或紧急电动运行。

4）在底层用层门开锁钥匙打开相应层门，救出被困乘客。

2. 无机房电梯的操作

1）救援人员通过电梯紧急报警装置或其他通信方式与被困乘客保持通话，告知被困乘客将缓慢移动轿厢。

2）仔细阅读无机房电梯紧急松闸救援或紧急电动运行（向轿厢上行方向）作业指导，严格按照相关的作业指导进行救援操作。

3）根据电梯轿厢移动距离，判断电梯轿厢进入平层区后，停止盘车作业或紧急电动运行。

4）在底层用层门开锁钥匙打开相应层门，救出被困乘客。

（四）电梯非开锁区门触点故障困人

救援流程与（一）、（二）、（三）相同。

（五）液压电梯非开锁区停电伤人或困人解救方法

1）应急救援人员赶赴现场后，先确认是停电困人。

2）一名应急救援人员应与轿厢内人员对话了解情况和安抚被困人员。

3）一名应急救援人员赶赴机房，断开总电源，防止在救援过程中恢复供电造成意外事故。

4）一名应急救援人员拿电梯专用层门开锁钥匙打开层门，打开应急照明观察轿厢停止位置，确定运动方向。

5）若确定向下就近平层，即通过对讲机向机房应急救援人员传达指令；若确定向上就近平层，即通过对讲机向机房应急救援人员传达指令。

6）向下就近平层时，机房应急救援人员可点动按压泵站泄压按钮，观察压力表变化，并通过对讲机与层门处应急救援人员联络；向上就近平层时，机房应急救援人员可用加压杆通过手动泵加压，观察压力表变化，并通过对讲机与层门处应急救援人员联络。

7）向下就近平层时，轿厢应缓慢下降至平层区，释放被困人员，向上就近平层时，轿厢应缓慢上升至平层区，释放被困人员。

8）被困人员中若有伤者或身体不适者，应急救援人员应及时联系医疗救护，送医院救治。

9）应急救援人员应告知电梯使用方，通电后，应在电梯专业人员检查后方可使用。

（六）液压电梯非开锁区冲顶伤人或困人解救方法

1）应急救援人员赶赴现场后，若判定非停电，一名应急救援人员应到机房打开控制柜观察分析故障点。若确定是冲顶困人，应通过对讲机告知其他应急救援人员故障点及相关情况。

2）一名应急救援人员到现场后，应与轿厢内人员对话了解情况和安抚被困人员。

3）机房应急救援人员确定故障后，断开总电源，防止在救援过程中发生意外事故。

4）一名应急救援人员用电梯专用层门开锁钥匙打开层门，直接与被困人员对话进行安抚，同时通过对讲机通知机房应急救援人员工作。

5）机房应急救援人员可点动按压泵站泄压按钮，观察压力表变化，并通过对讲机与层门处应急救援人员联络。

6）轿厢缓慢下降至顶层平层区，释放被困人员。

7）被困人员中若有伤者或身体不适者，应急救援人员应及时联系医疗救护，送医院救治。

8）应急救援人员检查上极限开关、液压缸极限开关等，查明故障原因后复位。

9）应急救援人员全行程运行电梯（反复多次）并确定无异常后，告知使用单位。

10）应急救援人员通过救援和检查应查明事故点，并作现场记录。

11）应急救援指挥中心办公室应对事故做出纠正预防措施报告。

（七）液压电梯非开锁区蹲底伤人或困人解救方法

1）应急救援人员赶赴现场后，若判定非停电，一名应急救援人员应到机房打开控制柜观察分析故障点。若确定是"蹲底"困人，应通过对讲机告知其他应急救援人员故障点及相关情况。

2）一名应急救援人员到现场后，应与轿厢内人员对话了解情况和安抚被困人员。

3）机房应急救援人员确定故障后，断开总电源，防止在救援过程中发生意外事故。

4）一名应急救援人员用电梯专用层门开锁钥匙打开层门，直接与被困人员对话进行安抚，同时通过对讲机通知机房应急救援人员工作。

5）机房应急救援人员可用加压杆通过手动泵加压，观察压力表变化，并通过对讲机与层门处应急救援人员联络。

6）轿厢缓慢上升至平层区，释放被困人员。

7）被困人员中若有伤者或身体不适者，应急救援人员应及时联系医疗救护，送医院救治。

8）应急救援人员检查下极限开关、底坑安全开关等，查明故障点后复位。

9）应急救援人员全行程运行电梯（反复多次）并确定无异常后，告知使用单位。

10）应急救援人员通过救援和检查，应查明事故点，并作现场记录。

11）应急救援指挥中心办公室应对事故做出纠正预防措施报告。

（八）液压电梯非开锁区门触点故障伤人或困人解救方法

1）应急救援人员赶赴现场后，若判定非停电，一名应急救援人员应到机房打开控制柜观察故障点。若确定是门触点故障困人，应通过对讲机告知其他应急救援人员故障点。

2）一名应急救援人员到现场后，应与轿厢内人员对话了解情况和安抚被困人员。

3）机房应急救援人员确定故障后，断开总电源，防止在救援过程中发生意外事故。

4）一名应急救援人员用电梯专用层门开锁钥匙打开层门，直接与被困人员对话进行安抚，并确定运动方向，同时通过对讲机通知机房应急救援人员工作。

5）向下就近平层时，机房应急救援人员可点动按压泵站泄压按钮，观察压力表变化，并通过对讲机与层门处应急救援人员联络；向上就近平层时，机房应急救援人员可用加压杆通过手动泵加压，观察压力表变化，并通过对讲机与层门处应急救援人员联络。

6）向下就近平层时，轿厢应缓慢下降至平层区，释放被困人员；向上就近平层时，轿厢应缓慢上升至平层区，释放被困人员。

7）被困人员中若有伤者或身体不适者，应急救援人员应及时联系医疗救护，送医院救治。

8）应急救援人员检查门触点开关、门系统其他安全部件等，更换或调整开关或部件。

9）应急救援人员查明、排除故障点后复位，并作现场记录。

10）应急救援人员全行程运行电梯（反复多次）并确定无异常后，告知使用单位。

11）应急救援指挥中心办公室应对事故做出纠正预防措施报告。

（九）填写应急救援记录并存档

第三节
乘客被困电梯时的正确应急方法

一、冷静篇

困在电梯中的乘客，都希望以最快的速度离开故障电梯，因此有些被困乘客强行扒门或者打开轿厢顶部的安全窗逃生，这样做安全吗？

电梯在出现故障时，门的回路方面会发生失灵的情况，这时电梯可能会异常启动，如果强行扒门就很危险，可能发生剪切，这种剪切很容易造成人身伤害。同样，被困乘客也不要自己从安全窗爬出。正确的做法是乘客应等待专业救援人员到来。

不少乘客害怕发生故障的电梯坠落，其实这样的担心是不必要的。电梯从设计方面是相当安全的，不要担心连接轿厢的钢丝绳会折断，因为国家对电梯用的钢丝绳有专门的规定和要求，钢丝绳的配置不只是为承担轿厢和额定载重量，还考虑到曳引力的大小，其抗拉强度远高于电梯的载重量。一般电梯都配有4根以上钢丝绳，因此电梯是安全的，不会掉到井道里。

电梯还有一套防坠落系统，包括限速器、安全钳以及底部的缓冲器。一旦发现轿厢超速下降，限速器首先会让电梯驱动主机停止运转。如果主机仍然没有停止，限速器就会提升安全钳使之夹紧导轨，强制轿厢停滞在导轨上。另外，在一定速度内如果直接撞击到缓冲器上，轿厢也会停下来。轿厢不管通过哪种方式停下来，都不会对人造成很大的冲击。

在狭窄闷热的电梯里，乘客可能担心受困后会窒息而死，那么被困电梯到底会不会闷死人呢？国家标准对电梯通风有严格的规定，即使发生困梯时通风系统也是正常通风的。另外，电梯有很多活动的部件，一些连接的位置，例如轿壁、轿顶和连接件之间都有缝隙，这些缝隙一般来讲足够满足人的呼吸需要。

综上所述，一旦出现困梯情况，请按后文"报警篇"所述报警后，安心在轿厢等待救援。电梯不是封闭结构，没有窒息危险；电梯具有多重安全保护装置，不会发生坠落危险。

注意：乘客千万不可做踢门、撬门、扒门、跳跃、攀爬等过激动作，这是很危险的；若电梯开门时不在平层位置，此时试图跳、爬出轿厢同样是危险的，可能会坠入电梯井道。

二、报警篇

乘客可以利用轿厢内操作控制面板上的应急对讲装置向楼宇值班人员求救。应急对讲装置位于轿厢控制面板上方，是一个带有"报警电话"或"警铃"图样的按钮。按下按钮，即可与值班人员通话。

若该按钮无人应答，乘客可拨打轿厢内安全检验合格标志牌上的维保电话或轿厢铭牌上的检修电话，向专业维修人员求救。若上述电话不通，乘客可拨打119或110，向公共救援机构报警。

电梯停电或断电后，轿厢内应急灯一般会自动点亮，乘客可借助应急灯的光亮，拨打报警电话。若应急灯不亮，乘客可以借助其他光源（如手机屏幕光亮），寻找报警按钮或电话号码，及时报警求救。

三、救援篇

值班人员接到报警后，会立即通知电梯维修人员，同时与被困乘客保持联系，告知乘客救援人员可能到达的时间。救援人员将通过电梯盘车装置缓慢移动轿厢至最近的平层位置后，打开层门和轿门。

乘客应在确认轿厢处于安全的平层位置后，在救援人员的协助下安全撤离轿厢。

第四节　电梯事故的紧急救援演习制度

为了保障电梯在发生意外事件和事故时能及时有效地得到处理，迅速消除事故源，及时抢救伤员，抢修受损设备，最大限度地减少事故带来的负面影响，降低事故的损失，电梯使用单位应每年至少组织一次应急救援演习，使相关岗位人员熟悉预案的内容和措施，提高应急处理能力。演习内容、时间、排险方法、急救预案由电梯安全管理人员拟定，行政领导批准后实施。演习结束后，电梯安全管理人员应将该次演习的情况作书面记录，并进行总结，对存在的问题在下次演习中进行调整、修改。

一、救援演习方案

1. 演习人员的组成

由本单位法人代表任组长，分管电梯设备或安全的负责人任副组长。组员应由物业

（或后勤）部门负责人、电梯安全管理员、维修保养单位或专业应急救援单位人员等组成。

2. 具体分工

组长负责事故或救援演习现场总指挥，对外联络，对内组织、协调及进行技术指导工作。副组长负责落实具体事故或救援演习措施，如疏散人员，拍照，事故记录，或拟定救援演习参加人员，通知维修保养单位（或专业应急救援单位）实施救援。各成员负责现场秩序维护和救援工具准备工作。

维修保养单位和专业应急救援单位人员均到达现场后，则由电梯维修保养单位具体实施应急救援或演习，专业应急救援单位给予技术支持。

进行困人救援演习，现场负责人应精心组织，并向有关部门报告备案。模拟被困人员或现场负责人应拨打轿厢内的维修电话向电梯维修单位求援。

困人救援演习现场也要做好秩序维护工作，以防止演习中发生不应出现的问题。

3. 救援工具

救援演习单位必须配备安全带、安全帽、绝缘鞋、救援服、缆绳、担架、对讲机等。

4. 发生事故后实施救援的方法和步骤

救援小组查明事故原因和危害程度，确定救援方案，组织指挥救援行为。

设立警戒线，抢救伤员，保护现场，防止事故扩大。疏通交通道路，引导救护车、消防车等。需移动现场物件的，应摄像保存或做出标识，绘制现场简图，做出书面记录。

使受伤人员尽快脱离现场，根据需要拨打120、119。

易燃、易爆、有毒及炽热金属等特别物件，应迅速采取对策，及时处理。

对抢救救灾人员进行安全监护，保证抢救人员绝对安全，防止事故进一步扩大。

5. 困人救援演习的实施方法和步骤

及时与被困人员取得联系，安抚受困人员不要慌张、保持镇定，安静等待救援，不要扒门或将身体任何部位伸出轿厢外（指轿厢未平层且电梯门被打开的情形）。

迅速和电梯维修保养单位取得联系，告知电梯发生困人事件。若一时无法联系，或维修保养单位救援人员不能及时赶到，可直接拨打119，请专业救援单位的救援人员前往。

尽量确认被困人员所在轿厢位置，防止其他在电梯外等候的乘客对设备采取不理智的举动。在一层和故障层设好防护栏，防止意外事故发生。

二、电梯应急演习记录（见表7-1）

表7-1　电梯应急演习记录

应急演习单位：	
应急演习内容： 　1. 事故类别： 　2. 事故原因： 　3. 处置措施：	
应急演习地点：	
应急演习负责人：	应急演习时间：
参加演习的维修保养单位：	

（续）

| 应急演习的目的：为了保障电梯在发生意外事件和事故时能及时有效地得到处理，迅速消除事故源，及时抢救伤员，抢修受损设备，最大限度地减少事故带来的负面影响，降低事故的损失，特进行本次电梯应急救援演习。 |

应急演习过程记录：

1. __时__分：中控室值班人员接到电梯故障应急报警，得知电梯出现故障，有人员被困。值班人员对被困人员进行安慰："不要慌张，救援人员会尽快赶去救援。"__时__分中控室值班人员电话通知电梯管理员，电梯有人员被困，需立即救援。

2. __时__分：电梯管理员向领导汇报的同时启动电梯紧急救援预案，通知单位安全主管、电工、电梯维修人员、客服人员立即赶往电梯故障现场。

3. __时__分：电梯管理员、维修人员到达现场，协同组织部署救援方案（实施救援）。

4. __时__分：电梯维修人员通过机房对讲装置联系上被困人员，并进行安慰。通过被困人员描述及查看电梯现状，发现电梯轿厢位置，断开主电源后，电梯维修人员将轿厢盘车到最近楼层平层位置。

5. __时__分：维修人员用电梯专用钥匙打开层门，将被困人员救出。物业客服人员立即对被困人员进行安慰。

6. __时__分：经电工和电梯维修人员检查确认故障，电梯故障排除后电梯维修人员检查电梯各部件运行状况。

7. __时__分：电梯维修人员检修完毕，电梯恢复正常运行。

8. __时__分：电梯管理员报告故障处理完毕，救援人员撤离。

应急演习总结：

演习总体按紧急救援预案进行，演习内容全部顺利完成，通过本次演习活动，达到了预期的目标。我单位电梯应急处置能力进一步提升，对各项事故的应急处理能力进一步加强。但演习中暴露出一些不足之处，如中控室值班人员应一直保持与被困人员的通话，在救援楼层应放置围挡防止次生事故发生。总体来说演习比较成功，不足之处还需加以改善。

模拟试题（一）

一、判断题

1. 电梯进入专用工作状态才具有最远反向截车功能。（   ）

2. 用于电梯构成的材料的特性和数量不应导致危险状态发生。（   ）

3. 交流调压调速用 ACVV 表示。（   ）

4. 曳引绳用摩擦力传动，不应加油。（   ）

5. 相啮合的蜗轮与蜗杆的模数、螺旋角不需要一致。（   ）

6. 当需要将原动机的旋转运动变为直线运动时，常采用曳引传动方式。（   ）

7. 所谓安全电压，是指为了防止触电事故而由特定电源供电所采用的电压系列，电梯中使用的都是安全电压。（   ）

8. 曳引传动是靠啮合实现的，容易造成打滑现象。（   ）

9. 供电系统中，第一个字母 T 表示变压器中性点直接接地。（   ）

10. 所谓独立是指两个接触器无相互控制关系，两个接触器必须分别由两个独立的信号控制，不能由一个信号控制。（   ）

11. 螺纹联接的防松方法主要有摩擦防松、机械防松和破坏螺纹副防松。（   ）

12. 转子串接外接电阻时得到的机械特性曲线称为调速特性曲线。（   ）

13. 电动势、电压、电流的大小和方向随时间作周期性变化的电称为交流电。（   ）

14. 硬度是指金属材料或构件受力时抵抗弹性变形的能力。（   ）

15. 《中华人民共和国特种设备安全法》规定，锅炉、压力容器、压力管道、电梯、起重机械、客运索道、大型游乐设施的安装、改造、重大修理过程，应当经特种设备检验机构按照安全技术规范的要求进行工程质量监理。（   ）

16. 《山东省安全生产风险管控办法》规定，各人民政府有关部门和生产经营单位应当组织对生产经营全过程进行风险点排查。（   ）

17. 制动器间隙维护保养基本要求：打开时制动衬与制动轮不应发生摩擦，间隙值符合检验机构要求。（   ）

18. 安装单位应当完成试安装样机的安装调试，并且自检合格。（   ）

19. 电梯运行时，制动器的制动衬块（片）与制动轮（盘）不能完全脱离，视为达到

报废技术条件。（　　）

20. 在任何指定的工作区域，都应提供容纳和支撑被授权的专业人员及相关设备的重量的措施。（　　）

二、单项选择题

21. 两只电阻的额定电压相同但额定功率不同，当它们并联接入电路后，额定功率大的电阻（　　）。

A. 发热量大 　　　　　　　　　　　B. 发热量较小

C. 与额定功率小的电阻发热量相同 　　D. 不能确定

22. 当电梯载重量较大，盘车所需的力超过（　　）时，电梯必须配备紧急电动装置解救乘客。

A. 300N 　　　　B. 400N 　　　　C. 500N 　　　　D. 600N

23. 平层感应器在电梯平层于每楼层面地坎时，上、下平层感应器离隔磁板（遮光板）的中间位置应一致，其最大偏差不应大于（　　）mm。

A. 1 　　　　　　B. 2 　　　　　　C. 3 　　　　　　D. 4

24. 平衡补偿装置悬挂在对重和轿厢的（　　）。

A. 底部 　　　　B. 上面 　　　　C. 左侧面 　　　　D. 右侧面

25. 自动扶梯的梯级在（　　）中，不得进入梯路范围进行任何调整或检查。

A. 运行 　　　　B. 停止 　　　　C. 拆除 　　　　D. 检修

26. 在曳引比为2∶1的电梯中，轿厢的速度与曳引轮节圆线速度（　　）。

A. 相同 　　　B. 比例为1∶1.5 　　C. 比例为1∶2 　　D. 比例为2∶1

27. 力的分解有两种方法，即（　　）。

A. 平行四边形和三角形法则 　　　　B. 平行四边形和投影法则

C. 三角形和三角函数法则 　　　　　D. 四边形和图解法则

28. 制动器线圈的最高温度不得高于（　　）℃。

A. 60 　　　　　B. 80 　　　　　C. 85 　　　　　D. 105

29. 润滑的作用不包括（　　）。

A. 降低摩擦 　　B. 增加动力 　　C. 冷却作用 　　D. 防锈作用

30. 每一轿厢地坎上均须装设护脚板，其斜面与水平的夹角应大于（　　）。

A. 40° 　　　　　B. 45° 　　　　　C. 50° 　　　　　D. 60°

31. 金属材料在交变应力的长期作用下发生断裂的现象称为（　　）。

A. 塑性变形 　　B. 金属疲劳 　　C. 冲击韧性 　　D. 屈服变形

32. 自动扶梯和自动人行道驱动链伸长超过设计长度（　　），或超过调整极限，视为达到报废技术条件。

A. 2% 　　　　　B. 3% 　　　　　C. 4% 　　　　　D. 5%

33. 交流双速信号控制电梯的拖动方式用（　　）表示。

A. XH 　　　　　B. JX 　　　　　C. AC-2 　　　　　D. ACVV

34. 按《中华人民共和国特种设备安全法》规定，特种设备生产单位明知特种设备（　　），责令限期改正；逾期未改正的，责令停止生产，处五万元以上五十万元以下罚款；

情节严重的，吊销生产许可证。

    A. 出现质量问题的

    B. 作业人员无证上岗的

    C. 存在同一性缺陷，未立即停止生产并召回的

    D. 存在同一性缺陷，未立即停止生产的

35. 检查电梯控制柜内导体之间及导体对地之间的绝缘电阻应使用（　　）V 的测试电压进行测试。

    A. 50   B. 500   C. 1000   D. 1500

36. 当轿厢完全压在缓冲器上时，底坑中应有足够的空间，该空间的大小以能容纳一个不小于（　　）长方体为准，任一平面朝下放置即可。

    A. 0.5m×0.6m×1.0m   B. 0.5m×0.6m×0.7m

    C. 0.4m×0.6m×0.8m   D. 0.6m×0.7m×0.8m

37. 在数字电路中，必须把（　　）信号转换成相应的数字信号。

    A. 模拟   B. 电流   C. 电压   D. 脉冲

38. 在正常运行条件下，扶手带的运行速度相对于梯级实际速度的允差为（　　）。

    A. 0%～0.5%   B. 0%～1%   C. 0%～1.5%   D. 0%～2%

39. 排除电梯故障时，在确认驱动系统（曳引机、钢丝绳、轿厢和对重）工作正常后，利用（　　）运行控制，使电梯以低速运行，进一步检查和排除故障。

    A. 检修   B. 减速   C. 平层   D. 正常

40. 《中华人民共和国特种设备安全法》规定，特种设备在出租期间的使用管理和维护保养（　　）由特种设备出租单位承担，法律另有规定或者当事人另有约定的除外。

    A. 事项   B. 责任   C. 业务   D. 义务

41. 当电梯出现故障，乘客提出乘坐要求时，（　　）。

    A. 用户第一，可以乘坐   B. 必须停止载客

    C. 视故障的大小而定   D. 可在作业人员的指导下乘坐

42. 《山东省安全生产风险管控办法》规定，对排查出的风险点，生产经营单位应当根据其生产工艺、作业活动等情况选择适用的分析辨识方法进行风险因素辨识，明确（　　）。

    A. 可能存在的不安全行为、不安全状态、管理缺陷和环境影响因素

    B. 存在的不安全行为、不安全状态、管理缺陷和环境影响因素

    C. 可能存在的不安全行为、不安全状态、管理缺陷影响因素

    D. 存在的不安全行为、不安全状态、管理缺陷影响因素

43. 铁水平尺又叫作铁准尺，是检测设备的（　　）位置的量具。

    A. 水平   B. 垂直

    C. A 和 B   D. 以上答案均不对

44. 《中华人民共和国特种设备安全法》中所称的特种设备，是指对人身和财产安全（　　）的锅炉、压力容器（含气瓶）、压力管道、电梯、起重机械、客运索道、大型游乐设施、场（厂）内专用机动车辆，以及法律、行政法规规定适用本法的其他特种设备。

    A. 有较大危险性   B. 有危险性

C. 在重要地点使用　　　　　　　　　　　D. 重要的

45. 带传动的中心距与小带轮的直径一定时，若增大传动比，则小带轮上的包角（　　）。

A. 增大　　　　　B. 不变　　　　　C. 不确定　　　　　D. 减小

46. 《特种设备使用管理规则》规定，以单位登记的特种设备使用单位应当及时更新气瓶、压力管道技术档案及相应数据，（　　）气瓶、压力管道基本信息汇总表和年度安全状况报送登记机关。

A. 每年一季度将上年度的　　　　　　B. 当年底将当年度的
C. 每年一月底将上年度的　　　　　　D. 每年二月前将上年度的

47. 塑性材料破坏的依据通常是（　　）。

A. 屈服极限　　　　B. 强度极限　　　　C. 疲劳极限　　　　D. 比例极限

48. 《中华人民共和国特种设备安全法》规定，县级以上人民政府负责特种设备安全监督管理的部门接到事故报告，应当尽快核实情况，立即向（　　）。

A. 上级人民政府负责特种设备安全监督管理的部门报告

B. 本级人民政府报告

C. 本级人民政府报告，并按照规定逐级上报

D. 本级人民政府报告，并按照规定逐级上报。必要时，负责特种设备安全监督管理的部门可以越级上报事故情况

49. 为了保证同一规格零件的互换性，对其有关尺寸规格的允许变动的范围叫作尺寸的（　　）。

A. 上极限偏差　　　B. 下极限偏差　　　C. 公差　　　　D. 基本偏差

50. 《特种设备使用管理规则》规定，使用单位和产权单位注销、倒闭、迁移或者失联，未办理特种设备注销手续的，登记机关可以（　　）停用或者注销相关特种设备。

A. 现场　　　　B. 采用公告的方式　　　C. 采用拆除方式　　　D. 采用查扣方式

51. 钳形电流表切换量程时，应在（　　）的情况下进行。

A. 带电　　　　B. 不带电　　　　C. 打开钳口　　　　D. 大电流

52. 《特种设备使用管理规则》规定，使用单位办理特种设备使用登记，对审查不予登记的，（　　）。

A. 出具不予登记的决定

B. 出具书面告知不予登记的理由

C. 出具不予登记的决定，并且书面告知不予登记的理由

D. 出具不予登记的决定，并且告知理由

53. 在金属导体中，电流和自由电子的移动方向（　　）。

A. 相同　　　　B. 相反　　　　C. AB 均正确　　　　D. 不能确定

54. 《特种设备使用管理规则》规定，车用气瓶应当（　　）的登记机关申请办理使用登记。

A. 在投入使用前，向产权单位所在地

B. 在投入使用后，向产权单位所在地

C. 在投入使用前，向使用单位所在地

D. 在投入使用后，向使用单位所在地

55. 流量控制阀有（　　）。

A. 节流阀 　　　　　　　　　　　　　 B. 单向阀

C. 换向阀 　　　　　　　　　　　　　 D. 以上答案均正确

56. 一只电阻元件，当其电流减至原来的一半时，其消耗的功率为原来的（　　）。

A. 1/4 　　　　　　 B. 1/2 　　　　　　 C. 2 倍 　　　　　　 D. 4 倍

57. 交流电通过单相整流电路后，得到的输出电压为（　　）。

A. 交流电压 　　　 B. 稳定直流电压 　　 C. 脉动直流电压 　 D. 平均直流电压

58. 带传动具有传动平稳、不可振动、摩擦力较大、不易打滑等特点，它的包角一般不小于（　　）。

A. 40° 　　　　　　 B. 50° 　　　　　　 C. 60° 　　　　　　 D. 70°

59. 单杠式液压缸无杆腔的容积比有杆腔（　　），所以进油时杆伸出速度相较于有杆腔（　　）。

A. 大，快 　　　　 B. 大，慢 　　　　 C. 小，快 　　　　 D. 小，慢

60. 申请曳引驱动乘客电梯（含消防员电梯）（　　）许可子项目的制造单位，其厂房和仓库的建筑面积应达到（　　）m²。

A. 2000 　　　　　 B. 4000 　　　　　 C. 5000 　　　　　 D. 6000

61. 磁场体中磁性最强的两端称为（　　）。

A. 磁场 　　　　　 B. 磁力线 　　　　 C. 磁极 　　　　　 D. 磁效应

62. 运行中轿厢内噪声：取电梯全程上行和全程下行运行过程中以额定速度运行时的（　　）。

A. 最小值 　　　　 B. 中间值 　　　　 C. 平均值 　　　　 D. 最大值

63. 电动机转子转向与定子旋转磁场的转向相反，称为（　　）。

A. 反接制动 　　　 B. 能耗制动 　　　 C. 回馈制动

64. 维保单位每年度至少进行（　　）自行检查。

A. 一次 　　　　　 B. 二次 　　　　　 C. 三次 　　　　　 D. 四次

65. 稳定性的概念是（　　）。

A. 构件抵抗变形的能力 　　　　　　　 B. 构件强度的大小

C. 构件维持其原有平衡状态的能力 　　 D. 构件抵抗破坏的能力

66. 电梯的整机可靠性检验为起制动运行 60 000 次中失效（故障）次数不应超过（　　）。

A. 5 次 　　　　　 B. 6 次 　　　　　 C. 7 次 　　　　　 D. 8 次

67. V 带传动如要增加传动力通常通过（　　）来实现。

A. 增大包角 　　　 B. 减少包角 　　　 C. 增加传动带的根数 　D. 增大主动轮

68. 电梯维护保养规则是对电梯维保工作的（　　）。

A. 最低要求 　　　 B. 最低标准 　　　 C. 基本要求 　　　 D. 最高要求

69. 电梯机房内接地线的要求有（　　）。

A. 颜色为黄绿 　　 B. 颜色为红黄 　　 C. 颜色为蓝色 　　 D. 不要求绝缘

70. 新安装乘客电梯的层门周边运动间隙不应大于（　　）mm。

A. 2   B. 4   C. 6   D. 8

71. 两只电阻，$R_1 : R_2 = 2 : 3$，将它们并联接入电路，则它们两端的电压及通过的电流之比分别为（　　）。

A. 2：3，3：2   B. 3：2，2：3   C. 1：1，3：2   D. 2：3，1：1

72. 如果向上移动装有额定载重量的轿厢所需的最大操作力不大于（　　）N，电梯驱动主机应装设手动紧急操作装置，以便于用平滑且无辐条的盘车手轮将轿厢移动到某一个层站。

A. 200   B. 300   C. 400   D. 500

73. 三相绕线转子异步电动机的调速控制采用（　　）的方法。

A. 改变电源频率   B. 改变定子绕组极对数

C. 转子回路串联频敏变阻器   D. 转子回路串联可调电阻

74. 在《特种设备安全监察条例》中，电梯包括（　　）。

A. 乘客电梯和载货电梯   B. 自动扶梯

C. 自动人行道   D. 均包括

75. 干簧管通过（　　）来驱动，构成干簧感应器，用以反映非电信号。

A. 铁块   B. 永磁体   C. 非金属体   D. 光器件

76. 自动扶梯或自动人行道的梯级、踏板或胶带沿运行方向空载时所测的速度和名义速度之间的最大允许偏差为±（　　）。

A. 2%   B. 3%   C. 5%   D. 6%

77. 双头螺旋每转一圈，蜗轮转过（　　）个齿。

A. 1   B. 2   C. 3   D. 4

78. 电梯检修工作中机房断电的正确操作步骤是（　　）。①用万用表交流电压档对主电源与相、相对地之间进行测量，验证电源是否确实切断；②确认完成断电工作后，挂上"在维修中"的警示牌，将配电箱锁上；③侧身拉闸断电；④确认断电后，再对控制柜中的主电源线进行验证。

A. ①→④→③→②   B. ①→②→③→④

C. ①→③→②→④   D. ③→①→④→②

79. 液压传动系统使用的液体主要是液压油，液压油除用来传递能量外，其作用不包括（　　）。

A. 润滑   B. 冷却   C. 密封   D. 传质

80. 接地线的颜色为（　　）色绝缘电线。

A. 红   B. 黑   C. 黄   D. 黄绿双

81. 液压系统中（　　）不是执行元件。

A. 液压马达   B. 换向阀   C. 液压缸

82. 安全色包括红、蓝、黄、绿四种颜色，红色代表（　　）。

A. 禁止   B. 警告   C. 解除   D. 指示

83. 平面力偶系的平衡条件是（　　）。

A. 力偶系中各力偶矩的代数和是一个常量   B. 力偶系中各力偶矩的代数和等于零

C. 力偶系中各力偶方向相同   D. 力偶系中各力偶矩方向相反

84. 承重梁两端埋入墙内的长度要大于（　　），且应超过墙厚中心 20mm。

A. 60mm B. 70mm C. 75mm D. 80mm

85. 物体的重力就是地球对它的（　　）。

A. 主动力 B. 吸引力 C. 平衡力 D. 从动力

86. 对重导靴一般有（　　）个。

A. 8 B. 4 C. 2 D. 6

87. 关于斜齿轮，说法正确的是（　　）。

A. 螺旋角 β 常用 8°~15°，以使轴向力不过大

B. 端面参数是非标准参数

C. 啮合时，两轮轮齿的螺旋方向是一致的

D. 端面参数是标准参数

88. 层门净入口宽度比轿厢净入口宽度在任一侧的超出部分均不应大于（　　）mm。

A. 30 B. 50 C. 80 D. 100

89. （　　）又称为平均功率，是指负载的电流、电压的有效值和功率因数的乘积。

A. 无功功率 B. 额定功率 C. 有功功率 D. 无用功率

90. 电梯安装施工工地应配备干粉灭火器、二氧化碳灭火器或（　　）。

A. 水桶 B. 泡沫灭火器 C. 沙箱 D. 机油

三、多项选择题

91. 平面连杆传动机构的缺点是（　　）。

A. 难以实现任意的运动规律 B. 惯性力难平衡

C. 设计复杂 D. 积累误差，效率低

92. 润滑的作用包括（　　）。

A. 传递动力 B. 减少磨损 C. 密封作用 D. 减振作用

93. 游标卡尺是常用的精密量具（　　）。

A. 推动游标时不要用力过大 B. 测量时不要弄伤刀口和钳口

C. 用完后应立即放回盒内 D. 不许随便放在桌上或潮湿的地方

94. （　　）随时间变化按一定规律作周期性变化的电流叫交流电。

A. 大小 B. 方向 C. 幅度 D. 周期

95. 《山东省安全生产风险管控办法》规定，县级以上人民政府应当对重点行业、重点区域、重点企业实行风险预警控制，建立完善重大安全风险联防联控机制，对（　　）的区域和行业进行安全管控，防范重特大生产安全事故发生。

A. 位置相邻 B. 行业相近 C. 业态相似 D. 管理相同

96. 自动扶梯与自动人行道的年度维护保养项目（内容）包括（　　）。

A. 主接触器 B. 主机速度检测功能

C. 电缆 D. 扶手带托轮、滑轮群、防静电轮

97. 自动扶梯与自动人行道的试验装置包括（　　）。

A. 控制柜功能检测装置 B. 梯级（踏板）滚轮可靠性试验装置

C. 制动器可靠性试验装置 D. 制动器距离和制动减速度检测设备

E. 运行速度检测设备

98. 假设有一台电梯一直保持开着门，按关门按钮也不关门，造成不关门的原因可能有（　　）。

A. 超载开关动作　　　B. 满载开关动作　　　C. 安全触板动作

D. 本层呼梯按钮卡死　E. 关门按钮坏了

99. 曳引电梯在电力拖动方面有（　　）特点。

A. 四象限运行　　　　B. 运行速度高　　　　C. 速度控制要求高　　　D. 定位精度高

100. 下列不是齿轮传动的特点的是（　　）。

A. 传递的功率和速度范围大　　　　　　　B. 传动效率低，但使用寿命长

C. 齿轮的制造、安装要求不高　　　　　　D. 传动效率高，但使用寿命短

模拟试题（二）

一、判断题

1. 《中华人民共和国特种设备安全法》规定，特种设备出租单位不得出租未取得许可生产的特种设备。（　　）

2. 《特种设备安全监察条例》规定，从事特种设备的监督检验、定期检验、型式试验和无损检测的特种设备检验检测人员应当经国务院特种设备安全监督管理部门组织考核合格，取得检验检测人员证书，方可从事检验检测工作。（　　）

3. 轿厢平层准确度维护保养基本要求：符合制造单位要求。（　　）

4. 测量绝缘电阻时，为获得正确的测量结果，被测设备的表面应用干净的布或棉纱擦拭干净。（　　）

5. 门入口保护装置出现破损或严重变形，视为达到报废技术条件。（　　）

6. 在正常照明电源发生故障的情况下，应自动接通紧急照明电源。（　　）

7. 为方便工作，人工紧急开锁的三角钥匙可以多做几把，分别由管理、维护和操作人员使用。（　　）

8. 杂物电梯如果一个层门（或者多扇门中的任何一扇门）开着，在正常操作情况下，应当不能启动杂物电梯或者不能保持继续运行。（　　）

9. 层门应装设有证实层门闭合的电气装置。（　　）

10. 自动扶梯或自动人行道的提升高度是自动扶梯或自动人行道进出口两楼层板之间的垂直距离。（　　）

11. 当电梯处于检修运行时，轿厢的运行速度不超过 $0.63\mathrm{m/s}$。（　　）

12. 塞尺使用时塞尺片不应有弯曲、油污现象。（　　）

13. 螺旋传动机构的缺点是传动效率低，有自锁作用，相对运动表面磨损较快。（　　）

14. 热继电器的保护动作在过载后需经过一段时间才能执行。（　　）

15. 曳引机应有适量的润滑油。油标齐全，油位显示应清晰。（　　）

16. 用钳形电流表测量电流时，被测线路应断电进行。（　　）

17. 海拔超过 1000m 时空气稀薄，电梯的电动机散热不良，易引起故障。（　　）

18. 三相异步电动机是一种将电能转变为机械能的电气设备。（　　）

19. 钢丝绳为单股绳称为单绕绳，双绕绳就是由两股围绕着绳芯捻成的绳。（　　）

20. 运行中的电流互感器二次侧不允许短路。（　　）

二、单项选择题

21. 五只等值的电阻，如果并联后的等效电阻是 5Ω，若将其串联，则等效电阻为（　　）。

    A. 25Ω　　　　　　B. 50Ω　　　　　　C. 125Ω　　　　　　D. 150Ω

22. 特种设备使用单位未依照《特种设备安全监察条例》规定设置特种设备安全管理机构或者配备专职、兼职的安全管理人员的，由特种设备安全监督管理部门责令改正；逾期未改正的，责令停止使用或者停产停业整顿，处（　　）罚款。

    A. 5 万元以上 20 万元以下　　　　　　B. 2000 元以上 2 万元以下

    C. 2 万元以上 5 万元以下　　　　　　D. 1000 元以上 5000 元以下

23. 油液流经无分支管道时，横截面积大处通过的流量和横截面积小处通过的流量是（　　）。

    A. 前者比后者大　　B. 前者比后者小　　C. 有时大有时小　　D. 相等的

24.《中华人民共和国特种设备安全法》规定，与特种设备安全相关的（　　）、附属设施，应当符合有关法律、行政法规的规定。

    A. 机电设备　　　　B. 安全设施　　　　C. 建筑物　　　　　D. 防护措施

25. 关于我国工业和民用交流电的有关说法不正确的是（　　）。

    A. 频率为 50Hz　　　　　　　　　　B. 周期为 0.02s

    C. 电流的方向每秒改变 50 次　　　　D. 电流大小每秒改变 50 次

26.《山东省安全生产风险管控办法》规定，生产经营单位未采取安全生产风险管控措施的，由负有安全生产监督管理职责的部门责令限期改正；情节严重的，除对单位进行处罚外，还对（　　）处 1 万元以上 2 万元以下的罚款。

    A. 其主要负责人、直接负责的主管人员和其他直接责任人员

    B. 其主要负责人、直接负责的主管人员

    C. 直接责任人员

    D. 直接负责的主管人员和其他直接责任人员

27. 在交流放大电路中，要求输出电流基本稳定，并能减小输入电阻，应引入（　　）。

    A. 电压串联负反馈　　　　　　　　　B. 电流串联负反馈

    C. 电压并联负反馈　　　　　　　　　D. 电流并联负反馈

28.《特种设备安全监察条例》规定，特种设备出现故障或者发生异常情况，使用单位应当（　　），消除事故隐患后，方可重新投入使用。

    A. 停止使用　　　　B. 维修　　　　　C. 对其进行全面检查　D. 更换

29. 几个不等值的电阻串联，每个电阻上的电压的相互关系是（　　）。

    A. 阻值大的电压大　　B. 阻值小的电压大　　C. 相等　　　　D. 无法确定

30.《山东省安全生产风险管控办法》规定，各级人民政府以及有关部门、新闻媒体应当采取多种形式，开展安全生产风险管控宣传，增强（　　）的安全生产风险防范意识。

A. 生产经营单位及其从业人员和公众　　　B. 生产经营单位及其从业人员

C. 公众　　　　　　　　　　　　　　　　D. 生产经营单位

31. 刀开关是低压配电装置中结构最简单且应用最广泛的电器，它的作用主要是（　　　）。

A. 通断额定电流　　　　　　　　　　　　B. 隔离电源

C. 切断短路电流　　　　　　　　　　　　D. 切断过负荷电流

32. 《特种设备使用管理规则》规定，应当配备专职安全管理员，并且取得相应的特种设备安全管理人员资格证书的使用单位是（　　　）。

A. 使用 3 台以上（含 3 台）第Ⅲ类固定式压力容器的

B. 使用 5 台以上（含 5 台）第Ⅲ类固定式压力容器的

C. 使用 10 台以上（含 10 台）第Ⅲ类固定式压力容器的

D. 使用 20 台以上（含 20 台）第Ⅲ类固定式压力容器的

33. 在不断开电路而需要测量电流的情况下，可用（　　　）表进行测量。

A. 万用　　　　　　　B. 电流　　　　　　　C. 钳形电流

34. TSG Z6001—2019《特种设备作业人员考核规则》规定，省级市场监督管理部门负责制定（　　　）。

A. 考试机构的具体条件和委托要求　　　　B. 考试机构的具体条件

C. 考试机构的管理制度　　　　　　　　　D. 考试机构的委托要求

35. 轨道安装作业时，所有施工人员都应戴好（　　　）。

A. 安全带　　　　　B. 工具袋　　　　　C. 防静电服　　　　　D. 安全帽

36. 《特种设备使用管理规则》规定，特种设备节能技术档案包括（　　　）。

A. 锅炉能效测试报告、高耗能特种设备节能改造技术资料等

B. 锅炉能效测试报告

C. 锅炉能效测试报告、高耗能特种设备能效测试报告等

D. 锅炉节能改造技术资料、高耗能特种设备能效测试报告等

37. 三相四线制输送的电压是（　　　）。

A. 线电压　　　　　　B. 相电压　　　　　　C. 线电压和相电压

38. 《中华人民共和国特种设备安全法》规定，违反本法规定，特种设备安装、改造、修理的施工单位（　　　），或者在验收后三十日内未将相关技术资料和文件移交特种设备使用单位的，责令限期改正；逾期未改正的，处一万元以上十万元以下罚款。

A. 施工前未书面告知负责特种设备安全监督管理的部门即行施工的

B. 在施工前未告知负责特种设备安全监督管理的部门即行施工的

C. 在施工前未书面告知负责特种设备安全监督管理部门的

D. 在施工后未书面告知负责特种设备安全监督管理部门的

39. 交流电通过单相整流电路后，得到的输出电压为（　　　）。

A. 交流电压　　　　B. 稳定直流电压　　　　C. 脉动直流电压　　　　D. 平均直流电压

40. 熔断器是利用熔体的（　　　）作用切断电路的。

A. 熔化　　　　　　B. 阻断　　　　　　C. 电阻　　　　　　D. 超压

41. 在几何公差中，"◎"用于中心点表示（　　　），用于轴线表示（　　　）。

A. 对心度，同轴度　　　　　　　　　　B. 同心度，同轴度

C. 对心度，同心度　　　　　　　　　　D. 同心度，对心度

42. 五只等值的电阻，如果串联后的等效电阻为 1kΩ，若将其并联，则等效电阻为（　　）。

A. 40Ω　　　　　B. 200Ω　　　　　C. 1kΩ　　　　　D. 5kΩ

43. 排除电梯故障应有（　　）人以上配合工作。

A. 2　　　　　B. 3　　　　　C. 4　　　　　D. 5

44. 自动扶梯的梯级和自动人行道踏板的上方，应有不小于（　　）m 的垂直高度。

A. 2　　　　　B. 2.1　　　　　C. 2.2　　　　　D. 2.3

45. 轿厢、对重各自应至少由（　　）根刚性的钢质导轨导向。

A. 1　　　　　B. 2　　　　　C. 3　　　　　D. 4

46. 曳引钢丝绳的性能有以下要求，但不包括（　　）。

A. 较高的强度　　　B. 耐磨性好　　　C. 良好的挠性　　　D. 抗高温

47. 试验时轿厢内不应超过（　　）人。

A. 1　　　　　B. 2　　　　　C. 3　　　　　D. 4

48. 用钳形电流表测量电流时，应将被测导线放在（　　）。

A. 钳口中央　　　B. 靠近钳口边缘　　　C. 钳口外面　　　D. 随意

49. 在正常运行时，应不能打开层门，除非轿厢在该层门的开锁区域内停止。开锁区域不应大于层站地平面上下（　　）。

A. 0.1m　　　　　B. 0.15m　　　　　C. 0.2m　　　　　D. 0.25m

50. 物体的重力就是地球对它的（　　）。

A. 主动力　　　　　B. 吸引力　　　　　C. 平衡力　　　　　D. 从动力

51. 当对重完全压在它的缓冲器上时，轿厢导轨长度应提供不小于（　　）（m）的进一步制导行程。

A. $0.1+0.035v^2$　　　B. $0.035v^2$　　　C. $0.3+0.035v^2$　　　D. $0.4+0.035v^2$

52. 我国电网的频率是（　　）Hz。

A. 40　　　　　B. 50　　　　　C. 55　　　　　D. 60

53. 限速器绳轮轮缘端面相对水平面的垂直度不宜大于（　　）。

A. 1/1000　　　B. 1.5/1000　　　C. 2/1000　　　D. 2.5/1000

54. 两只电阻的额定电压相同但额定功率不同，当它们并联接入电路后，额定功率大的电阻（　　）。

A. 发热量大　　　　　　　　　　B. 发热量较小

C. 与额定功率小的电阻发热量相同　　　　　D. 不能确定

55. 乘客电梯的启动加速度和制动减速度最大值均不应大于（　　）。

A. 1.0m/s^2　　　B. 1.2m/s^2　　　C. 1.5m/s^2　　　D. 1.8m/s^2

56. 交流双速电梯启动加速和制动减速过程中，在三相电源与电动机之间接入电阻是为了减小由于（　　）造成的冲击振动。

A. 阻力　　　　　B. 摩擦力　　　　　C. 电动机转矩突变　　　D. 曳引绳打滑

57. 滑轮间应设置永久性的电气照明，在滑轮间应有不小于（　　）lx 的照度。

A. 50   B. 100   C. 200   D. 400

58. 电梯机房内接地线的要求有（　　　）。

A. 颜色为黄绿   B. 颜色为红黄   C. 颜色为蓝色   D. 不要求绝缘

59. 维保单位在维保过程中发现事故隐患应及时告知（　　　）。

A. 检验机构   B. 电梯使用单位

C. 特种设备安全监督管理部门   D. 电梯制造单位

60. 电流在单位时间内所做的功叫作（　　　）。

A. 电功   B. 电容   C. 电位   D. 电功率

61. （　　　）是指部件因不能继续使用或性能指标不符合要求而作废。

A. 修理   B. 维修   C. 报废   D. 改造

62. （　　　）设置在层门、轿门之间，在层、轿门关闭过程中，当有乘客或障碍物触及时，门立刻返回开启位置的安全装置。

A. 防火门   B. 层门   C. 门锁   D. 安全触板

63. 层门与轿门联动时，主动门即（　　　）。

A. 手动门   B. 自动门   C. 层门   D. 轿门

64. 乘客电梯广泛使用的导轨有（　　　）形导轨、L形导轨和空心型导轨三种。

A. Ω   B. I   C. T   D. Π

65. 电路某处断开，电流消失，负载停止工作，这种状态叫作（　　　）。

A. 短路   B. 断路   C. 闭路   D. 分路

66. 曳引式电梯轿厢半载下行至行程中段时的速度，宜不小于额定速度的（　　　）%。

A. 92   B. 93   C. 94   D. 95

67. 用万用表测量电压或电流时，（　　　）测量。

A. 不要带电   B. 可以带电   C. 必须串电容   D. 不能

68. 自动扶梯护壁板之间的间隙不应大于（　　　）mm。

A. 4   B. 5   C. 6   D. 8

69. 将三相对称负载在同一电源上作星形联结时，负载取用的功率是三角形联结的（　　　）。

A. 1/3   B. 1/2   C. 2倍   D. 3倍

70. 曳引钢丝绳常漆有明显标记，这是（　　　）标记。

A. 换速   B. 平层   C. 加油   D. 检修

71. 钢丝绳绳芯不是由（　　　）制成的。

A. 橡胶   B. 棉纱   C. 石棉纤维   D. 软钢钢丝

72. 由交流电源直接供电的驱动电动机，必须用（　　　）个独立的接触器串联切断电源。当电梯停止时，如果其中一个接触器的主触点未打开，最迟到下一次运行方向改变时，应防止电梯再运行。

A. 1   B. 2   C. 3   D. 4

73. 在铸铁材料中，HT100表示（　　　）。

A. 灰铸铁，最低抗拉强度100MPa   B. 球墨铸铁，最低抗拉强度100MPa

C. 灰铸铁，最高抗拉强度100MPa   D. 球墨铸铁，最高抗拉强度100MPa

74. 当电梯运行到顶层或底层平层位置后，防止电梯继续运行冲顶或蹲底造成事故的是（　　）。

A. 供电系统断相、错相保护装置　　　　　　B. 行程终端限制保护装置

C. 层门锁与轿门电气联锁装置　　　　　　　D. 慢速移动轿厢装置

75. （　　）又称平均功率，是指负载的电流、电压的有效值和功率因数的乘积。

A. 无功功率　　　　B. 额定功率　　　　C. 有功功率　　　　D. 无用功率

76. 自动扶梯和自动人行道的驱动站和转向站内，至少有（　　）个检修插座。

A. 0　　　　　　　B. 1　　　　　　　C. 2　　　　　　　D. 3

77. 液压传动系统一般不包括（　　）。

A. 动力　　　　　B. 控制　　　　　C. 执行　　　　　D. 旋转

78. 电梯层门锁的锁钩啮合与电气接点的动作顺序是（　　）。

A. 锁钩啮合与电气接点同时接通

B. 锁钩啮合深度达到 7mm 以上时电气接点接通

C. 动作先后没有要求

D. 电气接点接通后锁钩啮合

79. 交流双速电梯换速时产生（　　）制动。

A. 能耗　　　　　B. 再生发电　　　　C. 反接　　　　　D. 串电阻电抗

80. 安全色包括红、蓝、黄、绿四种颜色，红色代表（　　）。

A. 禁止　　　　　B. 警告　　　　　C. 解除　　　　　D. 指示

81. 齿轮传动方式的自动扶梯有（　　）个电动机与蜗杆连接。

A. 一　　　　　　B. 两　　　　　　C. 三　　　　　　D. 四

82. 安装层门地坎时，层门地坎与轿门地坎之间的水平距离，施工允许的偏差为（　　）mm。

A. ±1　　　　　　B. ±2　　　　　　C. ±3　　　　　　D. ±4

83. 三相异步电动机在断相运行时（　　）。

A. 转子电流变大，输出转矩变小　　　　　B. 转子电流变小，输出转矩变大

C. 转子电流和输出转矩都变小　　　　　　D. 转子电流和输出转矩都变大

84. 制动试验：轿厢装载（　　），以正常运行速度下行时，切断电动机和制动器供电，制动器应当能够使驱动主机停止运转，试验后轿厢应无明显变形和损坏。

A. 空载　　　　　　　　　　　　　　　　B. 50%额定载重量

C. 额定载重量　　　　　　　　　　　　　D. 1.25 倍额定载重量

85. 液压系统中（　　）不是执行元件。

A. 液压马达　　　　B. 换向阀　　　　C. 液压缸

86. 一台载货电梯，额定载重量为 1000kg，轿厢自重为 1200kg，平衡系数设为 0.5，对重的总质量应为（　　）kg。

A. 1600　　　　　B. 1700　　　　　C. 1800　　　　　D. 2200

87. 淬火的目的是将（　　）体的钢件淬成马氏体。

A. 珠光　　　　　B. 奥氏　　　　　C. 铁素　　　　　D. 渗碳

88. 为了使制动器有足够的松闸力，制动器两个电磁铁心的间隙一般为（　　）。

A. 0.5～1mm   B. 0.5～1cm   C. 小于 0.7mm   D. 小于 0.7cm

89. 蜗杆传动的特点不包括（   ）。

A. 传动比小   B. 运动平衡   C. 噪声小   D. 体积小

90. 电梯在相同的电压下，空载下行时与满载上行时运行电流（   ）。

A. 上大下小   B. 基本相同   C. 无法确定   D. 下小上大

三、多项选择题

91. 《中华人民共和国特种设备安全法》规定，违反本法规定，特种设备的（   ），未经监督检验的，责令限期改正；逾期未改正的，处五万元以上二十万元以下罚款；有违法所得的，没收违法所得；情节严重的，吊销生产许可证。

A. 设计   B. 制造、安装、改造

C. 重大修理   D. 锅炉清洗过程

92. 全封闭的井道，只允许有下述开口：（   ）。

A. 层门开口

B. 通风孔

C. 火灾情况下，气体和烟雾的排气孔

D. 井道与机房或滑轮间之间必要的功能性开口

93. 下列情况下，电梯设备管理组织应及时通知维护组织：（   ）。

A. 与电梯设备本身和（或）其使用环境或使用有关的任何改变前

B. 在任何对电梯设备的第三方检查或工作前

C. 在电梯设备准备长期停止运行前

D. 在电梯设备长期停止运行后再次恢复使用前

94. 交流调压调速的制动方式有（   ）。

A. 能耗制动   B. 涡流制动   C. 反接制动

95. 电梯冲顶可能由以下（   ）原因造成。

A. 钢丝绳与曳引轮槽严重磨损或钢丝绳外表油脂过多

B. 制动器机械卡阻或制动器延时断电释放晚

C. 旋转编码器故障

D. 位置传感器故障

96. 常用的二极管有（   ）。

A. 整流二极管   B. 稳压二极管   C. 发光二极管   D. 光电二极管

97. 绝缘等级分为（   ）等级。

A. A   B. E   C. B   D. F

98. 变频技术的类型有（   ）。

A. 交-直变频技术   B. 直-直变频技术   C. 直-交变频技术   D. 交-交变频技术

99. 制成杆件的材料变形的基本形式有（   ）。

A. 拉（压）变形   B. 弯曲变形   C. 剪切变形   D. 扭转变形

100. 金属材料的强度指标根据其变形特点主要有（   ）。

A. 弹性极限   B. 屈服强度   C. 抗拉强度   D. 塑性变形

模拟试题（三）

一、判断题

1. 《中华人民共和国特种设备安全法》规定，特种设备出租单位不得出租二手特种设备。（　　）

2. 控制柜接触器、继电器触点维护保养基本要求：接触良好。（　　）

3. 检修运行一旦实施，紧急电动运行同样起作用。（　　）

4. 特殊情况，为了满足底坑安装的电梯部件的位置要求，允许在该隔障上开尽量小的缺口。（　　）

5. 为确保限速器工作，规定限速器钢丝绳直径不小于7mm，安全系数≥5。（　　）

6. 对于可拆卸的盘车手轮，应放置在机房容易接近的地方。（　　）

7. 履带式起重机在雨期吊装时，严禁在未经夯实的虚土或低洼处作业。（　　）

8. 消防员电梯进入优先召回阶段，运行中的电梯应尽快返回消防服务通道层，对于正在驶离消防服务通道层的电梯，应在尽可能最近的楼层做一次正常的停靠，开门然后返回。（　　）

9. 被钻孔的构件应固定牢靠，以防随手电钻钻头一并旋转，造成构件的飞甩。（　　）

10. 笼型异步电动机结构简单，工作可靠，使用维护方便。（　　）

11. 钢的热处理就是将钢在固态下加热到一定的温度，进行必要的保温，并以适当的速度冷却，从而获得所需组织和性能的工艺方法。（　　）

12. 力对物体的作用表现形式为使物体变重。（　　）

13. 钳形电流表测量完毕一定要把仪表的量程开关置于最大量程位置上。（　　）

14. 用普通整流二极管可以组成晶闸管的触发电路。（　　）

15. 如果将电路中的元件逐个顺次串接起来，这个电路就是串联电路。（　　）

16. 盛装润滑脂的容器，任何时候都要加盖。（　　）

17. 《特种设备使用管理规则》规定，特种设备定期检验完成后，检验机构应当组织进行特种设备管路连接、密封、附件（含零部件、安全附件、安全保护装置、仪器仪表等）和内件安装、试运行等工作，并且对其安全性负责。（　　）

18. 必须严格按照各移动电器的铭牌规定正确掌握电压、功率和使用时间。（　　）

19. 曳引机本身的技术要求均在出厂前保证。安装时，严禁拆卸曳引机。（　　）

20. 接地是将电气设备或装置的某一点（接地端）与大地之间做符合技术要求的电气连接。（　　）

二、单项选择题

21. （　　）通常由石墨制成，用于连接电动机和发电机的转子。它将电流传递至定子。

A. 电刷　　　　　　B. 扶栏　　　　　　C. 扶手带　　　　　　D. 火警操作

22. 电梯驱动主机旋转部件的上方应有不小于（　　）m 的垂直净空距离。

A. 0.1　　　　　　B. 0.3　　　　　　C. 0.5　　　　　　D. 0.7

23. 单杠式液压缸无杆腔的容积比有杆腔（　　　），所以进油时杆伸出速度相较于有杆腔（　　　）。

A. 大，快　　　　　B. 大，慢　　　　　C. 小，快　　　　　D. 小，慢

24. 进行人工紧急操作的地方，要有一块不小于（　　　）的水平净空面积。

A. 0.3m×0.4m　　　B. 0.4m×0.5m　　　C. 0.5m×0.6m　　　D. 0.4m×0.6m

25. 电流在单位时间内所做的功叫作（　　　）。

A. 电功　　　　　　B. 电容　　　　　　C. 电位　　　　　　D. 电功率

26.《中华人民共和国特种设备安全法》规定，特种设备使用单位违反本法规定，未建立特种设备安全技术档案或者安全技术档案不符合规定要求，或者未依法设置使用登记标志、定期检验标志的，（　　　）。

A. 责令限期改正，处一万元以上十万元以下罚款

B. 责令停止使用有关特种设备

C. 责令停止使用有关特种设备，处一万元以上十万元以下罚款

D. 责令限期改正；逾期未改正的，责令停止使用有关特种设备，处一万元以上十万元以下罚款

27. 检查电梯控制柜内导体之间及导体对地之间的绝缘电阻应使用（　　　）V的测试电压进行测试。

A. 50　　　　　　　B. 500　　　　　　C. 1000　　　　　　D. 1500

28.《中华人民共和国特种设备安全法》规定，违反本法规定，特种设备检验、检测机构及其检验、检测人员（　　　）的，责令改正，对机构处五万元以上二十万元以下罚款，对直接负责的主管人员和其他直接责任人员处五千元以上五万元以下罚款；情节严重的，吊销机构资质和有关人员的资格。

A. 未按照使用单位的要求进行检验、检测

B. 未按照安全技术规范的要求进行检验、检测

C. 未按照检验标准的要求进行检验、检测

D. 未按照行政规章的要求进行检验、检测

29. 曳引驱动电梯主电路和安全装置线路绝缘应不小于（　　　）。

A. 0.25MΩ　　　　B. 0.3MΩ　　　　C. 0.5MΩ　　　　D. 1.0MΩ

30. 现场安装和修理过程检验、验收检验的质量检验人员不少于（　　　）。

A. 4 人　　　　　　B. 5 人　　　　　　C. 6 人　　　　　　D. 7 人

31. 对于受轴向力不大或仅是为了防止零件偶然沿轴向窜动的常用轴向固定形式是（　　　）。

A. 用轴肩或轴环固定　　　　　　　　B. 用轴端挡圈、轴套和圆螺母固定

C. 用圆锥销、紧定螺钉或弹簧挡圈固定　　D. 用轴端挡圈、轴套或紧定螺钉固定

32. 地坎变形使层门地坎与轿厢地坎水平距离大于（　　　），视为达到报废技术条件。

A. 30mm　　　　　B. 35mm　　　　　C. 40mm　　　　　D. 45mm

33. 对于交流异步电动机，频率越高，转速越（　　　）。

A. 快　　　　　　　B. 慢　　　　　　C. 无影响

34. 自动人行道紧急停止开关之间的距离不应大于（　　　）。

　　A. 20m　　　　　　B. 30m　　　　　　C. 40m　　　　　　D. 50m

35. 在曳引机安装完成后，试验前应详细检查曳引机的各部分加油处并加油，油位的高度应达到（　　　）为宜。

　　A. 螺杆中心 1/3 处　　B. 螺杆中心 2/3 处　　C. 螺杆中心处　　D. 蜗杆

36. 阻止折叠门开启的力不应大于（　　　）N。这个力的测量应在折叠门扇的相邻外缘间距或与等效件（如门框）距离为（　　　）时进行。

　　A. 130，50mm　　B. 140，80mm　　C. 150，100mm　　D. 160，110mm

37. 将三相对称负载在同一电源上作星形联结时，负载取用的功率是三角形联结的（　　　）。

　　A. 1/3　　　　　　B. 1/2　　　　　　C. 2 倍　　　　　　D. 3 倍

38. 自动扶梯或自动人行道的便携式控制装置柔性电缆的长度不应小于（　　　）。

　　A. 2m　　　　　　B. 3m　　　　　　C. 4m　　　　　　D. 5m

39. 当反向电压小于击穿电压时，二极管处于（　　　）的状态。

　　A. 死区　　　　　　B. 截止　　　　　　C. 导通　　　　　　D. 击穿

40. 自动扶梯和自动人行道支撑结构（桁架）严重腐蚀，主要受力构件断面壁厚腐蚀达到设计厚度的（　　　），视为达到报废技术条件。

　　A. 5%　　　　　　B. 7%　　　　　　C. 9%　　　　　　D. 10%

41. 润滑脂由（　　　）组成。

　　A. 液体润滑剂　　　B. 稠化剂　　　　　C. 添加剂　　　　　D. 以上均包括

42. 电梯在运行时噪声很大，经检查后发现电梯曳引机在运行时发出有节奏的敲鼓声，频率与电动机转速相吻合，制动器在制动时不够迅速。在对曳引机和制动器维保后排除了故障。该电梯曳引机在运行时发出有节奏的敲鼓声，频率与电动机转速相吻合，故障原因是（　　　）。

　　A. 电动机故障　　　B. 制动器故障　　　C. 减速箱故障

　　D. 联轴器故障　　　E. 曳引轮故障

43. 电流在一段时间内通过某一电路，电场力所做的功，称为（　　　）。

　　A. 电功　　　　　　B. 电容　　　　　　C. 电位　　　　　　D. 电功率

44. 当电梯载重量较大，盘车所需的力超过（　　　）时，电梯必须配备紧急电动装置解救乘客。

　　A. 300N　　　　　B. 400N　　　　　C. 500N　　　　　D. 600N

45. 钢丝绳用润滑剂应具有（　　　）。

　　A. 防震性　　　　　B. 防锈性　　　　　C. 吸潮性　　　　　D. 防火性

46. 电梯的主开关不应切断（　　　）的供电电路。

　　A. 电梯井道照明　　B. 电气安全回路　　C. 层站显示　　　　D. 开门电动机

47. 安全电路不通时，断开了电梯的（　　　）继电器。

　　A. 检修　　　　　　B. 门锁　　　　　　C. 运行　　　　　　D. 开门

48. 轿厢地坎与轿厢入口面对的井道壁的水平距离应不大于（　　　）m。

　　A. 0.1　　　　　　B. 0.15　　　　　　C. 0.25　　　　　　D. 0.3

49. 关于电位与电压的说法（　　）是正确的。

A. 电压就是电位

B. 电压与电位定义不同，但在同一电路系统中两者值相同

C. 电压与电位没有联系

D. 同一系统中，两点间电压为该两点的电位值之差的绝对值

50. 轿顶停止装置（急停开关）应装在离层门口不超过（　　）的位置。

A. 0.5m　　　　B. 1m　　　　C. 1.5m　　　　D. 2m

51. 利用作图法求合力时，不仅要注意按统一比例绘制，同时还应注意线段的（　　）。

A. 方向　　　　B. 角度　　　　C. 位置　　　　D. 粗细

52. 当轿厢运行速度达到限定值时能发出电信号并产生机械动作的安全装置是（　　）。

A. 安全钳　　　B. 限速器　　　C. 限速器断绳开关　　D. 选层器

53. 为了使制动器有足够的松闸力，制动器两个电磁铁心的间隙一般为（　　）。

A. 0.5~1mm　　B. 0.5~1cm　　C. 小于0.7mm　　D. 小于0.7cm

54. 带传动的中心距与小带轮的直径一定时，若增大传动比，则小带轮上的包角（　　）。

A. 增大　　　　B. 不变　　　　C. 不确定　　　　D. 减小

55. 电梯控制柜导体之间和导体对地的绝缘电阻必须大于（　　）。

A. 500Ω/V　　B. 1000Ω/V　　C. 1500Ω/V　　D. 2000Ω/V

56. 交流双速电梯制动减速时，则自动切断高速绕组电源，并将三相（　　）绕组接到电源上，电动机转入低速运行状态。

A. 低速　　　　B. 高速　　　　C. 快速　　　　D. 超高速

57. 钢丝绳有（　　）现象时，需要更换。

A. 过长　　　　B. 过短　　　　C. 直径减少1%　　D. 断股

58. 齿轮传动的特点是（　　）。

A. 传递的功率和速度范围大　　　　B. 传动效率低，但使用寿命长

C. 齿轮的制造、安装要求不高　　　　D. 传动效率高，但使用寿命短

59. 轿厢应设超载装置，当轿厢超载荷超过额定载荷的（　　）时，超载装置应可靠动作。

A. 105%　　　　B. 110%　　　　C. 115%　　　　D. 120%

60. 用万用表测量某一电路电阻时，（　　）带电进行测量。

A. 可以　　　　B. 不能　　　　C. 必须　　　　D. 串电阻后

61. 信号控制电梯可以用代号（　　）表示。

A. AZ　　　　B. XH　　　　C. JX　　　　D. QK

62. 交流双速信号控制电梯的拖动方式用（　　）表示。

A. XH　　　　B. JX　　　　C. AC-2　　　　D. ACVV

63. 轿厢内应急灯在（　　）时自动亮起。

A. 超载　　　B. 电梯出现故障　　C. 电梯关不上门　　D. 电梯电源断电

64. 游标卡尺测量钢丝绳直径，以相距至少（　　）的两点进行。

A. 0.5m　　　　B. 0.8m　　　　C. 1m　　　　D. 2m

65. 如果向上移动装有额定载重量的轿厢所需的操作力不大于（　　），电梯驱动主机应装设手动紧急操作装置。

  A. 200N   B. 300N   C. 400N   D. 500N

66. 在主动轮和从动轮的轴成90°，二者在彼此既不平行又不相交的情况下，可采用（　　）传动。

  A. 带   B. 液压   C. 蜗轮蜗杆   D. 曳引

67. 欲进入底坑施工维修时，用紧急开锁的三角钥匙打开最低层层门，应先按下（　　）开关后，才可以进入底坑。

  A. 底坑照明   B. 井道照明   C. 底坑停止   D. 底坑插座

68. （　　）是指金属材料或构件受力时抵抗弹性变形的能力。

  A. 塑性   B. 硬度   C. 韧性   D. 刚度

69. 《中华人民共和国特种设备安全法》规定，特种设备使用单位应当在特种设备（　　），向负责特种设备安全监督管理的部门办理使用登记，取得使用登记证书。登记标志应当置于该特种设备的显著位置。

  A. 投入使用后

  B. 投入使用前

  C. 投入使用前或者投入使用后三十日内

  D. 投入使用前三十日内

70. 电流流经人体途径最危险的途径是（　　）。

  A. 从左脚到右脚

  B. 通过头部

  C. 通过中枢神经

  D. 从左手到前胸，从前胸到后背

71. 《中华人民共和国特种设备安全法》规定，特种设备销售单位未建立检查验收和销售记录制度，或者进口特种设备未履行提前告知义务的，（　　）。

  A. 责令改正

  B. 责令改正，处一万元以上十万元以下罚款

  C. 责令改正；逾期未改正的，处一万元以上十万元以下罚款

  D. 责令改正；逾期未改正的，处一万元以上十万元以下罚款；有违法所得的，没收违法所得

72. 液压系统的基本回路不包括（　　）。

  A. 调温回路   B. 调压回路   C. 卸荷回路   D. 平衡回路

73. 《特种设备安全监察条例》规定，特种设备使用单位的主要负责人在本单位发生特种设备事故时，不立即组织抢救或者在事故调查处理期间擅离职守或者逃匿的，对主要负责人，由特种设备安全监督管理部门处（　　）罚款。

  A. 1000元以上5000元以下   B. 4000元以上2万元以下

  C. 2000元以上2万元以下   D. 2万元以上5万元以下

74. 电气安全装置应包括（　　）。

  A. 安全触点   B. 二极管   C. 整流器   D. 晶闸管

75. 《中华人民共和国特种设备安全法》中所称特种设备，是指对人身和财产安全（　　）的锅炉、压力容器（含气瓶）、压力管道、电梯、起重机械、客运索道、大型游乐设施和场（厂）内专用机动车辆，以及法律、行政法规规定适用本法的其他特种设备。

  A. 有较大危险性   B. 有危险性

C. 在重要地点使用

D. 重要的

76. 曳引驱动电梯控制电路的绝缘电阻应不小于（　　　）。

A. 0.1MΩ   B. 0.25MΩ   C. 0.5MΩ   D. 1.0MΩ

77.《中华人民共和国特种设备安全法》规定，特种设备行业协会应当加强行业自律，（　　　），提高特种设备安全管理水平。

A. 推进行业管理水平

B. 推进行业诚信体系建设

C. 加强行业质量管理水平

D. 推进行业安全管理

78. 塑性材料破坏的依据通常是（　　　）。

A. 屈服极限   B. 强度极限   C. 疲劳极限   D. 比例极限

79.《中华人民共和国特种设备安全法》规定，特种设备进行改造、修理，按照规定需要变更使用登记的，（　　　），方可继续使用。

A. 应当办理变更登记

B. 重新办理使用登记

C. 通知特种设备安全监督管理部门后

D. 通知特种设备检验机构后

80. 五只等值的电阻，如果串联后的等效电阻为1kΩ，若将其并联，则等效电阻为（　　　）。

A. 40Ω   B. 200Ω   C. 1kΩ   D. 5kΩ

81.《中华人民共和国特种设备安全法》规定，特种设备的使用应当具有规定的安全距离、（　　　）。

A. 安全附件   B. 监控装置   C. 报警装置   D. 安全防护措施

82. 在直流电路中，电流流经某一电阻，若用万用表测量其电压，应认定（　　　）。

A. 电流流入端为正，流出端为负

B. 电流流入端为负，流出端为正

C. 无极性

D. 不确定

83. 依靠（　　　），能生产出各种性能都符合使用要求的润滑油。

A. 提高润滑油的加工技术

B. 提高基础油品质

C. 加入各种功能不同的添加剂

D. 提高工艺设备质量

84. 永磁同步电动机的（　　　）是永磁的。

A. 定子   B. 转子   C. 绕组   D. 以上都不对

85. 润滑的作用不包括（　　　）。

A. 降低摩擦   B. 增加动力   C. 冷却作用   D. 防锈作用

86. 三相绕线转子异步电动机的调速控制采用（　　　）的方法。

A. 改变电源频率

B. 改变定子绕组极对数

C. 转子回路串联频敏变阻器

D. 转子回路串联可调电阻

87. （　　　）是当轿厢或对重超过下极限位置时，用来吸收轿厢或对重装置所产生动能的安全装置。

A. 安全钳   B. 限速器   C. 端站减速装置   D. 缓冲器

88. 限速器绳轮的铅垂度，应不大于（　　　）。

A. 0.2mm   B. 0.5mm   C. 0.8mm   D. 1mm

89. 自动扶梯或自动人行道的梯级、踏板或胶带沿运行方向空载时所测的速度和名义速度之间的最大允许偏差为±（　　　）。

A. 2%   B. 3%   C. 5%   D. 6%

90. 用灭火器进行灭火的最佳位置是（   ）。

A. 下风位置   B. 上风或侧风位置

C. 离起火点 10m 以上的位置   D. 离起火点 10m 以下的位置

三、多项选择题

91. 《中华人民共和国特种设备生产许可证》，载明（   ）。

A. 许可证编号   B. 单位名称   C. 住所

D. 办公地址   E. 许可项目

92. 导轨变形应限制在一定范围内，由此：（   ）。

A. 不应出现门的意外开锁   B. 安全装置的动作应不受影响

C. 移动部件应不会与其他部件碰撞   D. 导轨松动

93. 电梯机房主要电源开关不应切断下述（   ）供电电路。

A. 强迫减速电路   B. 报警电路   C. 轿顶电源插座   D. 安全电路

94. 下列关于层门开锁钥匙的说法正确的是（   ）。

A. 层门开锁钥匙必须由经过培训的专业人员使用

B. 正常运行时，严禁用钥匙打开层门

C. 使用层门开锁钥匙打开层门前，必须确定轿厢所在位置

D. 层门开锁钥匙要妥善保管

95. 用万用表测电阻时，为使测量精确，应注意以下几点（   ）。

A. 被测电阻应断电   B. 选择合适倍率档

C. 进行机械调零   D. 进行欧姆调零

96. 在蜗轮减速箱内注入适量的润滑油，不但能减少表面摩擦力，还能（   ）。

A. 提高传动效率   B. 加速电梯速度   C. 冷却   D. 提高使用寿命

97. 螺旋传动机构的优点是（   ）。

A. 回转运动变换为直线运动，运动准确性高

B. 结构简单，制造方便

C. 工作平稳，无噪声

D. 可以传递很大的轴向力

98. 超载开关可以安装在（   ）。

A. 轿底   B. 轿厢绳头处   C. 机房绳头处   D. 底坑

99. 塞尺的使用有以下要求（   ）。

A. 塞尺片不应有弯曲、油污现象

B. 使用前必须将塞尺片擦干净并使其平直

C. 每次用完须擦拭防锈油再存放

D. 测量间隙时按各塞尺片的标示值计算

100.《山东省安全生产风险管控办法》规定，对重大风险的管控，还应当制定专项管控方案；实时进行监控或者实行 24 小时值班制度；（   ）；定期进行检查、排查；其他的必要措施。

A. 禁止无关人员进入并严格限制作业人员数量

B. 禁止无关人员进入并限制作业人员数量

C. 由生产经营单位主要负责人负责管控

D. 由生产经营单位安全管理负责人负责管控

模拟试题（四）

一、判断题

1. 轿厢平层准确度维护保养基本要求：符合制造单位要求。（   ）

2. 轿厢和对重/平衡重的导轨支架维护保养基本要求：固定，无松动。（   ）

3. 决定触电伤害程度的因素：通过人体电流的大小；电流通过人体的时间长短；电流通过人体的部位；通过人体电流的频率；触电者的身体状况。（   ）

4. 限速器动作速度至少为额定速度的 105% 以上。（   ）

5. 电梯的安全操作可以受电磁干扰的影响。（   ）

6. 使用电烙铁焊接较小元件时，时间不宜过长，以免因热损坏元件或绝缘。（   ）

7. 电梯的超载保护是指当轿厢内负载超过额定载重量时，能自动切断控制电路，电梯无法启动，并发出警告信号。（   ）

8. 齿轮的两基圆的内分切线不是齿轮的啮合线。（   ）

9. 角频率 ω 和频率都是反映交流电变化快慢的物理量，ω 越大，交流电变化得越慢。（   ）

10. 交流双速电梯的制动力矩过大，容易引起冲击。（   ）

11. 万用表电阻档测电阻的设计原理是闭合电路欧姆定律。（   ）

12. 电磁线圈的铁心、线圈被视为机械部件。（   ）

13. 齿轮端面的接触面要尽量小。（   ）

14. 基础油是润滑油的主要成分，决定着润滑油的性质。（   ）

15. 与电气安全回路上不同点的连接只允许用来采集信息。（   ）

16. 带电体表面有尖端毛刺或不光滑、有裂纹或环境中有尘埃、潮湿时，会降低其绝缘性能。（   ）

17. 《特种设备安全监察条例》规定，特种设备不符合能效指标的，特种设备使用单位应当采取相应措施进行整改。（   ）

18. 《特种设备安全监察条例》规定，锅炉、压力容器、电梯、起重机械、客运索道、大型游乐设施的安装、改造、维修以及场（厂）内专用机动车辆的改造、维修竣工后，安装、改造、维修的施工单位应当在验收后 30 日内将有关技术资料移交使用单位，使用单位应当将其存入该特种设备的安全技术档案。（   ）

19. 维保单位应当在电梯使用标志所标注的下次检验日期届满前 1 个月，向检验机构申请定期检验。（   ）

20. 钢的热处理就是将钢在固态下加热到一定的温度，进行必要的保温，并以适当的速度冷却，从而获得所需组织和性能的工艺方法。（   ）

二、单项选择题

21. 稳压二极管的正常工作状态是（　　）。
    A. 导通状态　　　　　B. 截止状态　　　　C. 反向击穿状态　　　D. 任意状态

22. 如果轿厢与对重（或平衡重）之下有人员能够到达的空间，井道底坑的底面至少应按（　　）的载荷设计，且将对重缓冲器安装于（或平衡重运行区域下面是）一直延伸到坚固地面上的坚固桩墩上，或对重（或平衡重）上应装设安全钳。
    A. 5000N/m² 　　　　B. 6000N/m² 　　　　C. 5500N/m² 　　　　D. 6500N/m²

23. 下面说法不正确的是（　　）。
    A. 人体能够导电
    B. 42V 是安全电压
    C. 保护接地和保护接零是一样的
    D. 当电流在接地点周围土壤中产生电压降时，人在接地点周围两脚之间出现的电压是跨步电压

24. 下列不是自动扶梯与自动人行道半月维护保养项目（内容）的是（　　）。
    A. 制动器状态监测开关　　　　　B. 减速器润滑油
    C. 电动机通风口　　　　　　　　D. 主接触器
    E. 检修控制装置

25. 电子在物体内流动所遇到的阻力就叫作（　　）。
    A. 电抗　　　　　　　B. 电容　　　　　　　C. 电阻　　　　　　　D. 电压

26. 机房、滑轮间内钢丝绳与楼板孔洞每边间隙均宜为（　　）。
    A. 10~20mm　　　　　B. 10~30mm　　　　　C. 20~40mm　　　　　D. 30~40mm

27. 单相触电的危险程度与（　　）无关。
    A. 电压高低　　　　　　　　　　B. 电网中性点接地情况
    C. 每相对地绝缘阻抗　　　　　　D. 安全距离

28. 自动扶梯和自动人行道支撑结构（桁架）严重腐蚀，主要受力构件断面壁厚腐蚀达到设计厚度的（　　），视为达到报废技术条件。
    A. 5%　　　　　　　　B. 7%　　　　　　　　C. 9%　　　　　　　　D. 10%

29. 质量、力、长度、时间和速度检测误差应在（　　）范围内。
    A. ±1%　　　　　　　B. ±2%　　　　　　　C. ±3%
    D. ±4%　　　　　　　E. ±5%

30. 在正常运行条件下，扶手带的运行速度相对于梯级实际速度的允差为（　　）。
    A. 0%~0.5%　　　　　B. 0%~1%　　　　　　C. 0%~1.5%　　　　　D. 0%~2%

31. 依靠（　　），能生产出各种性能都符合使用要求的润滑油。
    A. 提高润滑油的加工技术　　　　B. 提高基础油品质
    C. 加入各种功能不同的添加剂　　D. 提高工艺设备质量

32. 申请曳引驱动乘客电梯（含消防员电梯）（A1）许可子项目的制造单位，其厂房和仓库的建筑面积应达到（　　）m²。
    A. 2000　　　　　　　B. 4000　　　　　　　C. 5000　　　　　　　D. 6000

33. 外啮合齿轮泵的特点有（   ）。

A. 结构紧凑，流量调节方便

B. 噪声较小，输油量均匀，体积小，重量轻

C. 可采用减小进油口截面积的方法来降低径向不平衡力

D. 结构简单，抗污性差

34. 液压驱动电梯半月维护保养项目（内容）共有（   ）。

A. 20 项　　　　　　B. 22 项　　　　　　C. 30 项　　　　　　D. 31 项

35. 职业道德和规章制度的关系是（   ）。

A. 两者是一回事　　　　　　　　　B. 规章制度是职业道德的具体化

C. 职业道德蕴含在规章制度中　　　D. 两者既有联系又有区别

36. 杂物电梯层门的门锁元件的啮合，嵌入的尺寸不应小于（   ）。

A. 8mm　　　　　　B. 7mm　　　　　　C. 6mm　　　　　　D. 5mm

37. 蜗杆的直径系数 g 值越小，则（   ）。

A. 传动效率高且刚性较好　　　　　B. 传动效率低但刚性较好

C. 传动效率高但刚性较差　　　　　D. 传动效率低且刚性较差

38. 固定导轨的压导板螺栓应无松动，（   ）应检查紧固一次。

A. 每日　　　　　　B. 每月　　　　　　C. 每季　　　　　　D. 每年

39. 晶体管放大作用的实质是（   ）。

A. 晶体管可以把小能量放大成大能量　　B. 晶体管可以把小电流放大成大电流

C. 晶体管可以把小电压放大成大电压　　D. 晶体管可以用小电流控制大电流

40. 自动扶梯的紧急制动器能在自动扶梯的速度超过名义速度（   ）倍之前起作用。

A. 1.2　　　　　　B. 1.3　　　　　　C. 1.4　　　　　　D. 1.5

41. 220V、40W 的白炽灯正常、持续发光（   ），消耗的电能为 1kW·h。

A. 20h　　　　　　B. 25h　　　　　　C. 40h　　　　　　D. 50h

42. 在曳引比 2∶1 的电梯中，轿厢的速度与曳引轮节圆线速度（   ）。

A. 相同　　　　B. 比例为 1∶1.5　　C. 比例为 1∶2　　D. 比例为 2∶1

43. 用星形-三角形减压启动时，电动机定子绕组中的起动电流可以降到正常运行时电流的（   ）。

A. 1/3　　　　　　B. 1　　　　　　C. 3　　　　　　D. 1/2

44. （   ）系统由导轨、导靴和导轨支架组成。

A. 导向　　　　　　B. 曳引　　　　　　C. 重量平衡　　　　　　D. 轿厢

45. 要做到"安全第一"，就必须（   ）。

A. 将高危作业统统关掉　　　　　B. 安全系数越高越好

C. 实行"安全优先"的原则　　　　D. 制定更严格的安全标准

46. 电梯运行时轿厢水平方向的振动加速度的合格标准是小于（   ）。

A. 7cm/s² 　　　B. 10cm/s² 　　　C. 15cm/s² 　　　D. 25cm/s²

47. 带传动具有传动平稳、不可振动、摩擦力较大、不易打滑等特点，它的包角一般不小于（   ）。

A. 40°　　　　　　B. 50°　　　　　　C. 60°　　　　　　D. 70°

48. 超载开关一般整定在额定载荷的（　　）时动作。

A. 80%　　　　　　　　B. 90%　　　　　　　　C. 100%　　　　　　　　D. 110%

49. 当电梯出现故障，乘客提出乘坐要求时：（　　）。

A. 用户第一，可以乘坐　　　　　　　　B. 必须停止载客

C. 视故障的大小而定　　　　　　　　D. 可在作业人员的指导下乘坐

50. 电梯进入消防员状态（　　）功能不起作用。

A. 轿内指令　　　　B. 厅外召唤　　　　C. 开门　　　　D. 定向

51. 要用晶体管实现电路放大，必须使（　　）处于正向偏置。

A. 发射结　　　　B. 集电结　　　　C. 控制极　　　　D. 阳极

52. THJ2000/0.63-XHW 表示（　　）。

A. 变频拖动　　　　　　　　B. 微机信号控制

C. 检修速度为 0.63m/s　　　　　　　　D. 微机集选控制

53. 当电源为额定频率，电动机施以额定电压时，轿厢承载（　　），向下运行至行程中段（除去加速和减速段）时的速度，不得大于额定速度的 105%，不宜小于额定速度的 92%。

A. 空载　　　　　　　　B. 50%额定载重量

C. 额定载重量　　　　　　　　D. 1.25 倍额定载重量

54. （　　）是当轿厢运行超过端站时，轿厢或对重装置未触及缓冲器之前，强迫切断主电源和控制电源的非自动复位的安全装置。

A. 安全钳开关　　　　B. 断绳开关　　　　C. 极限开关　　　　D. 限位开关

55. 目前电梯中最常用的驱动方式是（　　）。

A. 鼓轮（卷筒）驱动　　　　　　　　B. 曳引驱动

C. 液压驱动　　　　　　　　D. 齿轮齿条驱动

56. 测量电动机转速时应在旋转轴（　　）将转速表测头压在被测旋转轴的中心孔内。

A. 转动后　　　　B. 转动前　　　　C. 高速转动中　　　　D. 低速转动时

57. 在电梯运行中，将频率较高、振幅较大并且规律性不强的水平方向振动称为（　　）。

A. 晃动　　　　B. 抖动　　　　C. 台阶感　　　　D. 颤动

58. 力偶的三要素是（　　）。

A. 力偶矩大小、力偶方向、作用点　　　　B. 力偶矩、作用点、平面移动

C. 力偶矩大小、力偶转向、作用面的方位　　　　D. 力偶相等、作用力、平面移动

59. 自动扶梯和自动人行道的驱动站和转向站内，均应安装（　　）开关。

A. 呼唤　　　　B. 照明　　　　C. 总电源　　　　D. 急停

60. 在不断开电路而需要测量电流的情况下，可用（　　）进行测量。

A. 万用表　　　　B. 电流表　　　　C. 钳形电流表　　　　D. 电压表

61. 安全色包括红、蓝、黄、绿四种颜色，黄色代表（　　）。

A. 禁止　　　　B. 警告　　　　C. 解除　　　　D. 指示

62. 温湿度检测误差应在（　　）范围内。

A. ±3%　　　　B. ±4%　　　　C. ±5%　　　　D. ±6%

63. 电梯能响应基站层门外的呼梯信号正常运行到基站并开门，但在轿厢内按选层按钮

和关门按钮后，电梯正常关门但不能起动运行。此例可能的故障原因是（　　　）。

A. 层门与轿门电气联锁开关接触不良或损坏

B. 制动器抱闸未能松开

C. 电源电压过低

D. 电源断相

64. 电线接头、连接端子及连接器不可设置在（　　　）。

A. 柜内 B. 盒内

C. 为此目的而设置的屏上 D. 盒外

65. 杂物电梯的轿底面积、轿厢深度、轿厢高度应分别不大于（　　　）。

A. 1.0m^2、1.0m、1.0m B. 1.0m^2、1.20m、1.0m

C. 1.0m^2、1.0m、1.20m

66. 下面（　　　）是润滑油的特点。

A. 可简化润滑系统设计，不需专用的供应设备

B. 密封性差，需借助密封材料密封，灰尘、水分易侵入

C. 有良好的密封作用，可防尘、防水分进入

67. 《中华人民共和国特种设备安全法》规定，违反本法规定，负责特种设备安全监督管理的部门及其工作人员（　　　），由上级机关责令改正；对直接负责的主管人员和其他直接责任人员，依法给予处分。

A. 未依照法律、行政法规规定的条件、程序实施许可的

B. 未依照条件、程序实施许可的

C. 未依照法律、行政法规规定的条件实施许可的

D. 未依照法律、行政法规规定的程序实施许可的

68. （　　　）是利用半导体器件的通断作用将频率连续可调的交流电变换成频率固定的交流电的电能控制装置。

A. 整流二极管 B. 稳压二极管 C. 变频器 D. 发光二极管

69. 《特种设备安全监察条例》规定，特种设备使用单位应当对在用特种设备的安全附件进行（　　　）、检修，并作出记录。

A. 定期检查 B. 定期更换 C. 定期修理 D. 定期校验

70. 热继电器的主要技术数据是整定（　　　）。

A. 电流 B. 电压 C. 功率 D. 过载

71. 《中华人民共和国特种设备安全法》规定，违反本法规定，特种设备检验、检测机构及其检验、检测人员泄露检验、检测过程中知悉的商业秘密的，（　　　）。

A. 责令改正，对机构处五万元以上二十万元以下罚款；情节严重的，吊销机构资质和有关人员的资格

B. 责令改正，对直接负责的主管人员和其他直接责任人员处五千元以上五万元以下罚款；情节严重的，吊销机构资质和有关人员的资格

C. 责令改正，对机构处五万元以上二十万元以下罚款，对直接负责的主管人员和其他直接责任人员处五千元以上五万元以下罚款；情节严重的，吊销机构资质和有关人员的资格

D. 责令限期改正；逾期不改正的，对机构处五万元以上二十万元以下罚款，对直接负

责的主管人员和其他直接责任人员处五千元以上五万元以下罚款；情节严重的，吊销机构资质和有关人员的资格

72. 能耗制动的方法就是在切断三相电源的同时（ ）。

A. 给转子绕组中通入交流电   B. 给转子绕组中通入直流电

C. 给定子绕组中通入交流电   D. 给定子绕组中通入直流电

73. 《中华人民共和国特种设备安全法》规定，国家鼓励投保特种设备（ ）。

A. 安全质量保险   B. 质量保险

C. 安全和节能保险   D. 安全责任保险

74. （ ）又称为平均功率，是指负载的电流、电压的有效值和功率因数的乘积。

A. 无功功率   B. 额定功率   C. 有功功率   D. 无用功率

75. 《中华人民共和国特种设备安全法》规定，特种设备出现故障或者发生异常情况，特种设备使用单位应当对其进行全面检查，消除（ ），方可继续使用。

A. 故障   B. 异常情况   C. 事故隐患   D. 事故

76. 润滑的作用不包括（ ）。

A. 降低摩擦   B. 增加动力   C. 冷却作用   D. 防锈作用

77. 《特种设备安全监察条例》规定，（ ）由省、自治区、直辖市特种设备安全监督管理部门会同有关部门组织事故调查组进行调查。

A. 一般事故   B. 特别重大事故   C. 重大事故   D. 较大事故

78. 若接地电阻测试仪测量标度盘的读数过小（小于1）不易读准确时，说明倍率标度倍数（ ）。

A. 过小   B. 过大   C. 正常

79. 《特种设备安全监察条例》规定，（ ）应当督促、支持特种设备安全监督管理部门依法履行安全监察职责，对特种设备安全监察中存在的重大问题及时予以协调、解决。

A. 各级政府   B. 特种设备生产、使用单位

C. 特种设备检验检测机构   D. 县级以上地方人民政府

80. 力矩的法定单位是（ ）。

A. kg·m   B. kgf·m   C. N·m   D. t·m

81. 《山东省安全生产风险管控办法》规定，对排查出的风险点，生产经营单位应当根据其生产工艺、作业活动等情况选择适用的分析辨识方法进行风险因素辨识，明确（ ）。

A. 可能存在的不安全行为、不安全状态、管理缺陷和环境影响因素

B. 存在的不安全行为、不安全状态、管理缺陷和环境影响因素

C. 可能存在的不安全行为、不安全状态、管理缺陷影响因素

D. 存在的不安全行为、不安全状态、管理缺陷影响因素

82. 效率较低的运动副接触形式是（ ）。

A. 齿轮接触   B. 凸轮接触   C. 链接触   D. 螺旋面接触

83. 《中华人民共和国特种设备安全法》规定，特种设备销售单位应当建立特种设备（ ）和销售记录制度。

A. 监督检验   B. 定期检验   C. 检查验收   D. 委托检验

84. 曳引钢丝绳对性能有诸多要求，但不包括（　　　）。

A. 较高的强度　　　　B. 耐磨性好　　　　C. 良好的挠性　　　　D. 抗高温

85. 异步电动机的反接制动，是把电动机定子绕组接到（　　　）上进行的。

A. 定子绕组两相交叉反接　　　　　　　　B. 直流电源

C. 保护接零　　　　　　　　　　　　　　D. 保护接地

86. 电流在单位时间内所做的功叫作（　　　）。

A. 电功　　　　　　B. 电容　　　　　　C. 电位　　　　　　D. 电功率

87. 接触器的额定电压是指（　　　）上所承受的最大电压。

A. 主触头　　　　　　B. 线圈　　　　　　C. 辅助触头

88. 电功的单位是（　　　）。

A. A　　　　　　　B. Ω　　　　　　　C. V

D. J　　　　　　　E. W

89. 轿顶停止装置（急停开关）应装在离层门口不超过（　　　）m 的位置。

A. 0.5　　　　　　B. 1　　　　　　　C. 1.5　　　　　　D. 2

90. 一台电梯的曳引钢丝绳根数为 2 时，安全系数应不小于（　　　）。

A. 10　　　　　　B. 12　　　　　　C. 14　　　　　　D. 16

三、多项选择题

91. 影响电梯曳引力的因素有（　　　）。

A. 曳引比　　　　　　B. 平衡系数　　　　　　C. 包角

D. 曳引轮槽的形状　　　E. 轿厢与对重的重量

92. 轿厢限速器安全钳联动试验的要求：（　　　）。

A. 轿内无人　　　　　B. 轿内有人　　　　　C. 上行　　　　　D. 下行

93. 当电路中的电流超出正常工作电流时，可以自动将电路分断，从而保护电气设备的低压电器有（　　　）。

A. 刀开关　　　　　　B. 断路器　　　　　　C. 熔断器

D. 时间继电器　　　　E. 热继电器

94. 螺旋传动机构的优点是（　　　）。

A. 回转运动变换为直线运动，运动准确性高

B. 结构简单，制造方便

C. 工作平稳，无噪声

D. 可以传递很大的轴向力

95. 选择熔断器时需考虑的技术参数有（　　　）。

A. 额定电流　　　　　B. 额定电压　　　　　C. 极限分断能力　　　　D. 电阻值

96. 三相异步电动机的调速方法有（　　　）。

A. 改变电源频率　　　B. 改变转差率　　　　C. 改变极对数

D. 改变铁心数量　　　E. 改变电源电压

97. 三相异步电动机的制动方式有（　　　）。

A. 回馈制动　　　　　B. 反接制动　　　　　C. 能耗制动　　　　D. 机械制动

98.《中华人民共和国特种设备安全法》规定，特种设备使用单位的安全技术档案包括以下内容：特种设备的设计文件、产品质量合格证明、安装及使用维护保养说明、监督检验证明等相关技术资料和文件；特种设备的定期检验和定期自行检查记录；以及（　　　）。

A. 特种设备的日常使用状况记录

B. 特种设备及其附属仪器仪表的维护保养记录

C. 特种设备的运行故障记录

D. 特种设备的事故记录

99. 提拉装置锈蚀、变形、开裂、卡阻或螺纹失效等，（　　　），视为达到报废技术条件。

A. 可以有效提拉安全钳　　　　　　　　B. 不能有效提拉安全钳

C. 提拉装置可以复位　　　　　　　　　D. 提拉装置不能复位

100. 自动扶梯与自动人行道年度维护保养项目（内容）包括（　　　）。

A. 围裙板对接处　　　　　　　　　　　B. 电气安全装置

C. 主接触器　　　　　　　　　　　　　D. 主机速度检测功能

模拟试题（五）

一、判断题

1. 限位开关动作时，电梯不能运行。（　　）

2. 在轴负载不变的情况下，电动机转速随转子串联电阻的减少而降低；反之，则转速加快。（　　）

3. 物体的重量是物体重力的合力，等于物体的体积与该物体密度的乘积。（　　）

4. 搬运装卸润滑脂，应尽可能轻拿轻放，避免过重地碰摔。包装桶损坏、密封不严、混入外界杂质，运输中要盖好盖，做好防雨措施。（　　）

5. 钢的热处理就是将钢在固态下加热到一定的温度，进行必要的保温，并以适当的速度冷却，从而获得所需组织和性能的工艺方法。（　　）

6. 轿厢吊装前，应按起重作业安全操作要点选好手拉葫芦支撑位置，配好与起重量相适应的手拉葫芦。（　　）

7. 用普通整流二极管可以组成晶闸管的触发电路。（　　）

8. 万用表平时不使用时，应将表中电池取出。（　　）

9. 材料抵抗局部变形，特别是塑性变形、压痕或划痕的能力称为硬度。（　　）

10. 变形的基本形式有拉伸、压缩、弯曲和剪切。（　　）

11. 照度计是一种专门测量光照度的仪器。（　　）

12. TSG Z6001—2019《特种设备作业人员考核规则》规定，对于氧舱、大型游乐设施、客运索道、安全阀等作业人员较少的项目，由省级市场监督管理部门发证，不得确定由设区的市级特种设备监管部门发证；统一确定考试机构。（　　）

13. 电动机轴承出现碎裂或影响运行的磨损，不视为达到报废技术条件。（　　）

14. 对于面对轿厢入口的层门与电梯井道壁的结构，为了满足轿厢与井道壁不大于

150mm 的要求可以加铁网作井道壁。（　　　）

15. 制动器间隙维护保养基本要求：打开时制动衬与制动轮不应发生摩擦，间隙值符合检验机构要求。（　　　）

16. 在空载、半载、满载等工况（含轿厢与对重平衡的工况），模拟停电和停梯故障，按照相应的应急救援程序进行操作。（　　　）

17. 杂物电梯轿厢地坎下装设的护脚板，其宽度应小于层站入口宽度。（　　　）

18. 消防服务通道层的消防员电梯开关应清楚地用"1"和"0"标示出，位置"1"是消防员服务有效状态。（　　　）

19. 下行制动工况曳引检查：轿厢空载，以正常运行速度下行至行程下部，切断电动机与制动器供电，曳引机应当停止运转，轿厢应当完全停止，并且无明显变形和损坏。（　　　）

20. 《特种设备安全监察条例》规定，锅炉、压力容器、压力管道元件、电梯、大型游乐设施的制造过程，必须经国务院特种设备安全监督管理部门核准的检验检测机构按照特种设备产品标准的要求进行监督检验；未经监督检验合格的不得出厂或者交付使用。（　　　）

二、单项选择题

21. 电梯运行时的振动加速度是指其（　　　）。

A. 最大值的单峰值　　　　　　　　　　B. 最大值的双峰值

C. 平均值的单峰值　　　　　　　　　　D. 平均值的双峰值

22. 照度的法定单位是（　　　）。

A. A　　　　　　　B. Ω　　　　　　　C. lx　　　　　　　D. T

23. 曳引式电梯是利用（　　　）与曳引轮槽的摩擦产生曳引力的。

A. 曳引绳　　　　　B. 制动带　　　　　C. 蜗轮　　　　　D. 蜗杆

24. 齿轮传动的缺点不包括（　　　）。

A. 制造成本高，精度要求高　　　　　　B. 精度低时，振动和噪声较大

C. 不宜用于轴间距离大的传动　　　　　D. 传动效率高

25. 承重梁两端埋入墙内的长度要大于（　　　），且应超过墙厚中心 20mm。

A. 60mm　　　　　B. 70mm　　　　　C. 75mm　　　　　D. 80mm

26. 液压系统的基本回路不包括（　　　）。

A. 调温回路　　　　B. 调压回路　　　　C. 卸荷回路　　　　D. 平衡回路

27. 导轨、导靴和导轨支架组成的系统称为（　　　）系统。

A. 导向　　　　　　B. 曳引　　　　　　C. 重量平衡　　　　D. 轿厢

28. 带传动的缺点不包括（　　　）。

A. 有弹性滑动和打滑，使效率降低和不能保持准确的传动比

B. 不适宜在高温、易燃、易爆的场合使用

C. 带寿命较短

D. 可增加带长以适应中心距较大的工作条件

29. 下行制动工况曳引检查：轿厢装载（　　　），以正常运行速度下行至行程下部，切断电动机与制动器供电，轿厢应当完全停止。

A. 空载
B. 50%额定载重量

C. 额定载重量
D. 125%额定载重量

30. 单杠式液压缸无杆腔的容积比有杆腔（　　　），所以进油时杆伸出速度相较于有杆腔（　　　）。

A. 大，快
B. 大，慢
C. 小，快
D. 小，慢

31. TKJ1000/1.6-JX 表示（　　　）。

A. 载货电梯
B. 乘客电梯
C. 载重 1600kg
D. 信号控制

32. 在纯电感电路中，电压与电流在相位上的关系是（　　　）。

A. 电压与电流同相位
B. 电压超前电流 90°

C. 电压滞后电流 90°
D. 电流超前电压 45°

33. 自动扶梯扶手带的运行速度相对于梯级、踏板或胶带实际速度的允差为（　　　）。

A. ±2%
B. ±5%
C. 0%~2%
D. 0%~5%

34. 绝缘电阻测量的是通电导体与（　　　）之间的电阻。

A. 相线
B. 零线
C. 通电导体
D. 地

35. 当自动扶梯倾斜角≤30°时，其名义速度应≤（　　　）m/s。

A. 0.8
B. 0.5
C. 1
D. 0.75

36. 在数字电路中，必须把（　　　）信号转换成相应的数字信号。

A. 模拟
B. 电流
C. 电压
D. 脉冲

37. 现场安装和修理过程检验、验收检验的质量检验人员不少于（　　　）。

A. 4 人
B. 5 人
C. 6 人
D. 7 人

38. 齿轮传动的特点是（　　　）。

A. 传递的功率和速度范围大
B. 传动效率低，但使用寿命长

C. 齿轮的制造、安装要求不高
D. 传动效率高，但使用寿命短

39. （　　　），应以载有额定载重量的轿厢压在缓冲器（或各缓冲器）上，悬挂绳松弛。轿厢离开缓冲器后，缓冲器应恢复正常位置。

A. 线性蓄能型缓冲器
B. 非线性缓冲器
C. 耗能型缓冲器

40. 液压系统中（　　　）不是控制元件。

A. 液压马达
B. 换向阀
C. 平衡阀
D. 液压销

41. 电梯运行时，突然停车的原因之一有（　　　）。

A. 门刀碰地坎
B. 补偿链碰地
C. 门刀碰门轮
D. 换速开关动作

42. 当空气湿度增大时，设备绝缘电阻将（　　　）。

A. 增大
B. 减小
C. 不变
D. 先增大后减小

43. 乘客电梯的轿厢一般宽度大于深度，这样设计的目的是（　　　）。

A. 运行平稳
B. 方便人员出入
C. 门可以开大
D. 土建的需要

44. 在主动轮和从动轮的轴成 90°，二者在彼此既不平行又不相交的情况下，可采用（　　　）传动。

A. 带
B. 液压
C. 蜗轮蜗杆
D. 曳引

45. （　　　）是指电梯运行由轿厢内操纵盘上的选层按钮或层站呼梯按钮来控制。

A. 手柄开关操纵
B. 按钮控制
C. 信号控制
D. 集选控制

46. 热继电器的作用是（　　　）。

A. 作过载保护　　　B. 作短路保护　　　C. 作失电压保护　　　D. 作过电压保护

47. 在同等条件下，曳引轮直径与曳引钢丝绳直径的比值越大，钢丝绳的使用寿命（　　　）。

A. 越短　　　　　　B. 越长　　　　　　C. 不变　　　　　　D. 都有可能

48. （　　　）通常由石墨制成，用于连接电动机和发电机的转子。它将电流传递至定子。

A. 电刷　　　　　　B. 扶栏　　　　　　C. 扶手带　　　　　　D. 火警操作

49. 维修工在轿顶作业时，对重突然下行，现场勘查发现电梯仍处于正常运行状态，轿厢与对重间距离仅为22mm，电梯轿厢自重为800kg，额定载重量为1050kg。则轿厢与对重间的最小距离应至少增加（　　　）mm。

A. 18　　　　　　　B. 28　　　　　　　C. 38　　　　　　　D. 48

50. 曳引驱动电梯控制信号等线路绝缘应不小于（　　　）。

A. 0.25MΩ　　　　B. 0.3MΩ　　　　　C. 0.5MΩ　　　　　D. 1.0MΩ

51. 当相邻两层门地坎间的距离超过（　　　）时，则在其间应设置无孔的且与层门同等机械强度的井道安全门。

A. 9m　　　　　　　B. 11m　　　　　　C. 13m　　　　　　D. 15m

52. 接触器触点的接触形式不包括（　　　）。

A. 点接触　　　　　B. 线接触　　　　　C. 面接触　　　　　D. 立体接触

53. 三相交流电的每一相就是一个（　　　）。

A. 交流电　　　　　　　　　　　　　　B. 直流电

C. 大小可变的直流电　　　　　　　　　D. 具有稳恒电流的直流电

54. 物体的形心就是物体的（　　　）。

A. 几何中心　　　　B. 中心　　　　　　C. 重心　　　　　　D. 内心

55. 若接地电阻测试仪测量标度盘的读数过小（小于1）不易读准确时，说明倍率标度倍数（　　　）。

A. 过小　　　　　　B. 过大　　　　　　C. 正常

56. 层门自闭装置是防坠落保护的重要部件，有（　　　）和重锤式两种。

A. 铰链式　　　　　B. 弹簧式　　　　　C. 杠杆式　　　　　D. 电磁式

57. 自动扶梯和自动人行道的驱动站和转向站内，至少有（　　　）个检修插座。

A. 0　　　　　　　　B. 1　　　　　　　C. 2　　　　　　　D. 3

58. 发生火灾时，电梯司机应将电梯开到（　　　），将乘客引导到安全的地方，待乘客全部撤出后切断电源。

A. 驶回基站　　　　　　　　　　　　　B. 驶回首站

C. 安全楼层　　　　　　　　　　　　　D. 就近楼层停止运行

59. 轿门能自动关门，但手动按关门按钮不能关门，故障原因可能是（　　　）。

A. 开关门电动机损坏

B. 开门按钮触点接触不良或损坏（不能复位）

C. 开关门电动机控制电路断路

D. 关门按钮的信号线路故障

E. 开关门电动机电源故障

60. 锯齿形花键连接要求加工比较经济时，应采用（　　）。

A. 齿侧定心　　　　B. 内径定心　　　　C. 外径定心　　　　D. 齿尖定心

61. 机房、滑轮间内钢丝绳与楼板孔洞每边间隙均宜为（　　）。

A. 10~20mm　　B. 10~30mm　　　C. 20~40mm　　　D. 30~40mm

62. 将 $R_1>R_2>R_3$ 的三只电阻串联，然后接在电压为 U 的电源上，获得功率最大的电阻为（　　）。

A. R_1　　　　　　B. R_2　　　　　　C. R_3　　　　　　D. 不确定

63. 滑轮间应设置永久性的电气照明，在滑轮间应有不小于（　　）lx 的照度。

A. 50　　　　　　B. 100　　　　　　C. 200　　　　　　D. 400

64. 液压传动系统一般不包括（　　）。

A. 动力　　　　　B. 控制　　　　　C. 执行　　　　　D. 旋转

65. 《特种设备安全监察条例》规定，（　　），应当严格执行本条例和有关安全生产的法律、行政法规的规定，保证特种设备的安全使用。

A. 特种设备使用单位　　　　　　　　B. 特种设备检验检测机构

C. 特种设备监督管理部门　　　　　　D. 安全生产管理部门

66. 物体处于稳定的基本条件是（　　）。

A. 重心位置高、支撑面小　　　　　　B. 重心位置低、支撑面小

C. 重心位置左、支撑点偏右　　　　　D. 重心位置低、支撑面大

67. 按 TSG Z6001—2019《特种设备作业人员考核规则》，特种设备作业人员考试机构的条件之一是有常设的组织管理部门和固定办公场所，专职人员（　　）。

A. 不少于 1 名　　B. 不少于 2 名　　C. 不少于 3 名　　D. 不少于 5 名

68. 游标卡尺是精密量具，测量的精度可达（　　）。

A. 0.1mm　　　　B. 0.2mm　　　　C. 0.01mm　　　　D. 0.02mm

69. 维保单位在维保过程中发现事故隐患应及时告知（　　）。

A. 检验机构　　　　　　　　　　　　B. 电梯使用单位

C. 特种设备安全监督管理部门　　　　D. 电梯制造单位

70. 电梯作业人员对危害生命安全和身体健康的行为，（　　）提出批评、检举和控告。

A. 有权　　　　　B. 无权　　　　　C. 可以　　　　　D. 不可以

71. 电梯井道检修门的高度、宽度不得小于（　　）。

A. 1.4m、0.35m　　B. 1.4m、0.6m　　C. 1.5m、0.35m　　D. 1.5m、0.6m

72. 电子在物体内流动所遇到的阻力就叫作（　　）。

A. 电抗　　　　　B. 电容　　　　　C. 电阻　　　　　D. 电压

73. 杂物电梯轿厢地坎和层门地坎之间的水平距离不大于（　　）。

A. 20mm　　　　B. 25mm　　　　C. 30mm　　　　D. 35mm

74. 铁水平尺又叫铁准尺，是检测设备的（　　）位置的量具。

A. 水平　　　　　　　　　　　　　　B. 垂直

C. A 和 B　　　　　　　　　　　　　D. 以上答案均不对

75. 轿壁、轿顶严重锈蚀穿孔或破损穿孔，孔的直径大于（　　），视为达到报废技术条件。

A. 7mm　　　　　B. 8mm　　　　　C. 9mm　　　　　D. 10mm

76. 读零件图应首先看（　　）。

A. 剖视图　　　　B. 主视图和尺寸　　C. 标题栏　　　D. 主视图

77. 《特种设备使用管理规则》规定，特种设备改造完成后，使用单位应当（　　）向登记机关提交原使用登记证、重新填写的使用登记表（一式两份）、改造质量证明资料以及改造监督检验证书（需要监督检验的），申请变更登记，领取新的使用登记证。

A. 在投入使用前或者投入使用后 30 日内　　B. 在投入使用前

C. 投入使用后 30 日内　　　　　　　　　　D. 在投入使用后

78. 起吊货物时，两吊索的夹角越大，吊索受的拉力就（　　）。

A. 越大　　　　　　　　　　　　　B. 越小

C. 不变　　　　　　　　　　　　　D. 以上答案均不对

79. 《中华人民共和国特种设备安全法》规定，负责特种设备安全监督管理的部门对依法办理使用登记的特种设备应当建立完整的监督管理档案和信息查询系统；对达到报废条件的特种设备，应当及时（　　）特种设备使用单位依法履行报废义务。

A. 告知　　　　　B. 通知　　　　　C. 督促　　　　　D. 要求

80. 金属导体的电阻与下列（　　）因素无关。

A. 导体长度　　　B. 导体横截面积　　C. 外加电压　　　D. 导体电阻率

81. 《特种设备安全监察条例》规定，特种设备使用单位对在用特种设备应当至少（　　）进行一次自行检查，并作出记录。

A. 每年　　　　　B. 每季度　　　　C. 每月　　　　　D. 每天

82. 几个不等值的电阻串联，每个电阻上的电流的相互关系是（　　）。

A. 阻值大的电流大　B. 阻值小的电流大　C. 相等　　　　D. 无法确定

83. 《中华人民共和国特种设备安全法》规定，违反本法规定，特种设备检验、检测机构的检验、检测人员同时在两个以上检验、检测机构中执业的，（　　）。

A. 处五千元以上五万元以下罚款；情节严重的，吊销其资格

B. 责令改正，处五千元以上五万元以下罚款；情节严重的，吊销其资格

C. 责令限期改正；逾期未改正的，处五千元以上五万元以下罚款；情节严重的，吊销其资格

D. 处五千元以上五万元以下罚款

84. 电梯滚动导靴使用时须加油的部位有（　　）。

A. 滚轮表面　　　B. 导轨表面　　　C. 导靴滚动轴承处　D. 油杯

85. 《中华人民共和国特种设备安全法》规定，特种设备生产、经营、使用单位未配备具有相应资格的特种设备安全管理人员、检测人员和作业人员的，（　　）。

A. 责令限期改正，逾期未改正的，责令停止使用有关特种设备或者停产停业整顿，处一万元以上五万元以下罚款

B. 责令限期改正，处一万元以上五万元以下罚款

C. 责令停止使用有关特种设备或者停产停业整顿，处一万元以上五万元以下罚款

D. 责令改正；未改正的，责令停止使用有关特种设备或者停产停业整顿，处一万元以上五万元以下罚款

86. 油液流经无分支管道时，横截面积大处通过的流量和横截面积小处通过的流量是（　　）。

A. 前者比后者大　　　B. 前者比后者小　　　C. 有时大有时小　　　D. 相等的

87. 《特种设备使用管理规则》规定，使用各类特种设备（不含气瓶）总量（　　）的特种设备使用单位，应当配备专职安全管理员，并且取得相应的特种设备安全管理人员资格证书。

A. 10 台以上（含 10 台）　　　　　　　B. 15 台以上（含 15 台）

C. 20 台以上（含 20 台）　　　　　　　D. 30 台以上（含 30 台）

88. V 带传动的包角一般不小于（　　）。

A. 70°　　　　　　　B. 80°　　　　　　　C. 90°　　　　　　　D. 100°

89. TSG Z6001—2019《特种设备作业人员考核规则》规定，发证机关应当在收到（　　）完成审批发证工作。

A. 考试结果后的 20 个工作日内　　　　　B. 考试结果后的 20 日内

C. 考试结果后的 10 个工作日后　　　　　D. 考试结果后的 10 日后

90. 两曲柄旋转方向相同、角速度也相等的机构称为（　　）。

A. 反向双曲柄机构　　　　　　　　　　　B. 平行双曲柄机构

C. 双曲柄机构　　　　　　　　　　　　　D. 同向双曲柄机构

三、多项选择题

91. 润滑脂由（　　）组成。

A. 液体润滑剂　　　B. 稠化剂　　　C. 添加剂　　　D. 固体润滑剂

92. 耗能型缓冲器（液压缓冲器）出现下列（　　）情况之一，视为达到报废技术条件。

A. 缸体有裂纹

B. 漏油，能保证正常的工作液面高度

C. 柱塞锈蚀，影响正常工作

D. 缓冲器动作后，有影响正常工作的永久变形或损坏

93. （　　）还必须另行提交复印件备存。

A. 施工自检报告　　　　　　　　　　　B. 日常维护保养年度自行检查记录

C. 日常维护保养季度自行检查记录　　　D. 日常维护保养半月自行检查记录

94. 层门安全性能主要表现在（　　）。

A. 层门本身的强度

B. 层门宽度

C. 层门的锁闭及证实锁闭的电气安全装置

D. 层门自闭装置

E. 层门在关闭过程中对碰撞、剪切、挤压的保护

95. 电梯应设置停止装置，用于停止电梯。停止装置设置在（　　）。

A. 底坑　　　　　　　B. 滑轮间　　　　　　　C. 轿顶

D. 检修控制装置上　　E. 对接操作的轿厢内

96. 当电路中的电流超出正常工作电流时，可以自动将电路分断，从而保护电气设备的低压电器有（　　）。

A. 刀开关　　　　　　B. 断路器　　　　　　C. 熔断器

D. 时间继电器　　　　E. 热继电器

97. 异步电动机常用的制动方法有（　　）。

A. 动力制动　　　　B. 能耗制动　　　　C. 反接制动　　　　D. 回馈制动

98. 外啮合齿轮泵的特点不包括（　　）。

A. 结构紧凑，流量调节方便

B. 噪声较小，输油量均匀，体积小，重量轻

C. 可采用减小进油口截面积的方法来降低径向不平衡力

D. 结构简单，抗污性差

99. 下列说法正确的是（　　）。

A. 电动机工作过程中，把电能转化为机械能

B. 蓄电池充电过程中，把化学能转化为电能

C. 发电机是根据电磁感应现象制成的

D. 电能表是测量电功的仪表

100. 特种设备检验检测机构，应当依照《特种设备安全监察条例》规定，进行检验检测工作，对其（　　）结果、鉴定结论承担（　　）。

A. 监督检查　　　　B. 经济责任　　　　C. 检验检测　　　　D. 法律责任

模拟试题（六）

一、判断题

1. 钳形电流表切换量程时，可以在带电的情况下进行。（　　）

2. 应视被测设备电压等级的不同选用合适的绝缘电阻表。（　　）

3. 摩擦传动的特点不包括不能用于大功率的场合。（　　）

4. 实际中电动机的转子转速与旋转磁场的转速并不相等。（　　）

5. 交流双速电动机的高速绕组的极对数少而低速绕组的极对数多。（　　）

6. 熔断器是利用熔体阻断作用切断电路的。（　　）

7. 轿厢吊装前，应按起重作业安全操作要点选好手拉葫芦支撑位置，配好与起重量相适应的手拉葫芦。（　　）

8. 金属材料使用性能包括力学性能、物理性能、化学性能等。（　　）

9. 《特种设备安全监察条例》规定，特种设备使用单位从事特种设备作业的人员，未取得相应特种作业人员证书，上岗作业的，由特种设备安全监督管理部门责令改正，并处相应的经济处罚。（　　）

10. 负责特种设备安全监督管理的部门应当组织对特种设备检验、检测机构的检验、检测结果和鉴定结论进行监督抽查，但应当防止重复抽查。监督抽查结果应当通知特种设备检

验、检测机构。（　　）

11. 曳引驱动乘客电梯（含消防员电梯）（B），样机参数不限。（　　）

12. 接到电梯困人故障报告后，应及时实施现场救援，直辖市或者设区的市抵达时间不超过 30min 。（　　）

13. 曳引驱动乘客电梯（含消防员电梯）（A2），持电梯修理作业资格证书的人员不少于 20 人。（　　）

14. 2m 及以上的高空作业必须使用安全带。（　　）

15. 尖嘴钳能将导线端头弯曲成所需的各种形状。（　　）

16. 目前电梯中最常用的驱动方式是齿轮齿条驱动。（　　）

17. 螺口灯头的相线应接于灯口中心的舌片上，零线接在螺纹口上。（　　）

18. 只要电气设备两端的电压不超过 36V，人就可以随便触及带电部分而不发生触电事故。（　　）

19. 脉宽调制是指对逆变电路开关器件的通断进行控制，使输出端得到一系列幅值相等而宽度不等的脉冲。（　　）

20. 如果某个故障（第一故障）与随后的另一个故障（第二故障）组合导致危险情况，那么最迟应在第一故障元件参与的下一个操作程序中使电梯停止。（　　）

二、单项选择题

21. 使用绝缘电阻表前应作开路和（　　）路试验进行校表。

A. 断　　　　　　　　B. 并　　　　　　　　C. 短　　　　　　　　D. 串

22. 《中华人民共和国特种设备安全法》规定，负责特种设备安全监督管理的部门依照本法规定，对（　　）实施监督检查。

A. 特种设备生产、经营、使用单位和检验、检测机构

B. 特种设备生产、使用单位和检验、检测机构

C. 特种设备生产、使用单位

D. 检验、检测机构

23. 线接触钢丝绳的特点不包括（　　）。

A. 绳股断面排列紧密，相邻钢丝接触良好

B. 在工作时不会产生很大局部应力

C. 制造成本低

D. 抵抗潮湿及防止有害物侵入能力强

24. 《特种设备安全监察条例》规定，特种设备事故造成（　　）直接经济损失的，为一般事故。

A. 1 万元以上 1000 万元以下　　　　　　B. 2000 元以上 1000 万元以下

C. 5 万元以上 1000 万元以下　　　　　　D. 1 万元以上 100 万元以下

25. 用万用表测得二极管的正方向电阻很小，说明该管（　　）。

A. 正常　　　　　B. 内部击穿　　　　　C. 内部短路　　　　　D. 无法判定

26. 压力控制阀不包括（　　）。

A. 顺序阀　　　　　B. 减压阀　　　　　C. 溢流阀　　　　　D. 换向阀

27. 电功的单位是（　　）。

A. A　　　　　　　　B. Ω　　　　　　　　C. V

D. J　　　　　　　　E. W

28. 电功率的单位是（　　）。

A. A　　　　　　　　B. Ω　　　　　　　　C. V

D. J　　　　　　　　E. W

29. 串联（　　）电气安全装置的回路，叫作电气安全回路。

A. 主　　　　　　B. 部分　　　　　　C. 所有　　　　　　D. 低压

30. 曳引绳的底端与绳槽底的间距小于（　　）mm 时，绳槽应重新加工或更换曳引轮。

A. 0.7　　　　　　B. 1　　　　　　C. 2　　　　　　D. 3

31. 自动扶梯的梯级在（　　）中，不得进入梯路范围进行任何调整或检查。

A. 运行　　　　　　B. 停止　　　　　　C. 拆除　　　　　　D. 检修

32. 乘客电梯动力电路的绝缘电阻值应（　　）。

A. 按 1000Ω/V 计算　　B. ≥0.25MΩ　　C. ≥0.25Ω　　D. ≥0.5MΩ

33. 超载试验时，用（　　）倍额定载荷进行。

A. 1　　　　　　B. 1.1　　　　　　C. 1.25　　　　　　D. 1.5

34. 制动试验：轿厢装载（　　），以正常运行速度下行时，切断电动机和制动器供电，制动器应当能够使驱动主机停止运转，试验后轿厢应无明显变形和损坏。

A. 空载　　　　　　　　　　　　B. 50%额定载重量

C. 额定载重量　　　　　　　　　D. 125%额定载重量

35. 对于安全开关的转动部分，可用（　　）润滑。

A. 钙基脂　　　　　　B. 机油　　　　　　C. 凡士林　　　　　　D. 石墨粉

36. 层门地坎边缘至轿厢门刀的前端面的水平距离应为（　　）mm。

A. 1~5　　　　　　B. 5~10　　　　　　C. 10~15　　　　　　D. 15~20

37. 两只电阻，$R_1 : R_2 = 2 : 3$，将它们并联接入电路，则它们两端的电压及通过的电流之比分别为（　　）。

A. 2:3, 3:2　　　　B. 3:2, 2:3　　　　C. 1:1, 3:2　　　　D. 2:3, 1:1

38. 电梯的平衡系数，标准规定取（　　）。

A. 0.2~0.3　　　　B. 0.4~0.5　　　　C. 0.6~0.7　　　　D. 0.8~0.9

39. 交流电流或交流电压在每秒内周期性交变的次数称为（　　）。

A. 频率　　　　　　B. 无功功率　　　　　　C. 功率　　　　　　D. 有功功率

40. 电梯制动试验由维保单位每（　　）进行一次。

A. 3 年　　　　　　B. 4 年　　　　　　C. 5 年　　　　　　D. 6 年

41. 力的法定单位是（　　）。

A. kg　　　　　　B. t　　　　　　C. N　　　　　　D. 斤

42. 清除电焊熔渣或多余的金属时，应（　　）才能减少危险。

A. 清除的方向需靠向身体

B. 须开风扇，加强空气流通，减少吸入金属雾气

C. 佩戴眼镜和手套等个人防护用品

43. 电梯作业人员对用人单位管理人员违章指挥、强令冒险作业的行为（　　）。

A. 有权拒绝执行　　　　　　　　　　B. 无权拒绝执行

C. 可参照执行　　　　　　　　　　　D. 视具体情况执行

44. 申请自动扶梯与自动人行道许可子项目的制造单位，其厂房和仓库的建筑面积应达到（　　）m²。

A. 2000　　　　　B. 4000　　　　　C. 5000　　　　　D. 6000

45. 由一个定滑轮和一个动滑轮组成的滑轮组吊装一个物体由定滑轮引出端的拉力为重物的（　　）。

A. 0.5　　　　　B. 0.25　　　　　C. 0.66666666667　　D. 相等

46. 《山东省安全生产风险管控办法》规定，风险点发生生产安全事故的可能性与严重性较低，不构成重大风险和较大风险的，应当确定为（　　）。

A. 一般风险或者低风险　　　　　　　B. 一般风险

C. 低风险　　　　　　　　　　　　　D. 无风险

47. 电路某处断开，电流消失，负载停止工作，这种状态叫作（　　）。

A. 短路　　　　　B. 断路　　　　　C. 闭路　　　　　D. 分路

48. 《中华人民共和国特种设备安全法》规定，特种设备使用单位违反本法规定，使用特种设备未按照规定办理使用登记的，（　　）。

A. 责令限期改正；逾期未改正的，责令停止使用有关特种设备，处一万元以上十万元以下罚款

B. 责令限期改正，处一万元以上十万元以下罚款

C. 责令停止使用有关特种设备

D. 责令停止使用有关特种设备，处一万元以上十万元以下罚款

49. 要做到"安全第一"，就必须（　　）。

A. 将高危作业统统关掉　　　　　　　B. 安全系数越高越好

C. 实行"安全优先"的原则　　　　　D. 制定更严格的安全标准

50. 《山东省安全生产风险管控办法》规定，生产经营单位未按照规定对从业人员进行安全生产风险教育培训的，由负有安全生产监督管理职责的部门（　　）。

A. 责令限期改正

B. 责令限期改正，并处 1 万元以上 5 万元以下的罚款

C. 责令限期改正，可以处 1 万元以上 5 万元以下的罚款

D. 处 1 万元以上 5 万元以下的罚款

51. 常见的曳引轮槽有三种形式，但不包括（　　）。

A. 凹形槽　　　　　B. 半圆形槽　　　　　C. 圆形槽　　　　　D. V 形槽

52. 《中华人民共和国特种设备安全法》规定，负责特种设备安全监督管理的部门在依法履行职责过程中，发现重大违法行为或者特种设备存在严重事故隐患时，应当责令有关单位立即停止违法行为、采取措施消除事故隐患，并及时向上级负责特种设备安全监督管理的部门报告。接到报告的负责特种设备安全监督管理的部门应当（　　）。

A. 采取必要措施，及时予以处理　　　B. 记录在案

C. 采取必要措施　　　　　　　　　　　D. 派出人员协助处理

53. 永磁同步电动机的（　　）是永磁的。

A. 定子　　　　　　B. 转子　　　　　　C. 绕组　　　　　　D. 以上都不对

54. 《中华人民共和国特种设备安全法》规定，（　　）应当建立协调机制，及时协调、解决特种设备安全监督管理中存在的问题。

A. 各级人民政府　　　　　　　　　　　B. 特种设备生产、使用单位

C. 特种设备检验检测机构　　　　　　　D. 县级以上地方各级人民政府

55. 平面力偶系的平衡条件是（　　）。

A. 力偶系中各力偶矩的代数和是一个常量　　B. 力偶系中各力偶矩的代数和等于零

C. 力偶系中各力偶方向相同　　　　　　　　D. 力偶系中各力偶矩方向相反

56. 《特种设备安全监察条例》规定，锅炉、压力容器、电梯、起重机械、客运索道、大型游乐设施的安装、改造、维修以及场（厂）内专用机动车辆的改造、维修竣工后，安装、改造、维修的施工单位应当在验收后 30 日内将有关技术资料移交使用单位，高耗能特种设备还应当按照安全技术规范的要求提交能效测试报告。（　　）应当将其存入该特种设备的安全技术档案。

A. 安装、改造、维修的施工单位

B. 使用单位

C. 安装单位

D. 改造、维修施工单位

E. 维修施工单位

57. 带传动是依靠带与带之间的（　　）来传动的。

A. 啮合　　　　　　B. 摩擦　　　　　　C. 张紧力

58. TSG Z6001—2019《特种设备作业人员考核规则》规定，申请人对考试结果有异议，可以在（　　）向考试机构提出复核要求。

A. 考试结果发布后的 1 个月以内　　　　B. 考试结果发布后的 1 个月以后

C. 考试结果发布后的 15 天内　　　　　　D. 考试结果发布后的 15 个工作日内

59. 在金属导体中，电流和自由电子的移动方向（　　）。

A. 相同　　　　　　B. 相反

60. （　　），应以载有额定载重量的轿厢压在缓冲器（或各缓冲器）上，悬挂绳松弛，轿厢离开缓冲器后，缓冲器应恢复正常位置。

A. 线性蓄能型缓冲器　　B. 非线性缓冲器　　C. 耗能型缓冲器

61. 带传动是依靠（　　）来传递运动的。

A. 主轴的动力　　　　　　　　　　　　B. 主动轮转

C. 带与带轮间的摩擦力　　　　　　　　D. 主动轮的转矩

62. 曳引驱动乘客电梯（含消防员电梯）（A1），样机参数为（　　）。

A. $V>2.5\text{m/s}$　　B. $V>3.0\text{m/s}$　　C. $V>6.0\text{m/s}$　　D. $V>10.0\text{m/s}$

63. 为了保证同一规格零件的互换性，对其有尺寸规格的允许变动的范围叫作尺寸的（　　）。

A. 上极限偏差　　　　B. 下极限偏差　　　　C. 公差　　　　D. 基本偏差

64. 申请曳引驱动乘客电梯（含消防员电梯）（A2）许可子项目的制造单位，其厂房和仓库的建筑面积应达到（　　）m²。

　　A. 2000　　　　　　B. 4000　　　　　　C. 5000　　　　　　D. 6000

65. 交流双速电梯换速时产生（　　）制动。

　　A. 能耗　　　　　　B. 再生发电　　　　C. 反接　　　　　　D. 串电阻电抗

66. 轿厢应有自动再充电的紧急照明电源，在正常照明的电源中断的情况下，它至少供1W灯泡用电（　　）h。

　　A. 30　　　　　　　B. 40　　　　　　　C. 1　　　　　　　　D. 2

67. 力的分解有两种方法，即（　　）。

　　A. 平行四边形和三角形法则　　　　　　B. 平行四边形和投影法则

　　C. 三角形和三角函数法则　　　　　　　D. 四边形和图解法则

68. 门锁机械结构变形，导致不能保证（　　）的最小啮合深度，视为达到报废技术条件。

　　A. 5mm　　　　　　B. 6mm　　　　　　C. 7mm　　　　　　D. 8mm

69. 关于电位与电压的说法（　　）是正确的。

　　A. 电压就是电位

　　B. 电压与电位定义不同，但在同一电路系统中两者值相同

　　C. 电压与电位没有联系

　　D. 同一系统中，两点间电压为该两点的电位值之差的绝对值

70. 层门入口的净高度不应小于（　　）m。

　　A. 1.8　　　　　　　B. 1.9　　　　　　　C. 2　　　　　　　　D. 2.2

71. 五只等值的电阻，如果串联后的等效电阻为1kΩ，若将其并联，则等效电阻为（　　）。

　　A. 40Ω　　　　　　　B. 200Ω　　　　　　C. 1kΩ　　　　　　　D. 5kΩ

72. 阻止折叠门开启的力不应大于（　　）N。这个力的测量应在折叠门扇的相邻外缘间距或与等效件（如门框）距离为（　　）时进行。

　　A. 130，50mm　　　B. 140，80mm　　　C. 150，100mm　　　D. 160，110mm

73. 力偶的三要素是（　　）。

　　A. 力偶矩大小、力偶方向、作用点　　　B. 力偶矩、作用点、平面移动

　　C. 力偶矩大小、力偶转向、作用面的方位　D. 力偶相等、作用力、平面移动

74. （　　）是指电梯运行由轿厢内操纵盘上的选层按钮或层站呼梯按钮来控制。

　　A. 手柄开关操纵　　B. 按钮控制　　　　C. 信号控制　　　　D. 集选控制

75. 齿轮传动的特点是（　　）。

　　A. 传递的功率和速度范围大　　　　　　B. 传动效率低，但使用寿命长

　　C. 齿轮的制造、安装要求不高　　　　　D. 传动效率高，但使用寿命短

76. 井道应设置永久性的电气照明装置，距井道最高和最低点（　　）m以内各装设一盏灯，再设中间灯。

　　A. 0.2　　　　　　　B. 0.5　　　　　　　C. 1　　　　　　　　D. 1.5

77. 当反向电压小于击穿电压时，二极管处于（　　）的状态。

A. 死区   B. 截止   C. 导通   D. 击穿

78. 电梯运行时，突然停车的原因之一有（   ）。

A. 门刀碰地坎   B. 补偿链碰地   C. 门刀碰门轮   D. 换速开关动作

79. 两只电阻的额定电压相同但额定功率不同，当它们并联接入电路后，额定功率大的电阻（   ）。

A. 发热量大   B. 发热量较小

C. 与额定功率小的电阻发热量相同   D. 不能确定

80. 防护层站发生坠落危险的安全部件是（   ）。

A. 门头   B. 门电动机   C. 门锁   D. 门刀

81. 220V、40W 的白炽灯正常、持续发光（   ），消耗的电能为 1kW·h。

A. 20h   B. 25h   C. 40h   D. 50h

82. 轿厢地坎与轿厢入口面对的井道壁的水平距离应不大于（   ）m。

A. 0.1   B. 0.15   C. 0.25   D. 0.3

83. 接触器触点的接触形式不包括（   ）。

A. 点接触   B. 线接触   C. 面接触   D. 立体接触

84. 电梯运行时，轿厢水平方向的振动加速度的合格标准是小于（   ）。

A. $7cm/s^2$ B. $10cm/s^2$ C. $15cm/s^2$ D. $25cm/s^2$

85. （   ）又称为平均功率，是指负载的电流、电压的有效值和功率因数的乘积。

A. 无功功率   B. 额定功率   C. 有功功率   D. 无用功率

86. 消防员电梯插座和最低的井道照明灯具应设置在底坑内最高允许水位之上至少（   ）处。

A. 0.50m   B. 0.60m   C. 0.70m   D. 0.80m

87. 下列说法不正确的是（   ）。

A. 电动机工作过程中，把电能转化为机械能

B. 蓄电池充电过程中，把化学能转化为电能

C. 发电机是根据电磁感应现象制成的

D. 电度表是测量电功的仪表

88. 钢丝绳有（   ）现象时，需要更换。

A. 过长   B. 过短   C. 直径减少1%   D. 断股

89. 导体能够导电，是因为导体中（   ）。

A. 有能够自由移动的质子   B. 有能够自由移动的电荷

C. 有能够自由移动的中子   D. 有能够自由移动的原子

90. 按照操作规程，电梯困人时必须首先（   ）。

A. 切断主电源及照明电源   B. 打开制动器把轿厢盘车至平层位置

C. 直接打开层门放人   D. 切断主电源，但不切断照明电源

三、多项选择题

91. 《中华人民共和国特种设备安全法》规定，国家按照（   ）的原则对特种设备生产实行（   ）制度。

A. 分级监督管理　　　B. 分类监督管理　　　C. 认证　　　　　　　D. 许可

92. 自动扶梯和自动人行道扶手带出现下列（　　）情况之一，视为达到报废技术条件。

A. 内部钢丝或钢带裸露

B. 因扶手带原因，扶手带开口处与导轨或扶手支架之间的距离不符合标准的要求

C. 内外层材料大面积剥离，表面磨损严重

D. 因扶手带原因，其运行速度不满足标准的要求

93. 自动扶梯与自动人行道半月维护保养项目（内容）包括（　　）。

A. 扶手带运行　　　　　　　　　　　B. 扶手护壁板

C. 上下出入口处的照明　　　　　　　D. 梯级轴衬

94. 曳引钢丝绳打滑的原因是（　　）。

A. 平衡系数大　　　B. 包角太大　　　C. 槽型不对

D. 钢丝绳磨损过大　　E. 电动机功率太小

95. 曳引电梯在电力拖动方面有（　　）特点。

A. 四象限运行　　　　B. 运行速度高

C. 速度控制要求高　　D. 定位精度高

96. 减速箱的润滑所用的润滑油，不取决于以下（　　）性能。

A. 湿度　　　　　　　B. 密度　　　　　　C. 重量　　　　　　D. 黏度

97. 线接触钢丝绳的特点包括（　　）。

A. 绳股断面排列紧密，相邻钢丝接触良好

B. 在工作时不会产生很大局部应力

C. 制造成本低

D. 抵抗潮湿及防止有害物侵入能力强

98. 超载开关可以安装在（　　）。

A. 轿底　　　　　　　B. 轿厢绳头处　　　C. 机房绳头处　　　D. 底坑

99. 电路的连接形式有（　　）。

A. 串联　　　　　　　B. 并联　　　　　　C. 混联

100. 力对物体作用的表现形式不包括（　　）。

A. 产生动力　　　　　　　　　　　　B. 运动状态发生变化

C. 使物体变重　　　　　　　　　　　D. 使物体产生运动

模拟试题（一）参考答案

1. ×　2. √　3. √　4. √　5. ×　6. √　7. ×　8. ×　9. √　10. √

11. √　12. ×　13. √　14. ×　15. ×　16. ×　17. ×　18. √　19. √　20. √

21. A　22. B　23. C　24. A　25. A　26. C　27. A　28. A　29. B　30. D

31. B　32. B　33. C　34. C　35. B　36. A　37. A　38. D　39. A　40. D

41. B　42. A　43. C　44. A　45. D　46. A　47. A　48. D　49. C　50. B

51. B　52. C　53. B　54. A　55. A　56. A　57. B　58. D　59. B　60. A

61. C 62. D 63. A 64. A 65. C 66. A 67. C 68. C 69. A 70. C

71. C 72. C 73. D 74. D 75. B 76. C 77. B 78. D 79. D 80. D

81. B 82. A 83. B 84. C 85. B 86. B 87. A 88. B 89. C 90. C

91. ABCD 92. BCD 93. ABCD 94. AB 95. ABC 96. ABCD 97. ABCDE

98. ACD 99. ABCD 100. BCD

模拟试题（二）参考答案

1. √ 2. √ 3. × 4. √ 5. √ 6. √ 7. × 8. √ 9. √ 10. √

11. √ 12. √ 13. √ 14. √ 15. √ 16. × 17. √ 18. √ 19. × 20. ×

21. C 22. B 23. D 24. C 25. D 26. A 27. D 28. C 29. A 30. A

31. B 32. B 33. C 34. A 35. D 36. A 37. C 38. A 39. B 40. A

41. B 42. A 43. A 44. D 45. B 46. D 47. B 48. A 49. C 50. B

51. A 52. B 53. C 54. A 55. C 56. C 57. B 58. A 59. B 60. D

61. C 62. D 63. D 64. C 65. D 66. A 67. B 68. B 69. A 70. B

71. A 72. B 73. A 74. B 75. C 76. B 77. D 78. B 79. B 80. A

81. B 82. C 83. A 84. D 85. B 86. B 87. B 88. B 89. A 90. B

91. BCD 92. ABCD 93. ABCD 94. ABC 95. ABCD 96. ABCD

97. ABCD 98. ABCD 99. ABCD 100. ABC

模拟试题（三）参考答案

1. × 2. √ 3. × 4. √ 5. × 6. √ 7. √ 8. × 9. √ 10. √

11. √ 12. × 13. √ 14. × 15. √ 16. √ 17. × 18. √ 19. √ 20. √

21. A 22. B 23. B 24. C 25. D 26. D 27. B 28. B 29. C 30. C

31. C 32. B 33. A 34. C 35. C 36. C 37. A 38. B 39. B 40. D

41. D 42. D 43. A 44. B 45. B 46. A 47. C 48. B 49. D 50. B

51. A 52. B 53. A 54. D 55. B 56. A 57. D 58. A 59. B 60. B

61. B 62. C 63. D 64. C 65. C 66. C 67. C 68. D 69. C 70. D

71. B 72. A 73. B 74. A 75. A 76. B 77. B 78. A 79. A 80. A

81. D 82. A 83. C 84. B 85. B 86. D 87. D 88. B 89. C 90. B

91. ABCDE 92. ABC 93. BC 94. ABCD 95. ABD 96. ACD 97. ABCD

98. ABC 99. ABCD 100. AC

模拟试题（四）参考答案

1. × 2. √ 3. √ 4. × 5. × 6. √ 7. √ 8. × 9. × 10. √

11. √ 12. × 13. √ 14. √ 15. √ 16. √ 17. √ 18. √ 19. × 20. √

21. C 22. A 23. C 24. D 25. C 26. C 27. D 28. D 29. A 30. D

31. C 32. D 33. C 34. C 35. D 36. D 37. C 38. D 39. D 40. C
41. B 42. C 43. A 44. A 45. C 46. C 47. D 48. D 49. B 50. B
51. A 52. B 53. B 54. C 55. B 56. B 57. A 58. C 59. D 60. C
61. B 62. C 63. A 64. D 65. C 66. B 67. A 68. C 69. D 70. A
71. C 72. D 73. D 74. C 75. C 76. B 77. D 78. B 79. D 80. C
81. A 82. D 83. C 84. D 85. A 86. D 87. A 88. D 89. B 90. D
91. BCDE 92. AD 93. BCE 94. ABCD 95. ABC 96. ABC 97. ABC
98. ABCD 99. BD 100. ABCD

模拟试题（五）参考答案

1. × 2. × 3. √ 4. √ 5. √ 6. √ 7. × 8. √ 9. √ 10. ×
11. √ 12. × 13. √ 14. × 15. × 16. √ 17. × 18. √ 19. × 20. ×
21. A 22. C 23. A 24. D 25. C 26. A 27. A 28. D 29. D 30. B
31. B 32. B 33. C 34. D 35. D 36. A 37. C 38. A 39. A 40. A
41. C 42. B 43. B 44. C 45. B 46. A 47. B 48. A 49. B 50. A
51. B 52. D 53. A 54. C 55. B 56. B 57. B 58. C 59. D 60. A
61. C 62. A 63. B 64. D 65. A 66. D 67. C 68. A 69. B 70. A
71. B 72. C 73. B 74. C 75. D 76. C 77. A 78. A 79. C 80. C
81. C 82. C 83. A 84. C 85. A 86. D 87. C 88. A 89. A 90. B
91. ABC 92. ACD 93. AB 94. ACDE 95. ABCDE 96. BCE 97. BCD
98. ABD 99. ACD 100. CD

模拟试题（六）参考答案

1. × 2. √ 3. × 4. √ 5. √ 6. × 7. √ 8. √ 9. × 10. ×
11. √ 12. √ 13. × 14. √ 15. √ 16. × 17. √ 18. × 19. √ 20. √
21. C 22. A 23. C 24. A 25. C 26. D 27. D 28. E 29. C 30. B
31. A 32. D 33. B 34. D 35. C 36. B 37. C 38. B 39. A 40. C
41. C 42. C 43. A 44. C 45. A 46. A 47. B 48. A 49. C 50. C
51. C 52. A 53. C 54. B 55. B 56. B 57. B 58. A 59. B 60. A
61. C 62. C 63. C 64. B 65. B 66. C 67. A 68. C 69. D 70. C
71. A 72. C 73. C 74. B 75. A 76. B 77. B 78. C 79. A 80. C
81. B 82. B 83. D 84. C 85. C 86. A 87. B 88. D 89. B 90. D
91. BD 92. ABCD 93. ABC 94. ACD 95. ABCD 96. ABC 97. ABD
98. ABC 99. ABC 100. ACD

参 考 文 献

［1］刘晓君，王凤华. 解读电梯［M］. 青岛：中国石油大学出版社，2006.

［2］魏孔平，朱蓉. 电梯技术［M］. 北京：化学工业出版社，2006.

［3］全国电梯标准化技术委员会. 电梯技术条件：GB/T 10058—2009［S］. 北京：中国标准出版社，2010.

［4］顾德仁. 电梯电气构造与控制［M］. 南京：江苏凤凰教育出版社，2018.

［5］毛怀新. 电梯与自动扶梯技术检验［M］. 北京：学苑出版社，2001.

［6］全国电梯标准化技术委员会. 电梯、自动扶梯、自动人行道术语：GB/T 7024—2008［S］. 北京：中国标准出版社，2009.

［7］全国电梯标准化技术委员会. 自动扶梯和自动人行道的制造与安装安全规范：GB 16899—2011［S］. 北京：中国标准出版社，2012.